Bauen, erleben, begreifen:
fischertechnik®-Modelle für Maker

Andreas Gail

Eines seiner ersten gesprochenen Worte, behaupten die Eltern von Andreas Gail, soll »automatisch« gewesen sein. Bereits als Kind war das Basteln mit verschiedenen Materialien und Werkzeugen eine Lieblingsbeschäftigung, bald folgte das Interesse für fischertechnik mit seinen mechanischen und auch elektrischen Komponenten. Die zu dieser Zeit aufkommenden Steuer- und Regelmöglichkeiten faszinierten Gail. Sein erster Berührungspunkt mit Computern war ein Texas Instruments TI-99/4A, Anfang der 80er Jahre. Es folgten Sinclair ZX81, Apple II+, Macintosh und PCs.

Geraume Zeit und ein Ingenieursstudium später erwachte die Leidenschaft für fischertechnik von Neuem. Heute konstruiert Andreas Gail gemeinsam mit seinen Kindern realitätsnahe fischertechnik-Modelle, die zum Ausprobieren anregen. Der Autor arbeitet als Dipl.-Ing. (FH) in der Pharma-Wirkstoffproduktion.

Andreas Gail

Bauen, erleben, begreifen: fischertechnik®-Modelle für Maker

Kreative Konstruktions- und Technik-Projekte

Lektorat: Gabriel Neumann
Copy-Editing: Claudia Lötschert, www.richtiger-text.de
Herstellung: Susanne Bröckelmann, Nadine Thiele, Stefanie Weidner
Satz: Ulrich Borstelmann, www.borstelmann.de
Umschlaggestaltung: Helmut Kraus, www.exclam.de
Druck und Bindung: M. P. Media-Print Informationstechnologie GmbH, 33100 Paderborn

Herausgeber der fischertechnik-Reihe des dpunkt.verlags sind Dirk Fox und Thomas Püttmann:
dirk.fox@secorvo.de • thomas.puettmann@rub.de

Bibliografische Information der Deutschen Nationalbibliothek
Die Deutsche Nationalbibliothek verzeichnet diese Publikation in der Deutschen Nationalbibliografie; detaillierte bibliografische Daten sind im Internet über http://dnb.d-nb.de abrufbar.

ISBN:
Buch 978-3-86490-498-1
PDF 978-3-96088-581-8
ePub 978-3-96088-582-5
mobi 978-3-96088-583-2

1. Auflage 2018

Wieblinger Weg 17
69123 Heidelberg

5 4 3 2 1 0

Zur Einführung

Dieses Buch inspiriert technikbegeisterte Jugendliche und alle, die nie aufgehört haben, Neues zu entdecken. Auf Basis des genialen fischertechnik-Baukastensystems gibt es Anregungen für unterschiedliche Modelle, die über den Anspruch vieler üblicher fischertechnik-Projekte hinausgehen. An manchen Stellen überwindet es bewusst die Grenzen des vorgefertigten fischertechnik-Systems. Derartige neue Komponenten lassen sich im nahegelegenen Baumarkt oder über das Internet leicht beschaffen.

Unter anderem zeigt das Buch, wie aus elektronischen Standardteilen neue Schaltungen zusammengelötet werden können. Alle gezeigten Modelle sind voll funktionsfähig: Verbesserungspotenzial ist aber bei allen bewusst vorhanden. Dieser Punkt wird bei vielen Modellen direkt angesprochen. Schwach- oder Ansatzpunkte zur Optimierung werden diskutiert, jedes Kapitel dient als Ausgangspunkt für eigene Experimente. Wir sind überzeugt: Fehler und Unvollkommenes sind die Triebfeder der Innovation, im Kleinen wie im Großen.

Viele Automatisierungsaufgaben im vorliegenden Buch basieren auf den Controllern von fischertechnik. In diesem Buch werden zwei verschiedene Typen verwendet, der frühere Robotics TX Controller und der aktuelle Robotics TXT Controller. Wird die Programmiersprache Robo-Pro von fischertechnik verwendet, gibt es keinen Unterschied in den gezeigten Modellen. Es gibt allerdings zwei Beispiele, bei denen der alte Robotics TX Controller mit Visual Basic angesprochen wurde. In diesem Fall ist die alternative Verwendung des neueren Robotics TXT Controller nicht direkt möglich (Kapitel 3.1 sowie 8.5). In diesen Fällen kann entweder versucht werden, einen gebrauchten Robotics TX Controller zu ergattern oder eine technische Alternative zu finden.

Zu vielen Modellen stehen von uns produzierte Videos auf Youtube zur Verfügung. Die oft kryptischen Links zu diesen Videos, wie auch alle anderen Webadressen, die die Referenzen am Ende der Abschnitte enthalten, sind zum Download in einem PDF auf der Webseite des Verlags zusammengestellt: dpunkt.de/s/ftmaker.

Andreas M. Gail
Juni 2018

1 Anwendungen für Magnete

Die Elektrotechnik setzt Magnete auf vielfältige Art ein. Die Nachbildung dieser Techniken mit fischertechnik-Modellen macht es einfach, die Funktionsweisen zu verstehen. Der folgende Abschnitt stellt vier praxisnahe Beispiele vor.

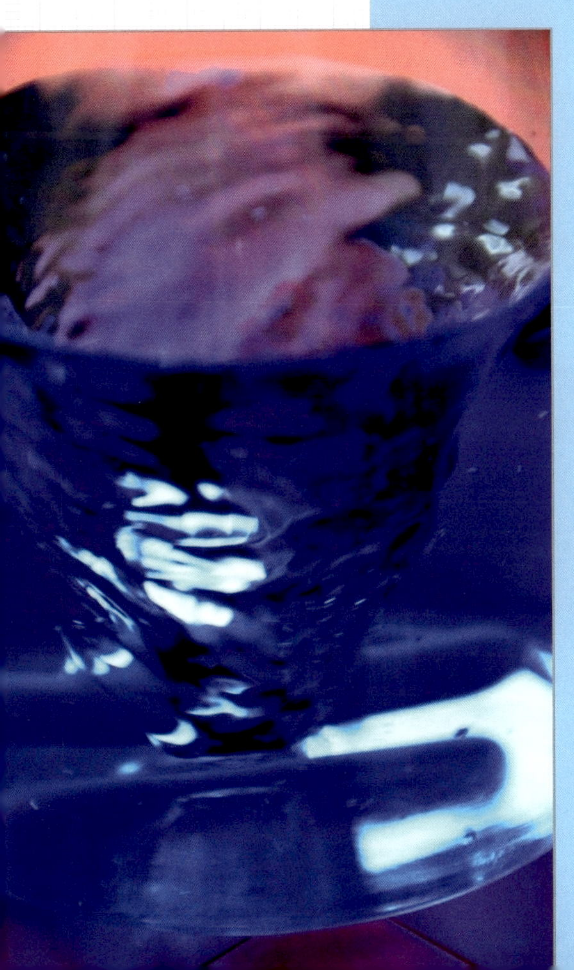

1.1 Induktionssensor

Als Einstieg für den Einsatz von Magneten in einem fischertechnik-Modell zeigen wir einen Lösungsvorschlag für einen Sensor: einen berührungslosen elektromagnetischen Näherungsschalter.

Induktive Näherungsschalter

In der fischertechnik-Welt lösen normalerweise Lichtschranken oder Reed-Kontakte solche Aufgaben.

Sogar fischertechnik selbst hat einmal einen Initiator angeboten, der die Näherung metallischer Gegenstände erkennen konnte.[1] Initiatoren werden in der Technik häufig eingesetzt.

Zugegeben, die hier gezeigte Lösung unter Anwendung von zwei Elektromagneten ist aufwendig und auch nicht besser als die oben genannten üblichen Verfahren. Wir möchten jedoch zeigen, dass es noch weitere Möglichkeiten gibt, die sich mit fischertechnik-Standardteilen aufbauen lassen. Zum Beleg der Praxistauglichkeit wurde ein automatisiertes Schienenfahrzeug aufgebaut.

Prinzipieller Aufbau

Im Grunde soll nur der Unterschied der Positionierung der beiden Elektromagneten automatisch erkannt werden können, wie in Abb. 1.1.1 gezeigt. Um das zu ermöglichen, muss der eine Elektromagnet mit einer Wechselspannung angeregt werden, damit im anderen eine Spannung induziert wird, die dann detektiert werden kann.

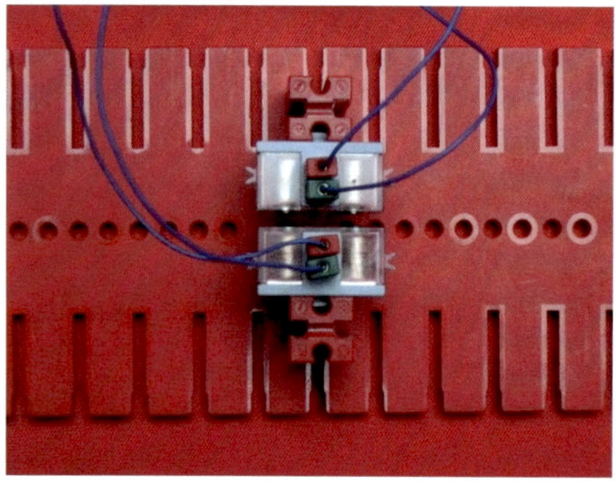

Abb. 1.1.1: Induktionssensor-Messstrecke

Abb. 1.1.2: Prinzipieller Gesamtaufbau einer Induktionssensor-Messstrecke

Zur Erzeugung der Wechselspannung und auch zur messtechnischen Auswertung wird ein Robotics TX oder Robotics TXT Controller (RTXC bzw. RTXTC) verwendet. Den Gesamtaufbau zeigt Abb. 1.1.2.

Software für Induktionssensor

Die Software besteht aus zwei getrennten Prozessen, die unabhängig voneinander laufen.

Programmteil 1: Erzeugung von Wechselspannung

Wie wird die Wechselspannung erzeugt? Alle 0,1 s findet eine Umpolung des Motorenausgangs M1 statt. Eine Periode dieser Wechselspannung dauert somit etwa 0,2 s, d.h., als Frequenz der Wechselspannung sind somit etwa 5 Hz (Hertz) zu erwarten.

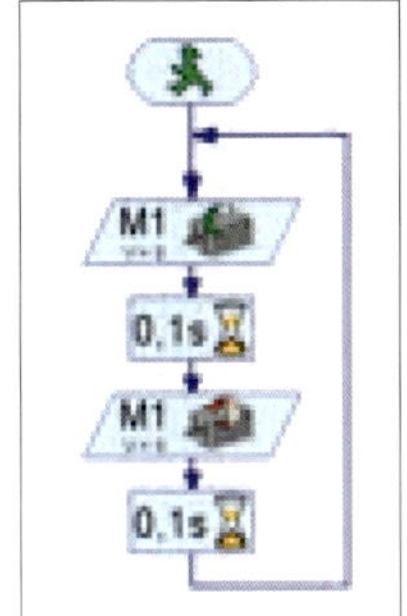

Abb. 1.1.3: Erzeugung von Wechselspannung

Programmteil 2: Messtechnische Auswertung

Die Auswertung des Induktionssensorsignals gemäß Programmablauf in Abb. 1.1.4 sieht auf den ersten Blick komplizierter aus als nötig. Diese Programmierung erlaubt jedoch eine Beruhigung des Signals (Glättung) je nach Anwendungsfall. So ist es möglich, wie in Abb. 1.1.5 gezeigt, ein stabiles Messergebnis anzuzeigen. Bei fehlender Beruhigung würden immer wieder kurzzeitige fehlerhafte Ereignismeldungen stattfinden. Die Einstellung der Beruhigungsintensität kann im Programm beim Tuning-Parameter *Glättung* vorgenommen werden. Bei der obigen Einstellung *Glättung = 10000* kommt es zu einem sehr stabilen Signal mit ca. 1 s Ansprechverzögerung. Bei schnellen Vorgängen müssen an dieser Stelle deutlich kleinere Einstellungen vorgenommen werden. Bei der Einstellung *Glättung = 1* ist Beruhigungsfunktionalität im Grunde abgeschaltet.

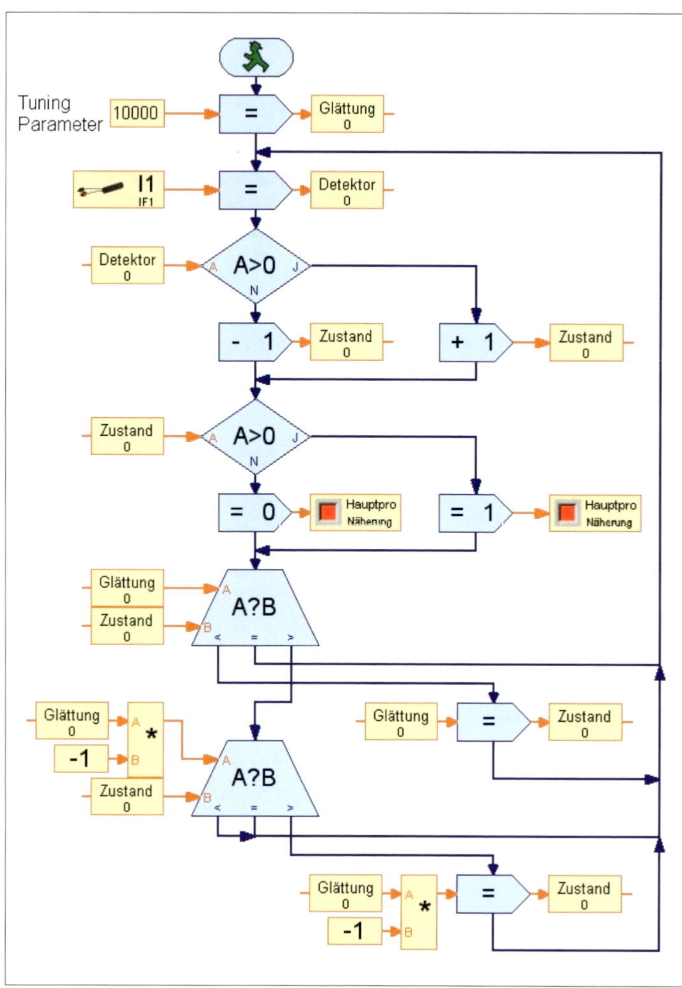

Abb. 1.1.4: Auswertung des Induktionssensorsignals

Näherung festgestellt

Abb. 1.1.5: Anzeige des Auswertungsergebnisses

Die Eingangsart I1 wird auf *A 10V* eingestellt, also auf analoge Spannungsmessung mit einem maximalen Messwert von 10 V.

Alternative Wechselspannung

Heutzutage leider bei fischertechnik nicht mehr im Lieferprogramm, aber ggf. doch noch an manchen Stellen vorhanden ist der gute alte Transformator, der auch einen Wechselspannungsausgang hat. Auf diese Weise lässt sich die Detektionsempfindlichkeit des Systems wesentlich verbessern, wie in Abb. 1.1.6 gezeigt. Die oben erwähnte Signalberuhigung ist dabei nicht mehr erforderlich und kann parametrisch abgeschaltet oder ganz aus dem Programm entfernt werden.

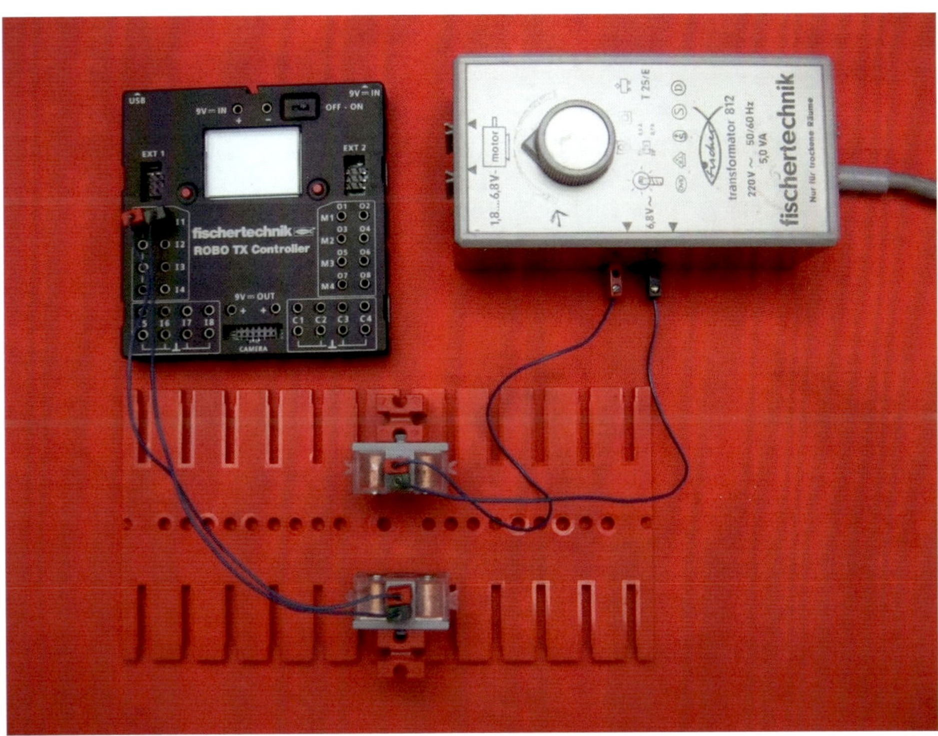

Abb. 1.1.6: Versuchsaufbau mit alternativer Wechselspannungsquelle

Initiatoren

Der oben genannte Initiator, den es früher von fischertechnik gab, lässt sich mit Bordmitteln nachbauen. Hierzu wird der Versuchsaufbau gemäß Abb. 1.1.6 verwendet. Die Anordnung der Elektromagnete ist jedoch gemäß Abb. 1.1.7 und 1.1.8 zu ändern.

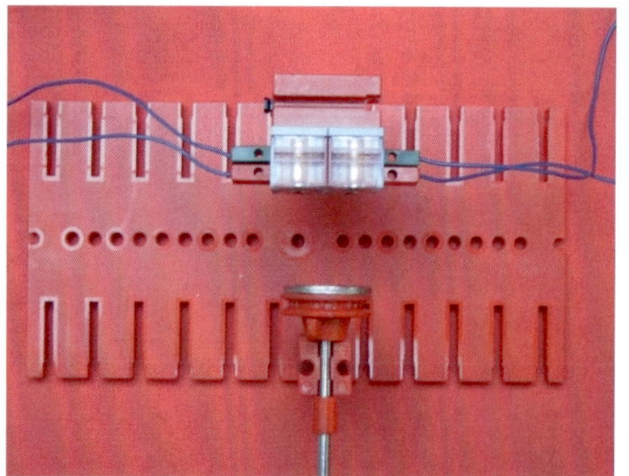

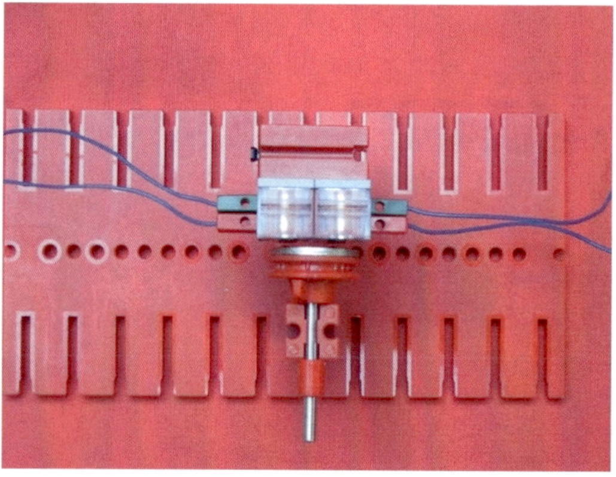

Abb. 1.1.7: Nutzung von zwei Elektromagneten als Initiator. Rechts wird das Metall der Rückschlussplatte erkannt.

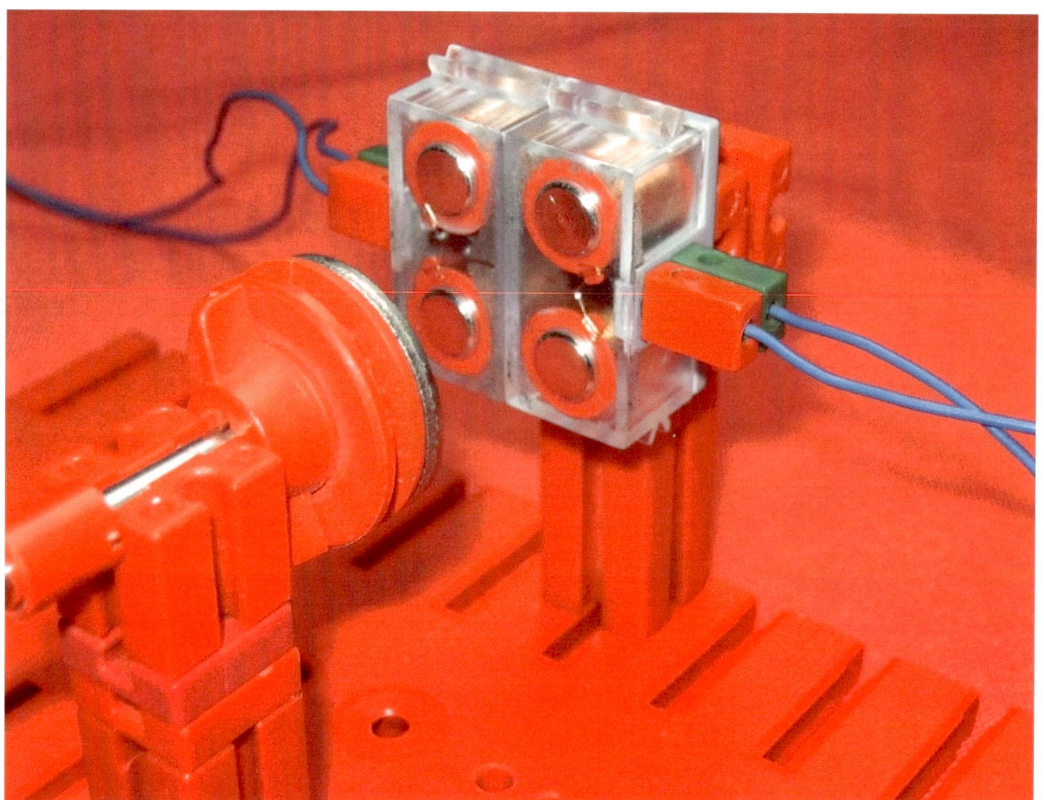

Abb. 1.1.8: Nutzung von zwei Elektromagneten als Initiator mit Rückschlussplatte

Software für den Initiator

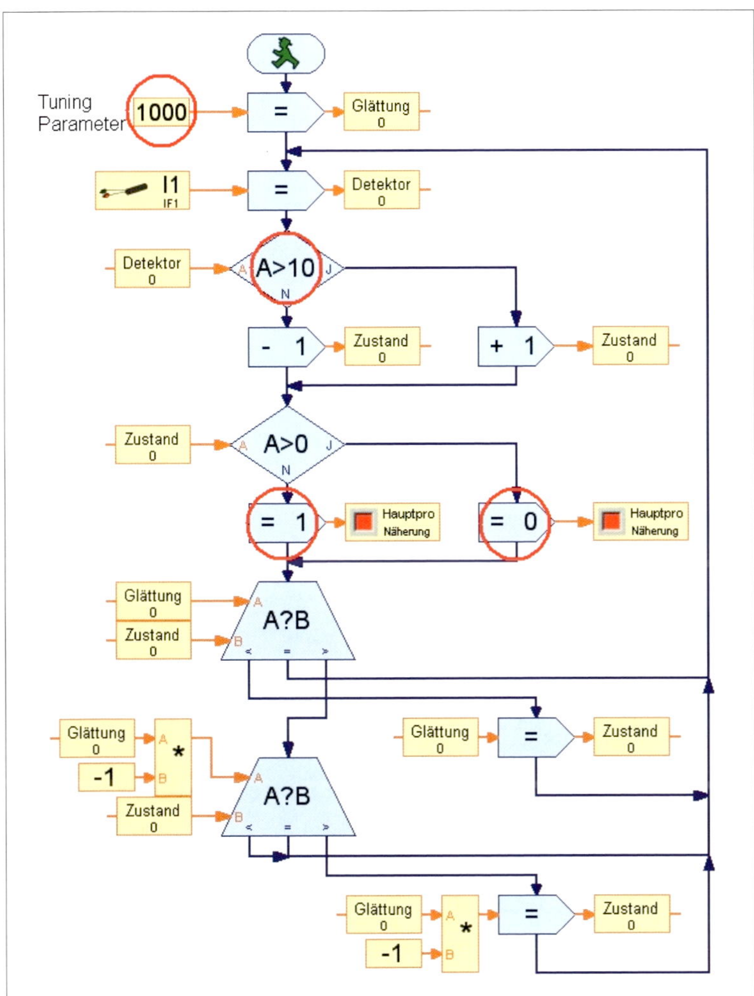

Abb. 1.1.9: Auswertung des Initiatorsignals (Änderungen im Vergleich zu Abb. 1.1.4 markiert)

Die Software für den Initiator ist sehr ähnlich zu der, die wir für den Induktionssensor eingesetzt haben. Die Änderungen sind in Abb. 1.1.9 rot markiert. Im Aufbau gemäß Abb. 1.1.8 ist ein Elektromagnet mit einem Wechselstrom beaufschlagt und erzeugt dabei fortlaufend ein wechselndes Magnetfeld. Diese wirkt auf den daneben befindlichen Elektromagneten und induziert in dieser Spule eine Spannung. Diese induzierte Spannung wird vom RTXC beobachtet. Die Wirkung der Induktion wird durch die Annäherung der runden Rückschlussplatte verändert. Diese Veränderung kann am Eingang I1 am RTXC erkannt werden.

Nachteile des Verfahrens

Beim Einsatz mit fischertechnik-Modellen bringt diese Vorgehensweise auch Nachteile. Diese sind:

a) Der mit Wechselspannung beaufschlagte Elektromagnet wird nach einiger Zeit heiß und sollte aus diesen Gründen nicht zu lange ununterbrochen in Betrieb sein.

b) Es muss ein relativ hoher Gesamtaufwand betrieben werden.

c) Bei Verwendung des RTXC als Wechselspannungsgenerator gibt es gewisse Signalerkennungsfehler.

Nutzung zur Modellsteuerung

Abb. 1.1.10: Praktische Anwendung der Induktionssensoren

Das alles klappt tatsächlich auch in der praktischen Anwendung, wie Sie am Beispiel eines automatischen Zugs sehen können: Auf gerader Strecke soll er zwischen zwei Endpunkten hin- und herfahren. Auf dem unten angegebenen Video habe ich das mit einem Modell mit einem blauen und gelben Bahnhof verwirk-

licht. Die jeweiligen Endpositionen werden gemäß der oben gezeigten Induktionssensoren (Abb. 1.1.6) detektiert. Ich habe zwei RTXC verwendet: Einer an der Strecke, der andere auf dem Zug. Die Kommunikation der beiden RTXC erfolgt über Bluetooth. Die Wechselstrombeaufschlagung der Elektromagneten an der Strecke erfolgt über Relais nur nach Bedarf, wenn der Zug am zugehörigen Endpunkt erwartet wird. Eine gelbe oder blaue Lampe zeigt an, wenn ein Elektromagnet aktiviert ist. Ansonsten sind diese Elektromagnete abgeschaltet. Bei einem Endpunkt angekommen, wartet der Zug 20 s, dann erfolgt ein Warnsignal, und schließlich fährt der Zug ab zum anderen Endpunkt. Solange eine grüne Lampe blinkt, ist der automatische Fahrbetrieb aktiv.[2]

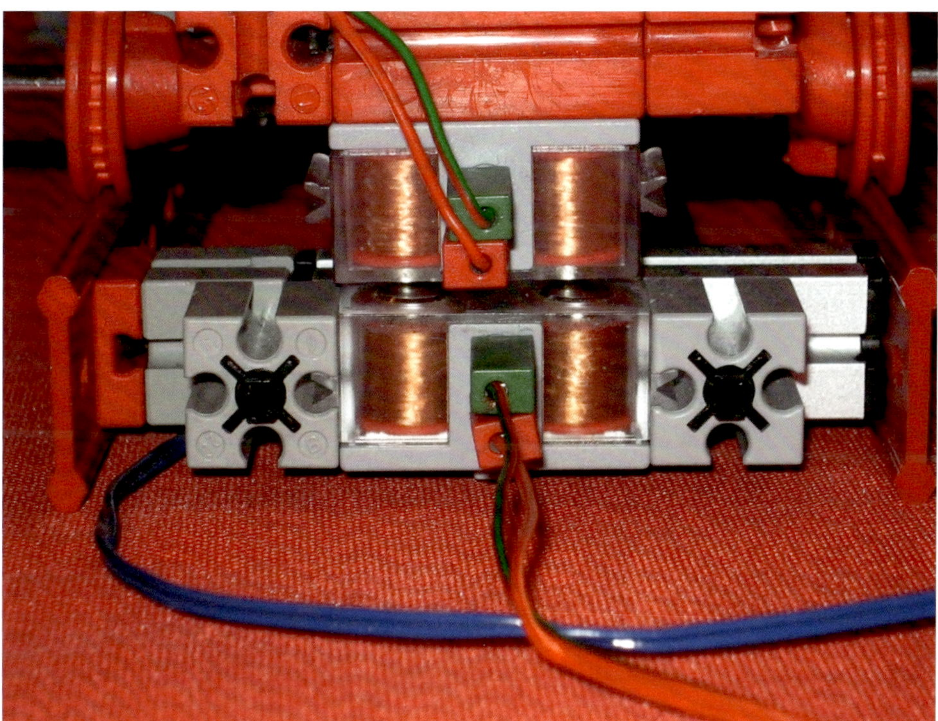

Abb. 1.1.11: Induktionssensoren am erkannten Endpunkt

1.2 Rotationstransformator

In Zeiten, in denen bewegte Videobilder noch auf Tonbandkassetten aufgezeichnet wurden, waren Rotationstransformatoren in privaten Haushalten sehr gebräuchlich: Sie waren in den Kopftrommeln von Videorekordern verbaut. Auch wenn genau diese Anwendung heute keine Bedeutung mehr hat, haben Rotationstransformatoren durchaus das Potenzial, für spätere Anwendungen genau die passende Problemlösung zu werden.

Die Kopftrommel eines Videorekorders

Bei den damaligen Videorekordern wurde das Magnetband an einer schnell rotierenden Trommel, der Kopftrommel, vorbeigeführt. Damit erfolgte die Aufzeichnung des bewegten Videobilds auf das Magnetband. Genauso wurde auch das Auslesen des bereits beschriebenen Bands durchgeführt. Die Rotationstransformatoren übernahmen dabei die Übertragung der Videosignale von der Elektronik des Videorekorders zur schnell rotierenden Kopftrommel bzw. umgekehrt.[3]

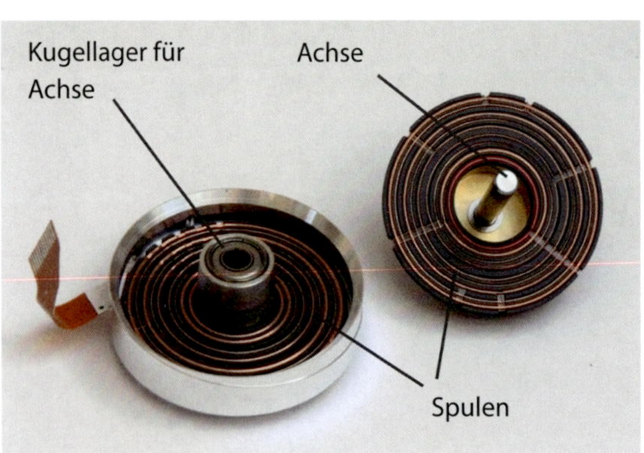

Abb. 1.2.1: Rotationstransformator der Kopftrommel eines Videorekorders: links die fest stehende Spule (Stator), rechts die rotierende (Rotor)

Abb. 1.2.1 zeigt einen Rotationstransformator in seine Einzelteile zerlegt. Wird die Achse in die Wellendurchführung des Kugellagers eingesteckt, befinden sich Rotor und Stator genau übereinander, d. h., die Spulen des Rotors liegen genau über den Spulen des Stators. In Abb. 1.2.2 sind die einzelnen Spulen gut erkennbar. Insgesamt verfügt der abgebildete Rotationstransformator über neun Spulenpaare, die übereinander rotieren können. Für eine gute Signalübertragung ist es dabei wichtig, dass die Spulen beider Seiten einen minimalen Abstand zueinander haben.

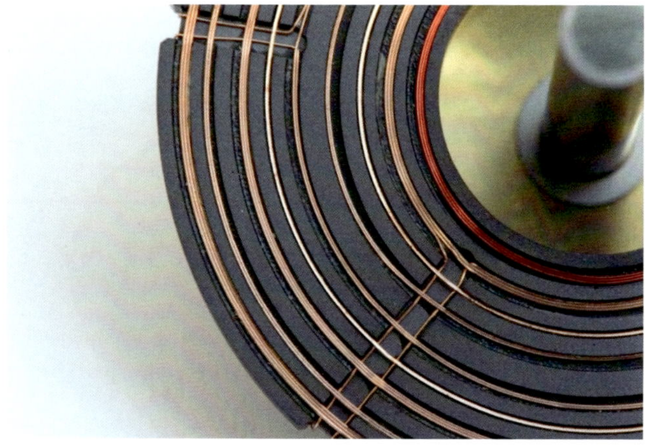

Abb. 1.2.2: Einzelne Spulen eines Rotationstransformators auf der Seite des Rotors

Ein erster Prinziptest

Zu den klassischen fischertechnik-Bauteilen gehören Elektromagnete:

Abb. 1.2.3: Elektromagnete von fischertechnik

Mit diesen Elektromagneten können wir den ersten Prinziptest machen. Der Aufbau ist ähnlich der im vorherigen Kapitel gezeigten Induktionssensor-Messstrecke. Der Unterschied ist, dass diesmal der induzierte Strom nicht gemessen, sondern mithilfe einer LED direkt gezeigt wird. Mit diesem Aufbau kann man selbst die obige Behauptung überprüfen, dass der Abstand der beiden Magnete möglichst gering sein sollte, wenn man maximalen Energieübergang erreichen möchte.

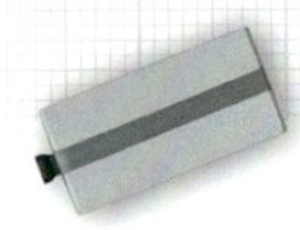

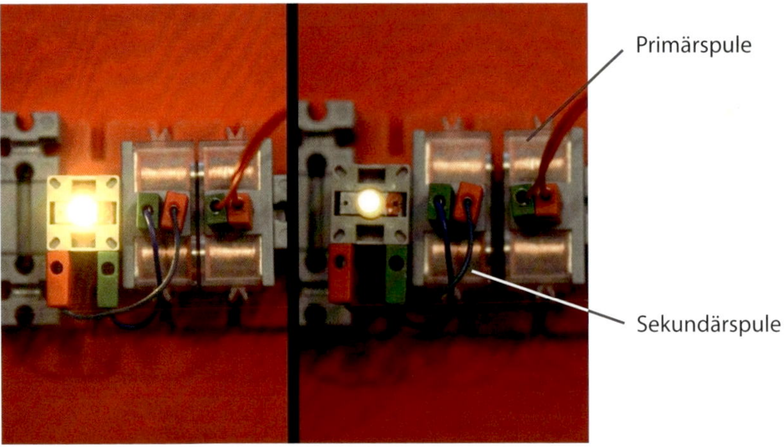

Abb. 1.2.4: Die LED-Helligkeit ist umso größer, je kleiner der Abstand der Elektromagnete zueinander ist. Links: große Helligkeit bei geringem Abstand; rechts: geringere Helligkeit bei größerem Abstand.

Als Wechselstromquelle wird ein alter Transformator oder der Robotics TX(T) Controller verwendet. Dieser Versuch funktioniert nur mit Wechselspannung. Bei den beiden baugleichen Magneten wird eine gleiche Anzahl an Spulenwindungen unterstellt. Deshalb entspricht die angelegte Wechselspannung auf der Primärspule auch der Spannung, die auf der Sekundärspule induziert wird. Dieser Aufbau entspricht einem Trenntransformator.[4]

Herstellung eines passenden Magnetpaars

Die Elektromagnete von Abb. 1.2.3 sind zum Aufbau eines Rotationstransformators ungeeignet. Doch können wir fischertechnik einfach erweitern, wie die folgende Abbildung zeigt:

Verbaut wurden Magnete mit 20 N Haltekraft, 12 V DC, 2,5 W. Bei der Verklebung ist die exakte Positionierung wichtig, damit später alles rund läuft. Das erreicht der Hilfsaufbau gemäß Abb. 1.2.6.

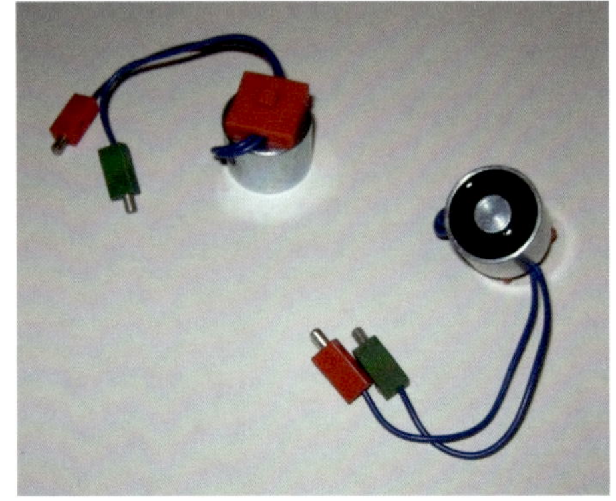

Abb. 1.2.5: Elektromagnete zur Nutzung mit fischertechnik

Abb. 1.2.6: Positionierung bei der Verklebung

Aufbau des Rotationstransformators

Der Aufbau geschieht ähnlich Abb. 1.2.4, allerdings mit den Magneten der Abb. 1.2.5. Ein Video mit dem Modell stellen wir auf Youtube zur Verfügung.[5] Wenn die beiden Magnete zueinander drehbar gelagert sind, ist der entscheidende Teil fertig:

Abb. 1.2.7: Der eigentliche Rotationstransformator ist grün markiert

Die demontierte Detailansicht des Rotationstransformators ist in Abb. 1.2.8 und 1.2.9 zu sehen. Hier sind die Magnete konzentrisch aufgebaut. Entsprechend dem Zustand der Wechselspannung wird mittig der Nordpol des Magneten entstehen und am Rand der Südpol oder eben umgekehrt (im steten Wechsel). In Abb. 1.2.8 sind die Pole blau und gelb dargestellt.

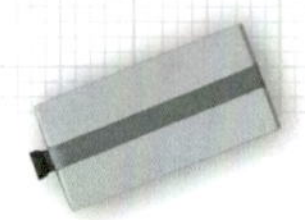

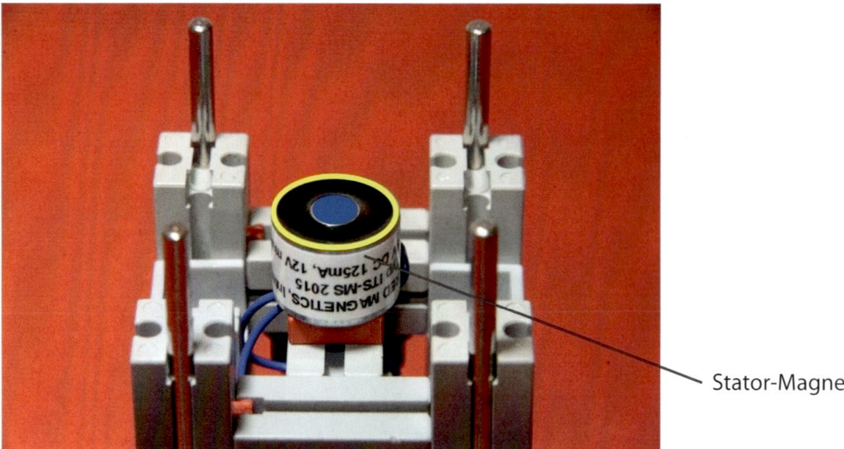

Abb. 1.2.8: Stator des Rotationstransformators

Abb. 1.2.9: Rotor des Rotationstransformators

Der Motor dreht die obere Plattform mit dem Rotor-Magneten und der LED. Nochmals erwähnt sei, dass der untere Magnet (der Stator) mit Wechselspannung versorgt wird – sonst kann der Transformator nicht wirken. Übrigens ist die Energieübertragung umso besser, je höher die Frequenz der Wechselspannung ist.

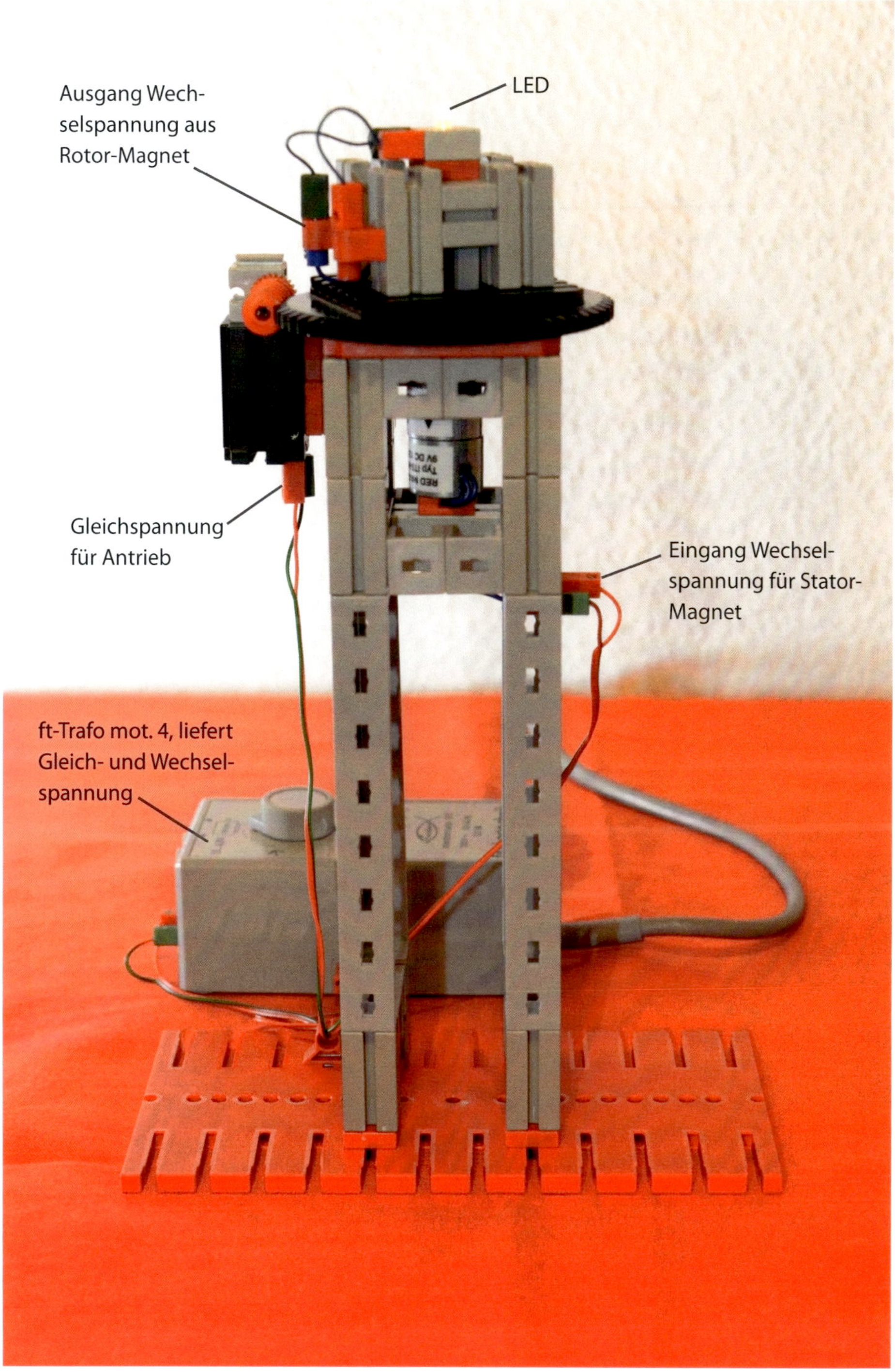

Ausgang Wechselspannung aus Rotor-Magnet

LED

Gleichspannung für Antrieb

Eingang Wechselspannung für Stator-Magnet

ft-Trafo mot. 4, liefert Gleich- und Wechselspannung

Abb. 1.2.10: Gesamtaufbau mit Nutzung eines Rotationstransformators

1.3 Magnetkupplungen und Magnetrührer

Bei diesem Modell geht es um die Anwendung von Magnetkupplungen. Hierbei wird eine Antriebskraft mithilfe der Haltekraft von Magneten übertragen. In den meisten Fällen erfolgt die Übertragung der Drehbewegung durch eine oder mehrere Wandungen hindurch. Als spezielles Beispiel soll hier ein gängiges Gerät eines Chemielabors gezeigt werden.

Der typische Aufbau eines Magnetrührers

Abb. 1.3.1 zeigt ein voll funktionsfähiges fischertechnik-Modell eines Magnetrührers. Es besteht äußerlich nur aus einem Gehäuse mit zwei Bedienelementen und einer Geschwindigkeitsanzeige.

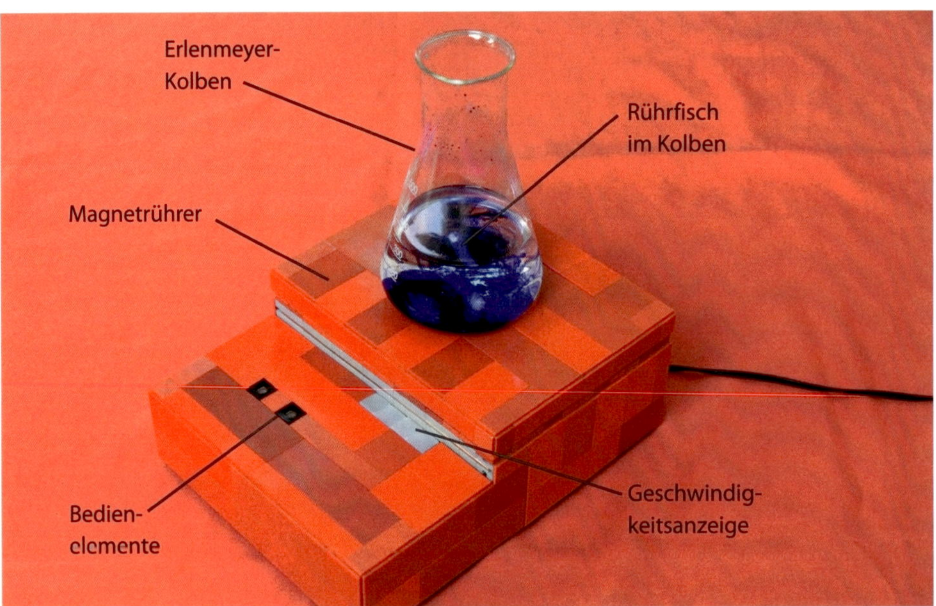

Abb. 1.3.1: fischertechnik-Modell eines Magnetrührers

Abb. 1.3.2: Rührfisch: vollummantelter Stabmagnet

Auf den Magnetrührer wurde ein *Erlenmeyer-Kolben*[6] gestellt, in dem sich eine inhomogene blau eingefärbte Lösung befindet. Weiterhin haben wir in den Kolben einen sog. *Rührfisch*[7] gegeben. Abb. 1.3.2 zeigt diesen Rührfisch nochmals gesondert. Es handelt sich dabei um einen vollummantelten Stabmagneten. Derartige Rührfische finden häufig Verwendung in chemischen Labors.

Anforderungen an einen Magnetrührer

Bevor mit dem Aufbau begonnen wird, sollte vorher stets klar sein, welche Eigenschaften bzw. Funktionalitäten ein Modell haben soll. Für einen funktionsfähigen Magnetrührer müssen mindestens folgende Anforderungen erfüllt sein.

a) Eine gute Durchmischung im Kolben muss sichergestellt sein, deshalb ist eine ausreichende Rührgeschwindigkeit erforderlich.

b) Zumindest eine grobe Anzeige der Rührgeschwindigkeit ist erforderlich, um diese bei den chemischen Versuchen protokollieren zu können.

c) Die Rührdrehzahl soll langsam erhöht oder vermindert werden können. Bei zu starker Beschleunigung kann es ansonsten dazu kommen, dass der Rührfisch im Kolben anfängt zu springen, statt einer Drehbewegung zu folgen.

d) Bei Arbeiten im Labor ist immer damit zu rechnen, dass Teile der Lösung verspritzen oder auch ein Kolben kaputtgeht. Deshalb sollte eine möglichst vollständige Abdichtung des Magnetrührer-Innenraums vorgesehen werden.

Integration von Neodym-Magneten

Richtige Magnete gehören derzeit offenbar nicht zum Standardprogramm von fischertechnik. Das ist aber kein Problem, denn Sie können sich über das Internet schnell die passenden Magneten[8] beschaffen. Diese müssen dann nur noch entsprechend verklebt und richtig beschriftet werden.

Abb. 1.3.3: Quadermagnete 15 x 15 x 3 mm, Neodym NdFeB, vernickelt, verklebt und beschriftet

Damit die Verklebung möglichst genau erfolgen kann, ist eine eigene Vorrichtung hilfreich. Zum Schutz der Bauteile vor Klebstoffresten haben wir diese mit Tesafilm beklebt. Abb. 1.3.4 und 1.3.5 zeigen den Aufbau:

Abb. 1.3.4: Vorrichtung zur Verklebung, vor der Durchführung

Abb. 1.3.5: Vorrichtung zur Verklebung, nach der Durchführung

Nach der Verklebung kann das neue Bauteil aus der Vorrichtung entnommen werden. Anschließend ist noch die Beschriftung vorzunehmen. Hierzu benötigen wir einen Kompass und eine weitere Vorrichtung, wie sie in Abb. 1.3.6 und 1.3.7 gezeigt sind.

Mit dem Aufbau gemäß Abb. 1.3.6 wird herausgefunden, dass im vorliegenden Beispiel der Kompass zum Magneten gerichtet die Nordausrichtung anzeigt. Somit muss die glänzende Magnetoberfläche mit »N« für Norden beklebt werden. Wird der Aufbau laut Abb. 1.3.6 zur Gegenprobe leicht verändert, ergibt sich Abb. 1.3.7.

Abb. 1.3.6: Vorrichtung zur Bestimmung der magnetischen Ausrichtung: Der Kompass zeigt an, dass links Norden ist.

Abb. 1.3.7: Vorrichtung zur Bestimmung der magnetischen Ausrichtung: Der Kompass zeigt an, dass links Süden ist.

Details des Magnetrührers

Antrieb

Der verbaute Encodermotor hat eine Nenndrehzahl von 175 min^{-1} (175 Umdrehungen pro Minute). Bei kommerziellen Laborgeräten sind 1500 bis 2000 min^{-1} üblich.[9] Deshalb wurde im Modell unter Berücksichtigung der Leistungsfähigkeit des Encodermotors ein Getriebe eingebaut. Es hat ein Übersetzungsverhältnis von 1 : 5, d.h., ausgehend von der Nenndrehzahl beträgt die maximale Drehzahl der Drehscheibe 875 min^{-1}. Ein Video zeigt den Aufbau.[10]

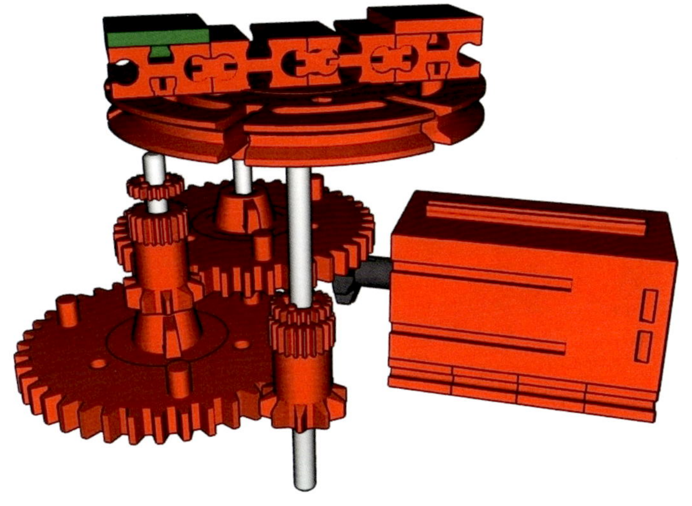

Abb. 1.3.8: Antriebsmotor und Getriebe

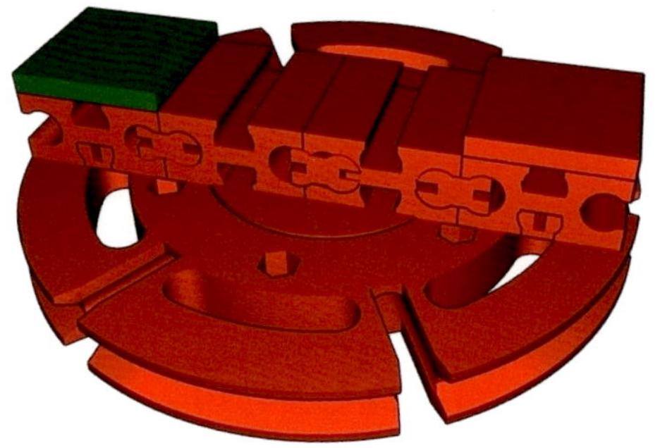

Abb. 1.3.9: Befestigung der Magnete an der Drehscheibe

Sicherung der Magnete

Wie oben beschrieben, beträgt die maximale Drehzahl des Magnetrührers 875 min^{-1}. Um zu vermeiden, dass die Magnete aus den Nuten der Drehscheibe herausgeschleudert werden, werden sie wie in Abb. 1.3.9 befestigt.

Sicherheitshinweis

Bei Inbetriebnahme des Magnetrührers ohne das Gehäuse von Abb. 1.3.10 ist die Verwendung einer Schutzbrille erforderlich, um Augenverletzungen durch eventuell umherfliegende Teile zu vermeiden. Das gilt auch für Personen im Umfeld.

Abb. 1.3.10: Betrieb des Magnetrührers ohne Gehäuse zu Testzwecken

Gehäusekonstruktion
Die Gehäusekonstruktion hat zwei Hauptmerkmale. Zum einen ist sie leicht demontierbar, wie Abb. 1.3.11 zeigt.

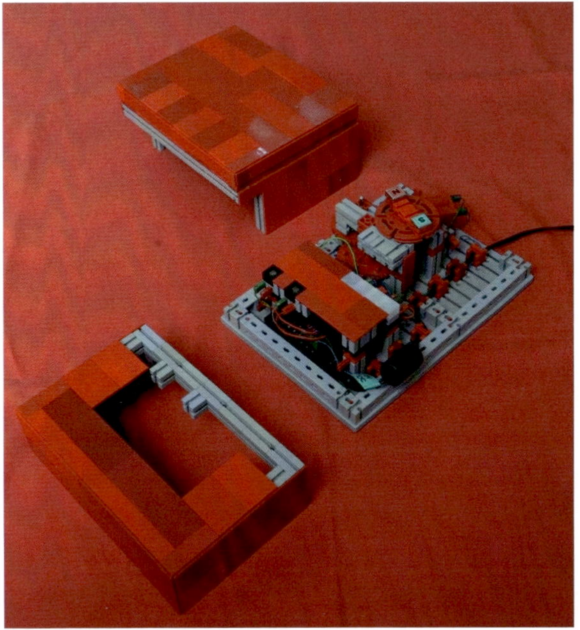

Abb. 1.3.11: Magnetrührer mit abgenommenen Gehäuseteilen

Als weiteres Hauptmerkmal zeigt Abb. 1.3.12, dass das Gehäuse leicht rundherum wasserdicht verschlossen werden könnte. Hierzu wäre eine durchsichtige selbstklebende Kunststofffolie vollflächig auf die glatten Gehäuseoberflächen aufzubringen. Die Bedienbarkeit wäre aufgrund der Verwendung optischer Taster weiterhin unvermindert gegeben.

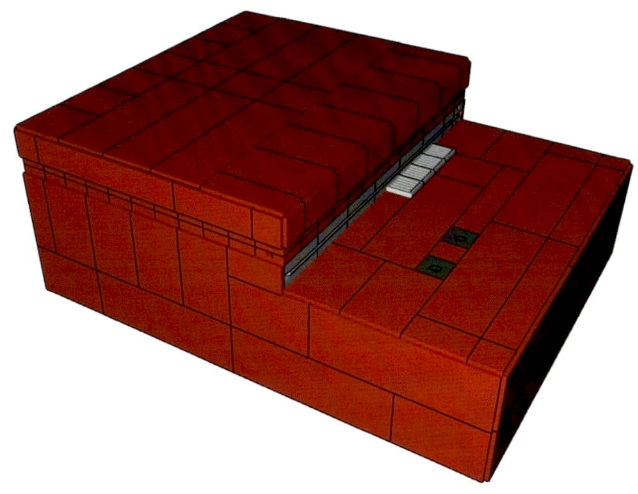

Abb. 1.3.12: Gesamtansicht des Magnetrührers mit geschlossenen Gehäuseteilen

Bedienelemente

Als Bedienelemente verfügt der Magnetrührer über zwei optische Taster. Wie oben erwähnt, ist der Vorteil der optischen Taster die einfache Gehäuseabdichtung. Damit sie funktionieren, muss im Raum eine Mindesthelligkeit vorherrschen, was in der Praxis kein Problem sein sollte (wer arbeitet schon in einem dunklen Labor).

Abb. 1.3.13: Bedienelemente und Anzeigeelemente des Magnetrührers bei geöffnetem Gehäuse

Mit dem rechten optischen Taster wird eine schnellere Zieldrehzahl eingestellt, mit dem linken eine geringere. Beim Modellaufbau wurden als optische Taster die üblichen fischertechnik-Fotowiderstände verwendet. Diese sind in der Lage, analoge Helligkeitsmesswerte für den Robotics TXT Controller (RTXTC) bereitzustellen (Einstellung A5k). Das Grundprinzip der Erkennung der Bedienung ist der schnell eintretende Helligkeitsunterschied.

Innerhalb von 500 ms wird der aktuelle Helligkeitswert der Fotowiderstände zweimal gemessen. Eine gewünschte Bedienung wird erkannt, wenn zwischen den beiden Messungen eines Fotowiderstands innerhalb dieser Zeit eine hinreichend starke Abdunklung erfolgte (Robo-Pro: –800 %). Weiterhin wird eine gewünschte Bedienung immer nur dann als solche gewertet, wenn die Helligkeitsverminderung bei nur einem der beiden Fotowiderstände auftrat – so hat das plötzliche Ausschalten der Zimmerbeleuchtung keinen Einfluss.

Abb. 1.3.14 zeigt das verwendete Unterprogramm. Es wird in einem eigenen Hauptprogramm (Task) ständig durchlaufen. Je nach erkannter Bedienung wird die Soll-Drehzahl um 25 % erhöht oder erniedrigt. Nicht sinnvolle Bedienungen werden ignoriert, z. B. Drehzahlverminderungen bei stehendem Magnetrührer.

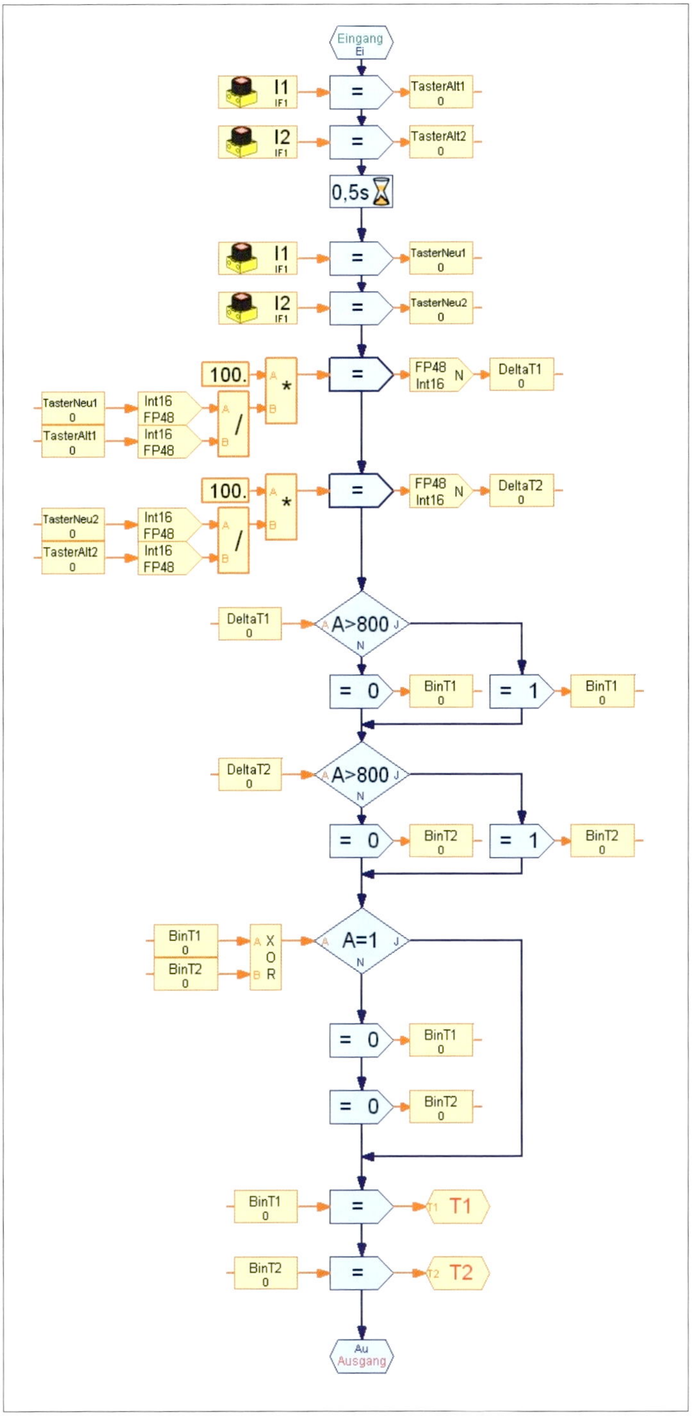

Abb. 1.3.14: Robo-Pro-Unterprogramm der optischen Taster, Ergebnisausgabe unter T1 und T2

Anzeigeelemente

Die Anzeigeelemente dienen als Geschwindigkeitsanzeige und haben gleichzeitig zwei Funktionen. Einerseits wird die Soll-Drehzahl angezeigt und andererseits die aktuelle Ist-Drehzahl. Zur Anzeige werden vier einzelne Lampen L1, L2, L3 und L4 verwendet. L1 steht für die geringste Drehzahl und L4 für die höchste.

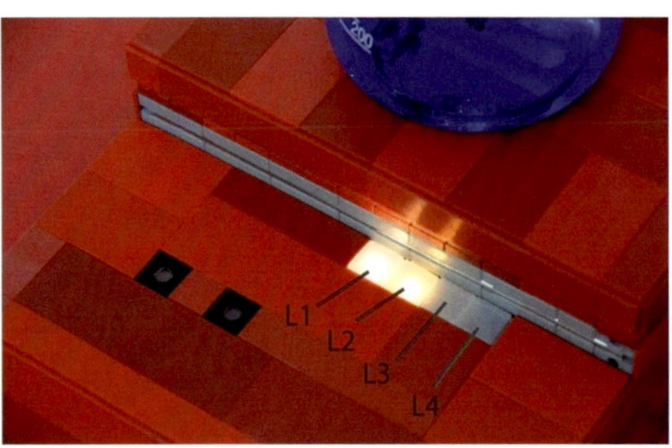

Abb. 1.3.15: Anzeigeelemente des Magnetrührers, mit Lampe L1, L2, L3 und L4

Die aktuelle Ist-Drehzahl wird durch kontinuierliches Leuchten dargestellt. In Abb. 1.3.15 z. B. leuchten die Lampen L1 und L2. Das bedeutet, dass der Magnetrührer demnach mit 50 % Geschwindigkeit betrieben wird. Die entsprechende Lampe blinkt so lange, bis die Ist-Drehzahl die Soll-Drehzahl erreicht hat. Wenn alle Lampen abgeschaltet sind, steht der Magnetrührer.

Signaltöne

Immer wenn über die optischen Taster eine 25%ige Geschwindigkeitsänderung vorgewählt wurde, ertönt ein Signalton. Damit bekommt der Bediener eine akustische Rückmeldung zu seinem Bedienvorgang.

Da sich eigene Geräusche derzeit nur sehr umständlich in den RTXTC einspielen lassen, wird ein vorhandenes Geräusch verwendet und nach 100 ms abgebrochen.

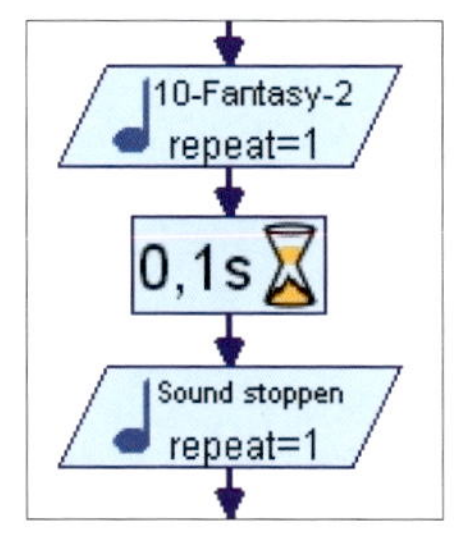

Abb. 1.3.16: Robo-Pro-Programmabschnitt für eine nach 100 ms abgebrochene Geräuschabspielung

Rampenfahrweise

Solange die Ist-Drehzahl ungleich der Soll-Drehzahl ist, muss die Ist-Drehzahl so lange angepasst werden, bis beide gleich sind. Das erfolgt durch ein eigenes Hauptprogramm. In Robo-Pro kann die Drehzahl im Bereich von 0 bis 512 eingestellt werden. Alle 100 ms erfolgt ein Drehzahlvergleich. Im Fall der Ungleichheit wird eine Anpassung um 1 durchgeführt. Es wird somit stets eine lineare Geschwindigkeitsanpassung vorgenommen.

Rührtrombe

Abb. 1.3.17 zeigt die im Kolben gerührte Lösung mit dem charakteristischen Strömungsbild, der Rührtrombe, und damit die Funktionsfähigkeit des Gesamtaufbaus.

Einschränkungen

Der RTXTC wurde verwendet, weil er Geräusche abspielen kann. Er hat jedoch bei der verwendeten Firmware 4.2.3 den gravierenden Nachteil, dass er nach dem Einstecken des Steckernetzteils nochmals extra über den eingebauten Taster unter der Anzeige eingeschaltet werden muss. Das kann das Vorgängermodell, der Robotics TX Controller (RTXC), besser. Wenn das Gehäuse also wirklich mit Klebefolie flüssigkeitsdicht verklebt werden sollte, muss der RTXC zur Automatisierung verwendet werden.

Abb. 1.3.17: Im Erlenmeyer-Kolben gerührte Lösung bei 75 % Drehzahl

Sicherheit beim Umgang mit Neodym-Magneten

Bei aller Experimentierfreude ist stets auf die eigene Sicherheit zu achten sowie auf Personen im Umfeld. Aus diesem Grund lesen und beachten Sie unbedingt die Gefahrenhinweise des Lieferanten. Übliche Gefahren sind beispielsweise Verschlucken, Zersplittern beim Herunterfallen und der Einfluss auf Herzschrittmacher oder andere empfindliche Geräte wie Armbanduhren. Von mechanischer Bearbeitung (Bohren, Schleifen) ist dringend abzuraten.

Abb. 1.3.18: Magnetrührer: Gesamtansicht

1.4 Lautsprecher

Von der hier gezeigten Anwendung für Magnete hat sicher jeder schon mal gehört. Es geht um den Lautsprecher, der im klassischen Kofferradio oder den Boxen der Stereoanlage verbaut ist. Das Grundprinzip kann mit fischertechnik anschaulich nachgebaut werden.

Was wird gebraucht?

Neben fischertechnik-Teilen werden ein paar Dinge benötigt, die nicht zum Standard-Baukastensystem gehören:

a) Zwei Neodym-Magnete 1,5 × 1,5 cm [vgl. vorheriges Kapitel]

b) PWM-Tongenerator für Robotics TX(T) Controller [siehe Kapitel 8.4] und 3,5 mm Mono-Klinkenstecker *oder* ein einfaches Radio mit Kopfhöreranschluss und passendem Stecker

c) leichte Bastler-Pappe (max. 300 g/m²) im Format DIN A3.

Die Lautsprechermembran

Zunächst wird die konusförmige Lautsprechermembran aus der Bastler-Pappe hergestellt. Abb. 1.4.14 bildet eine geeignete Vorlage dafür. Es ist wichtig, dass ein Ausdruck dieser Zeichnung so erfolgt, dass die Linien unten links jeweils 20 cm lang sind. Dann geht es ans Ausschneiden. Das Ergebnis sollte etwa aussehen wie in Abb. 1.4.1 gezeigt. Die späteren Knickstellen ritzen wir mit einem stumpfen Messer ein. Nicht eingeritzt werden darf die Klebelasche zum Zusammenkleben der Membran. Im nächsten Schritt gemäß Abb. 1.4.2 wird die Pappe zu einem Konus zusammengeklebt. Die zuvor eingeritzten Laschen knicken wir wie gezeigt um. Die Löcher in den zwölf Sicken werden einfach mit einem normalen Locher hergestellt.

Abb. 1.4.1: Herstellung Lautsprechermembran, Schritt 1: Ausschneiden und Knickstellen einritzen

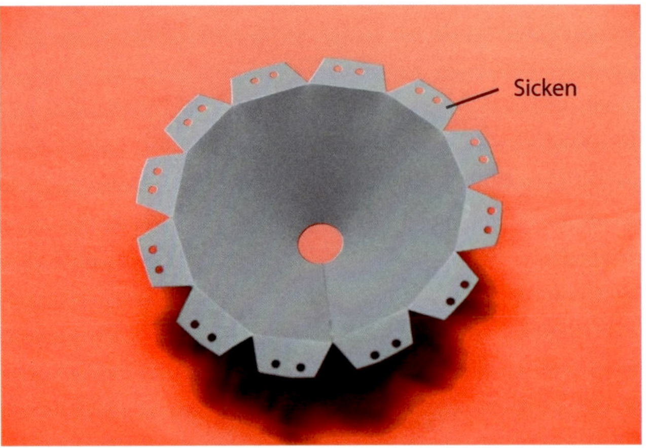

Abb. 1.4.2: Herstellung Lautsprechermembran, Schritt 2: Kleben und Lochen

Die Lautsprechermembran gemäß Abb. 1.4.2 wird nun in die 60°-Bogenteile eingebaut, wie in Abb. 1.4.3 und 1.4.4 gezeigt:

Abb. 1.4.3: Herstellung Lautsprechermembran, Schritt 3: Einbau in fischertechnik-60°-Bogenteile, Rückansicht

Abb. 1.4.4: Herstellung Lautsprechermembran, Schritt 3: Einbau in fischertechnik-60°-Bogenteile, Vorderansicht

Der letzte Schritt zur Herstellung der Lautsprechermembran ist das Einkleben der Magnetplatte. Hierzu wird zunächst das zweite Teilstück laut Abb. 1.4.14 ausgeschnitten und die Löcher mit einem Locheisen ausgeschlagen (vgl. Kapitel 2.1). Anschließend bauen wir die fischertechnik-Teile ein, was in Abb. 1.4.5 und 1.4.6 gezeigt wird. Dieses Innenteil wird nun von der Rückseite (Abb. 1.4.3) an den Klebelaschen aufgeklebt. Damit ist die Lautsprechermembran fertiggestellt. Den handwerklich schwierigsten Teil haben wir geschafft.

Abb. 1.4.5: Herstellung Lautsprechermembran, Schritt 4: Vorbereitung Magnetplatte, Rückansicht

Abb. 1.4.6: Herstellung Lautsprechermembran, Schritt 4: Vorbereitung Magnetplatte, Vorderansicht

Gesamtaufbau des Lautsprechers

Der Gesamtaufbau ist in Abb. 1.4.15 gezeigt. Entscheidend dabei ist, dass der Korb zur Halterung der Lautsprechermembran möglichst stabil und verwindungssteif aufgebaut ist. Die rückseitige Konstruktion zeigen Abb. 1.4.7 und 1.4.13. Ein wichtiges Detail wird in Abb. 1.4.8 und 1.4.9 gezeigt. Hier ist die Spule (Elektromagnet) zu sehen, die sich im Magnetfeld der Dauermagnete befindet. Das ist der sogenannte *Antrieb* des Lautsprechers.

Abb. 1.4.7: Lautsprecher Gesamtaufbau, Seitenansicht

Abb. 1.4.8: Seitenansicht des Lautsprechers mit Korb und Antrieb

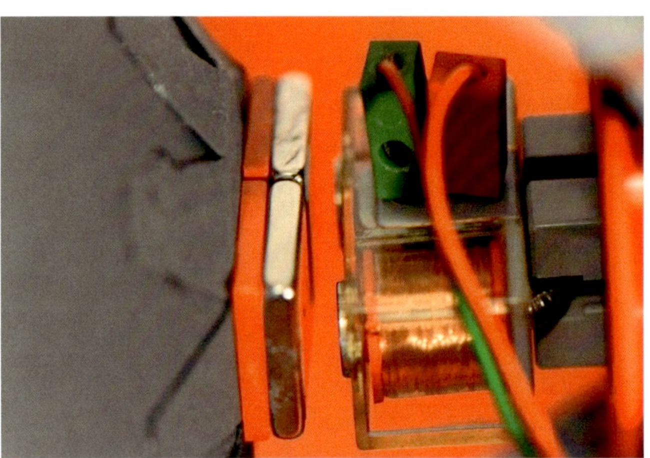

Abb. 1.4.9: Spule und Elektromagnet als Antrieb des Lautsprechers

Anschluss des Lautsprechers

Was nützt ein Lautsprecher, wenn er nicht mit dem passenden Eingangssignal versorgt wird. Der hier gezeigte Lautsprecher wird beispielhaft alternativ an zwei Signalquellen angeschlossen. Einmal wird der PWM-Tongenerator verwendet (siehe Kapitel 8.4 sowie Abb. 1.4.10), es funktioniert aber auch, wie Abb. 1.4.11 zeigt, ein einfaches Radio. Hierbei sind die Anschlussspezifikationen des Radios zu beachten. Im vorliegenden Fall sind für den Ohrhöreranschluss 3 bis 8 Ω angegeben. Das ist der Gleichstrom-Widerstand des anzuschließenden Lautsprechers. Das bedeutet, dass der Widerstand von 3 Ω nicht unterschritten werden darf. Größere Widerstandswerte sind für das Radio ungefährlich.

Der fischertechnik-Magnet aus Abb. 1.4.9 zeigt einen Widerstandsmesswert von 46 Ω und kann also problemlos angeschlossen werden.

Abb. 1.4.10: Betrieb des Lautsprechers mit dem PWM-Tongenerator

Abb. 1.4.11: Betrieb des Lautsprechers mit einem einfachen handelsüblichen Radio

Verbesserungsmöglichkeiten

Der hier vorgestellte Lautsprecher ermöglicht z. B. in der Konfiguration gemäß Abb. 1.4.11 problemlos das Verfolgen von Radiosendungen. Trotzdem kann auch dieser Aufbau weiter verbessert werden.

1. Die Verwendung leichter beweglicher Sicken würde die Lautsprechermembran leichter schwingen lassen. Gemäß Abb. 1.4.12 könnte für die Sicken ein anderes Material benutzt werden. Auch möglich wäre ein paralleles Einritzen der Sicken zur Knickkante.

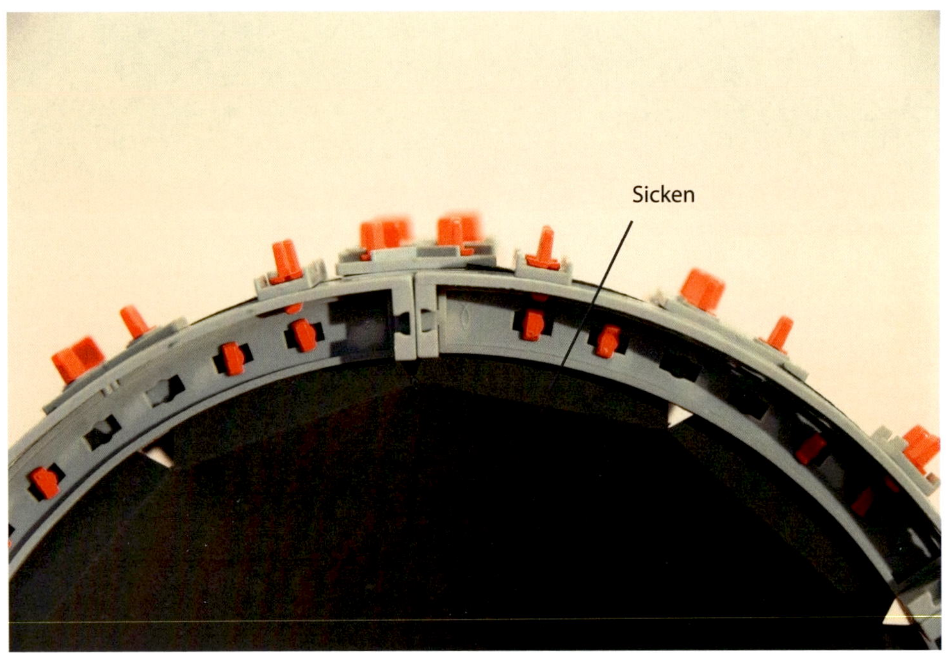

Abb. 1.4.12: Sicken zur Halterung der konusförmigen Lautsprechermembran

2. Auch der Antrieb als Kombination von Dauermagnet und Elektromagnet könnte bestimmt effektiver aufgebaut werden, insbesondere, wenn weniger Masse bewegt werden muss, um die Lautsprechermembran zum Schwingen zu bringen.

Ein Video des fischertechnik-Lautsprechers mitsamt Hörproben gibt es bei Youtube.[11] Viel Spaß beim Experimentieren!

Abb. 1.4.13: Gesamtaufbau des Lautsprechers von hinten mit 3,5-mm-Mono-Klinkenstecker

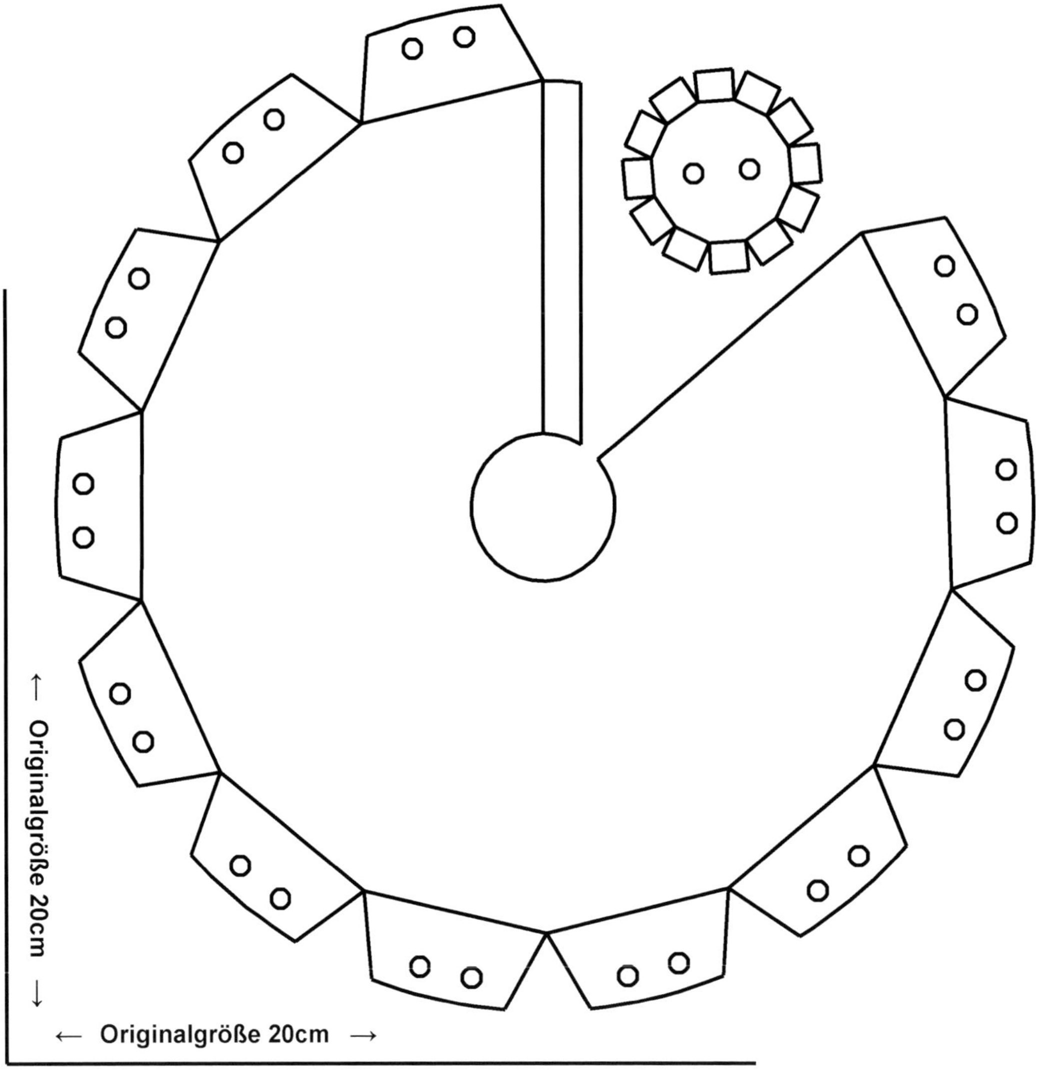

Abb. 1.4.14: Lautsprechermembran, Vorlage zur Herstellung aus Pappe (max. 300 g/m²). Der Ausdruck dieser Abbildung sollte so erfolgen, dass die waagerechte und die senkrechte Linie unten links jeweils 20 cm lang ist (ggf. beim Ausdrucken den Zoom-Faktor anpassen).

Abb. 1.4.15: Gesamtaufbau des Lautsprechers mit 3,5-mm-Mono-Klinkenstecker

Referenzen

1 fischertechnik: Initiator: http://ftcommunity.de/data/downloads/dokumente/technischeinformationen/36237_zweidraht_initiator.pdf.

2 Gail, Andreas: Vollautomatischer Bahnbetrieb mit Elektromagneten. Youtube-Video, https://www.youtube.com/watch?v=UuEYdHIikrk.

3 Wikipedia, Rotationstransformator: https://de.wikipedia.org/wiki/Rotationstransformator.

4 Wikipedia, Trenntransformator: https://de.wikipedia.org/wiki/Trenntransformator.

5 Gail, Andreas: fischertechnik: Rotationstransformator. Youtube-Video, 2016: https://youtu.be/wrXIokBRNiA.

6 Laborshop 24 Laborbedarf: https://www.laborshop24.de.

7 Wikipedia: Magnetrührer (Rührfisch): https://de.wikipedia.org/wiki/Magnetrührer.

8 Quelle für Neodym-Magnete: https://www.supermagnete.de.

9 IKA-Werke GmbH & Co. KG: Magnetrührer: https://www.ika.com/de/laborgeraete/produkte/magnetruehrer/produkte/.
Heidolph: Magnetrührer: http://www.heidolph-instruments.de/produkte/hei-plate-serie/tabnavi/allgemein/.

10 Gail, Andreas: fischertechnik: Magnetrührer. Youtube-Video, 2016: https://youtu.be/yQeL0DnLxrI.

11 Gail, Andreas: fischertechnik: Lautsprecher. Youtube-Video, 2016: https://youtu.be/AbNLaro_aAY.

2 Laser-Anwendungen

Laser gewinnen im Bereich der Technik, aber auch in der Medizin, immer weiter an Bedeutung. Längst sind sie nicht mehr Science-Fiction, sondern im täglichen Leben angekommen: angefangen bei der Scanner-Kasse im Supermarkt, dem CD-Spieler zu Hause oder auch als Entfernungsmesser für den Heimwerker. Höchste Zeit also, diese noch immer etwas futuristisch anmutende Technik etwas näher zu betrachten.

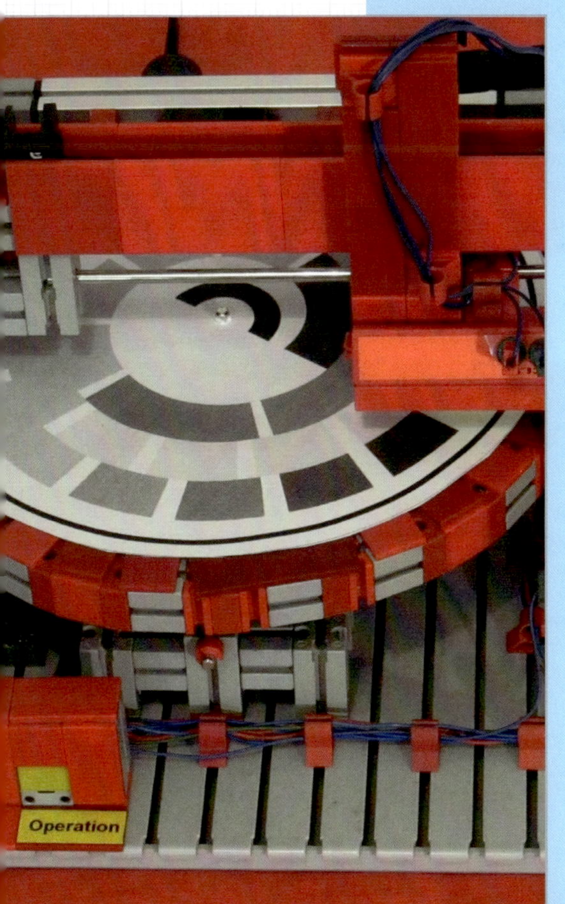

2.1 Einstieg in Experimente mit Lasern

Beginnen wir mit dem Selbstbau einer Lasereinheit; anschließend folgen verschiedene Anwendungsbeispiele.

Sicherheit

Die verfügbaren Laser werden in Gefährlichkeitsklassen von 1 bis 4 eingeteilt, dabei sind die Laser der Laserklasse 4 die gefährlichsten. Daher empfehlen wir Experimente nur mit Lasern der Klasse 1.

Trotzdem sollten Sie niemals in das Laserlicht direkt oder über Spiegel hineinblicken. Das gilt besonders bei Verwendung von Linsen. Beachten Sie unbedingt die Sicherheitshinweise der Hersteller.

Punkt und Linie

Für die später folgenden Experimente setzen wir zwei verschiedene Laser ein. Die einen Laser senden ihr Licht punktförmig aus, die anderen linienförmig. Hierbei verwenden wir Laser für einen Gleichspannungsbereich von 3 bis 12 V mit einer Leistung von 2 bis 5 mW. Hinsichtlich der spezifizierten Betriebsspannung erscheint alles bestens geeignet, um direkt in die Experimente einzusteigen.

Abb. 2.1.1: Warnhinweis zum Schutz vor elektrostatischer Aufladung

Doch zwei Dinge sollten Sie unbedingt bei der Verwendung berücksichtigen, um die Laser nicht gleich zu zerstören. Zum einen muss unbedingt auf die richtige Polung geachtet werden. Zum anderen sind Laser empfindlich hinsichtlich elektrostatischer Aufladung. Sollte ein Lasermodul mit einer integrierten Schutzschaltung vorhanden sein, kann natürlich auf die nachfolgend gezeigte Schutzschaltung verzichtet werden.

Gehäuse und Schutzschaltung

Die beiden oben genannten Probleme soll die folgende Schutzschaltung möglichst weitgehend lösen (Abb. 2.1.2).

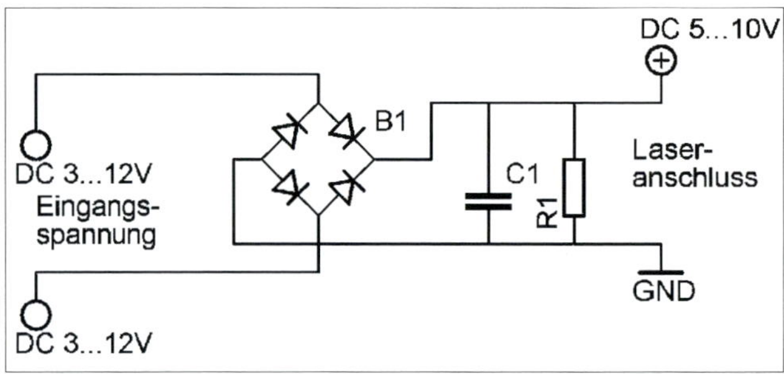

Abb. 2.1.2: Schutzschaltung für Laser

Eine falsche Polung kompensiert ein Brückengleichrichter. Den Schutz vor der elektrostatischen Aufladung übernehmen ein Kondensator und ein Widerstand. Kondensatoren haben dabei die Eigenschaft, kurzzeitig auftretende Spannungsdifferenzen auszugleichen. Betrachtet man den fertigen Aufbau, ergibt sich Folgendes:

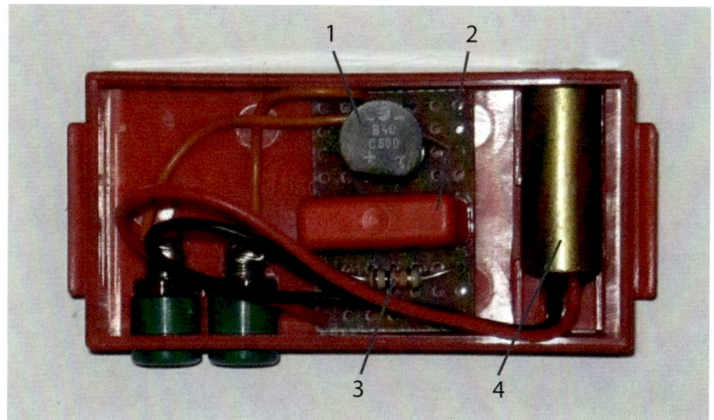

Abb. 2.1.3: Laser und Schutzschaltung, eingebaut in einen ft-Batteriekasten mit Brückengleichrichter (1), Kondensator 0,1 µF (2), Widerstand 10 kΩ (3) und Laser (4)

Der vollständige Aufbau ist mit dem Gefahrenhinweis des Laserherstellers versehen (Abb. 2.1.4).

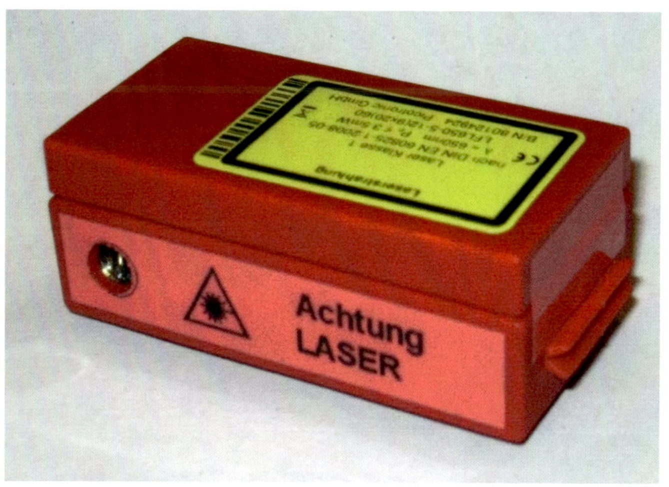

Abb. 2.1.4: Vollständiger Aufbau der Lasereinheit

Linienlaser

fischertechnik hat uns in der Vergangenheit in den Optik-Kästen einige Linsen bereitgestellt. Diese sind allerdings nicht beschriftet, und so lässt sich nicht erkennen, welche Brennweite sie haben. Wir können mit der im Folgenden beschriebenen Methode die Brennweiten experimentell bestimmen.

Abb. 2.1.5: fischertechnik-Linsen unterschiedlicher Brennweite

Zur Messung der Brennweite mithilfe des zuvor aufgebauten Linienlasers und des nachfolgend gezeigten Versuchsaufbaus kann die Messung beginnen.

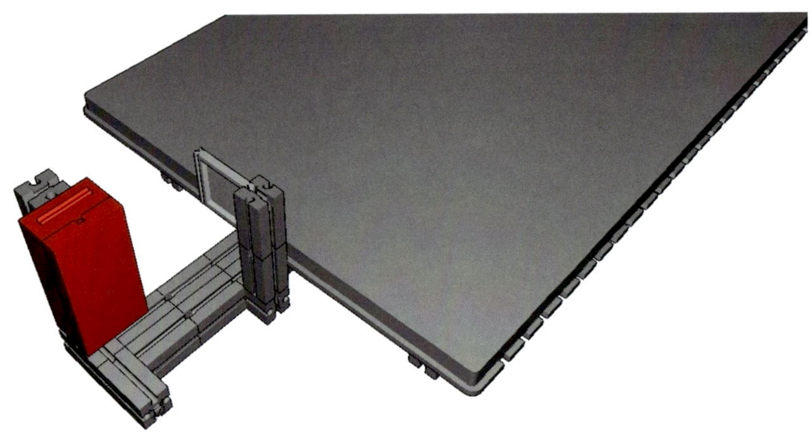

Abb. 2.1.6: Messanordnung (von oben)

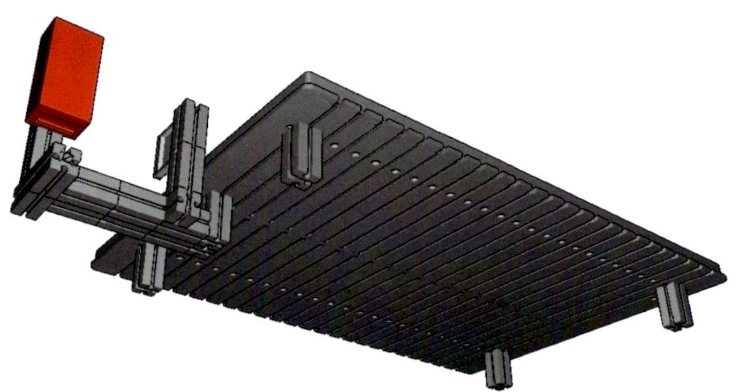

Abb. 2.1.7: Messanordnung (von unten)

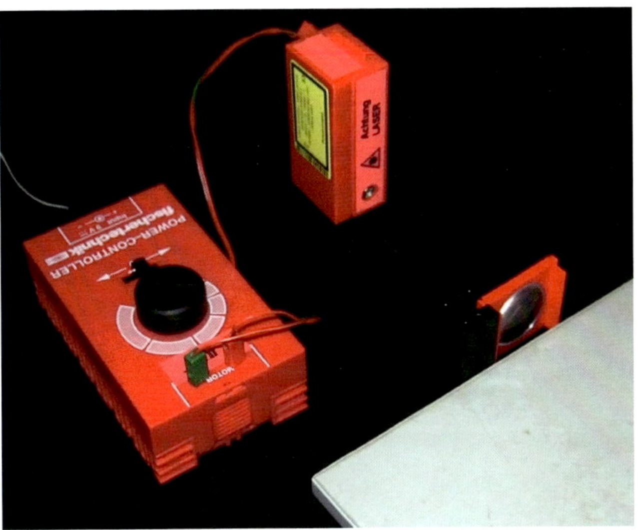

Abb. 2.1.8: Linienlasereinheit mit Spannungsquelle und zu vermessender Linse

Abb. 2.1.9: Draufsicht der Messanordnung

Wird die Lasereinheit parallel zur Linsenfläche verschoben, ergeben sich für drei aufeinanderfolgende Einstellungen die Bilder in Abb. 2.1.10. Der vertikal ausgerichtete Linienlaser dieses Versuchsaufbaus macht auf der ebenen Bauplatte einen sichtbaren linienförmigen Laserverlauf möglich. Es bietet sich an, auf der ebenen Bauplattenseite ein Blatt Papier mit Klebestreifen zu befestigen. Das Papier sollte möglichst frei von Wellen sein, um später eine durchgängige Linie zu erhalten.

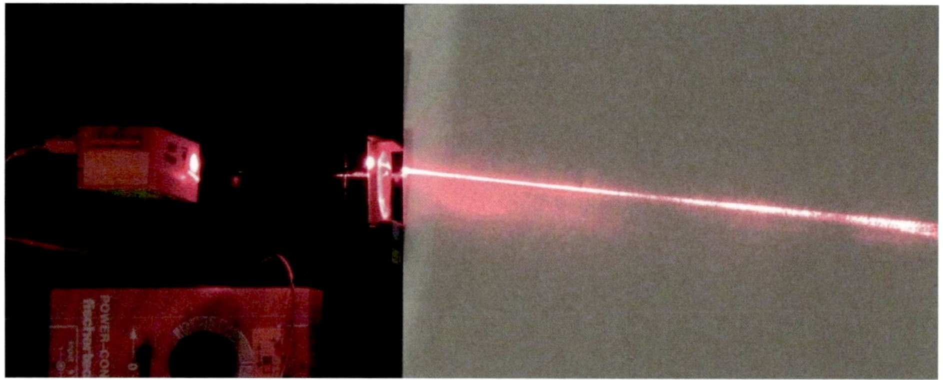

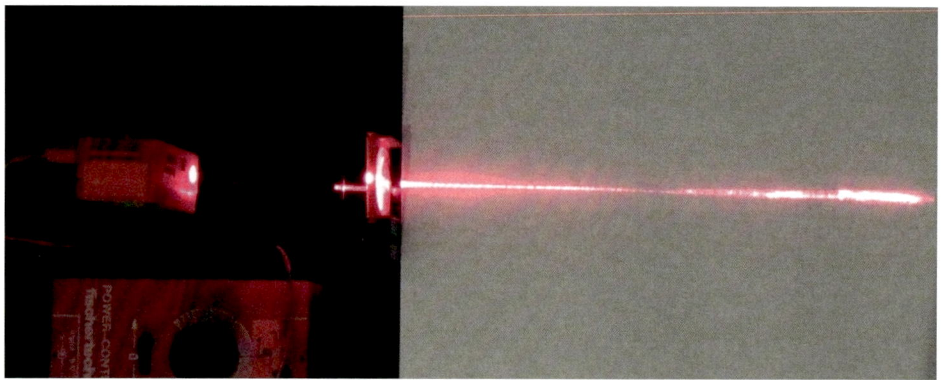

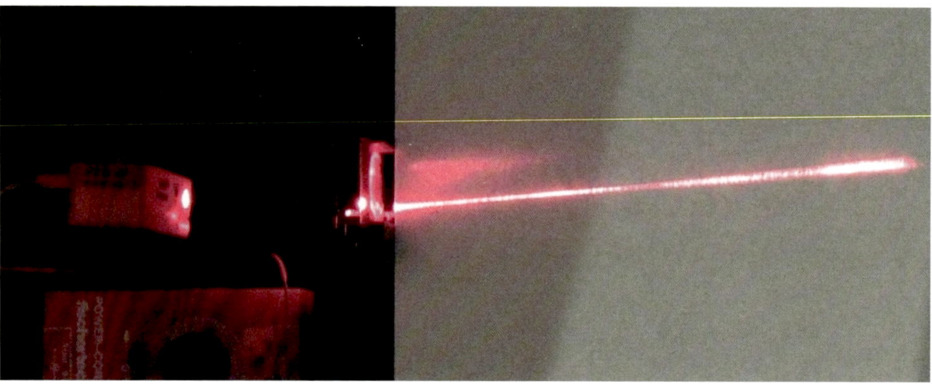

Abb. 2.1.10: Vermessung einer Linse mit drei Einstellungen zur Bestimmung der Brennweite

Ziehen wir bei jeder dieser drei Einstellungen die jeweilige Laserlinie mit einem Bleistift nach, zeigt sich, dass alle Bleistiftlinien durch einen Punkt verlaufen: den Brennpunkt der Linse. Der Abstand von der Linse zum Brennpunkt wird Brennweite genannt.

Es drängt sich zum Schluss die Frage auf, was man mit der gewonnenen Erkenntnis anfangen kann. Eine Antwort könnte sein, auf diese Weise einen Fotowiderstand zielgerichteter einsetzen zu können, indem wir vor den Fotowiderstand eine oben gezeigte Linse im richtigen Abstand vorschalten.

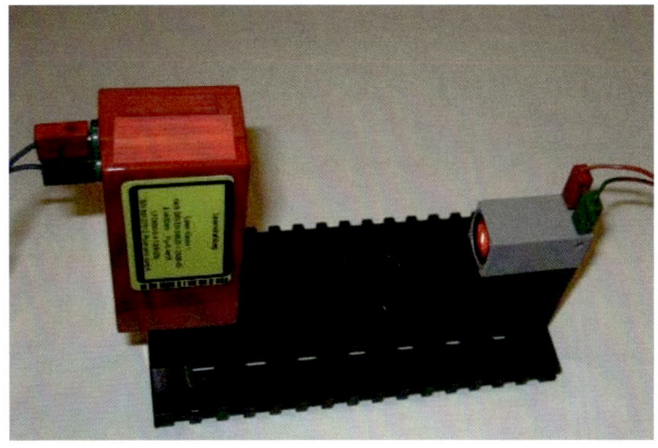

Abb. 2.1.11: Aufbau einer Laserlichtschranke (gezeigt sind nur wenige Zentimeter; mehrere Meter sind jedoch mühelos erreichbar, gegebenenfalls unter Nutzung einer Störlichtkappe)

Punktlaser

Eine einfache Anwendung für einen Punktlaser stellt eine Lichtschranke dar. Bei einem Laser lassen sich deutlich weitere Strecken überbrücken als mit den früher verwendeten Glühlampen. Bei dem gezeigten Prinzipaufbau können mühelos mehrere Meter überbrückt werden.

Weitere Anwendungen

Mit einem solchen einfachen Laser lassen sich zahlreiche weitere Anwendungen realisieren. Vorstellbar ist der Aufbau einer groben Entfernungsabschätzung, oder über ein Feld von Sensoren ließe sich der Geradeauslauf eines ansonsten frei beweglichen Fahrzeugs regeln. Diese Beispiele sollen Ihnen als kleine Anregung dienen. Wir sind sicher, Sie werden viele weitere Anwendungen für Laser finden.

Hinweis zur Gehäusefertigung

Das oben abgebildete Batteriegehäuse zeigt sich bei der Bearbeitung sehr widerspenstig. Das Hineinbohren von Löchern ist nur schwer und unschön möglich. Eine einfache und schnelle Methode ist die Verwendung eines Locheisens (Abb. 2.1.12).

Einen Holzklotz auf der Innenseite des Gehäuses plan unterlegen, ein gezielter kräftiger Schlag – und das Loch ist ausgestanzt.

Abb. 2.1.12: Locheisen zur Einbringung von Löchern in ein Batteriegehäuse

2.2 Bewegungsmessung

Andreas und Joachim Gail

Im folgenden Beitrag zum Thema Bewegungsmessung werden zwei Anwendungen für Laser vorgestellt: ein optisches Impulsrad[1] und eine Drehzahlmessung.

Abb. 2.2.1: Gesamtansicht

Versuchsaufbau

In Abb. 2.2.1 und 2.2.2 sehen Sie den Aufbau des Versuchs. Hierbei treibt ein fischertechnik-Power-Motor (8:1) (1) ein Zahnrad (Z40) (2) direkt an. Dieses Zahnrad treibt auf einer weiteren Welle ein Ritzel (Z10) (3) an. Der Laserstrahl der Lasereinheit (4) kann prinzipiell durch eines der drei Löcher des Zahnrads (2) hindurchleuchten und dann auf den Fototransistor (5) fallen. Ob der Laserstrahl wirklich auf den Fototransistor (5) fällt, ist abhängig von der tatsächlichen Positionierung des Zahnrads (2). So beeinflusst die fortschreitende Drehung des Zahnrads (2), ob der Laserstahl auf den Fototransistor fällt oder nicht. Hieraus können wir ableiten, ob es zur Drehung gekommen ist und wie weit und wie schnell sich das Zahnrad gedreht hat. Der gezeigte Aufbau eignet sich für

den vollen Drehzahlbereich des Power-Motors (Nenndrehzahl 725min^{-1}), d.h. demnach 2.900 Umdrehungen pro Minute am Ritzel (3). Alternativ zum Fototransistor (5) können wir auch einen jedoch wesentlich langsameren, klassischen Fotowiderstand verwenden.

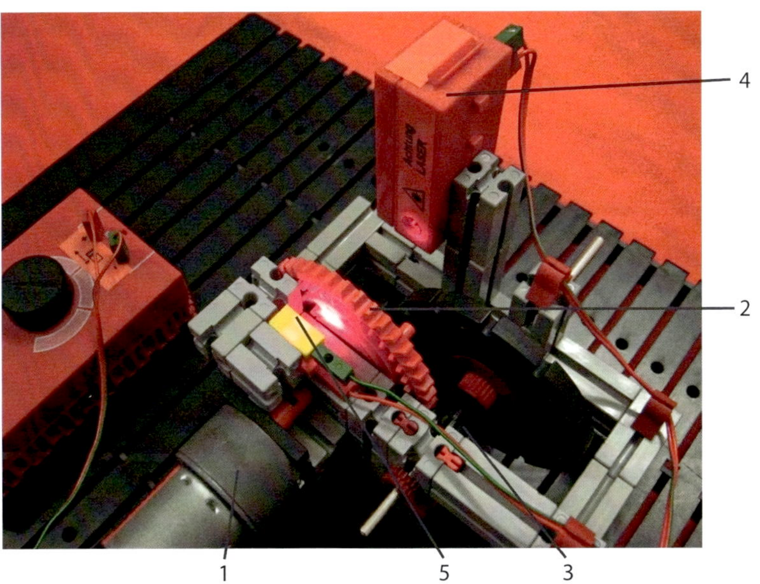

Abb. 2.2.2: Detailansicht Lichtschranke per Laser

Abb. 2.2.3: Bewegungsmessung mit hoher Auflösung

Abb. 2.2.4: Bewegungsmessung mit mittlerer Auflösung

Optisches Impulsrad

Bei genauer Justage und unter Verwendung einer Störlichtkappe mit einer kleinen Bohrung ist es ebenfalls möglich, die Zähne eines Zahnrads zur Bewegungsmessung einzusetzen (Abb. 2.2.3). Dadurch sinkt zwar die maximal messbare Drehzahl, man erreicht jedoch eine entsprechend höhere Auflösung. Auf diese Weise ist es möglich, mit dem oben gezeigten Power-Motor einen eigenen Encodermotor aufzubauen.

Ein Kompromiss zwischen Auflösung und Betriebssicherheit zeigt die Variante gemäß Abb. 2.2.4. Neben den hier gezeigten Beispielen sind natürlich auch alle Arten selbst gelochter Pappscheiben denkbar.

Drehzahlmessung

Bei der Drehzahlmessung ist es nicht alleine entscheidend, wie weit sich ein Zahnrad oder eine Welle gedreht hat, sondern die Einheit Zeit ist zu berücksichtigen. Die Drehzahlmessung ermittelt letztendlich, wie viele Umdrehungen in einer Zeiteinheit stattgefunden haben. Da es sich im vorliegenden Fall um sehr schnelle Einzelereignisse handelt, soll die Messung mithilfe des Robotics TX Controllers (RTXC) erfolgen, mit einem Robotics TXT Controller (RTXTC) geht es natürlich auch. Wir verwenden dabei den Messaufbau von Abb. 2.2.2. Es soll ermittelt werden, wie schnell sich dort das Ritzel (3) dreht. Gemessen wird jedoch am Zahnrad (2) wegen der geringeren Geschwindigkeit an dieser Stelle. Zur rechnerischen Korrektur sind folgende Punkte wichtig:

a) Das angetriebene Zahnrad (2) hat 40 Zähne, das Ritzel (3) hat 10 Zähne. Demnach dreht sich das Ritzel (3) viermal so schnell.

b) Die Messung erfolgt im Zahnrad (2), dieses hat 3 Bohrungen, folglich gibt es bei einer Umdrehung 3 Impulse.

Robo-Pro-Software zur Drehzahlmessung

Die Programmierung wurde in zwei getrennte, aber gleichzeitig laufende Programmschleifen aufgeteilt.

Programmteil 1: Ereigniszählung

Unter Verwendung eines schnellen Zähleingangs werden alle Lichtschranken-

unterbrechungen gezählt und hierbei der Wert der Variablen *Zaehler* um 1 erhöht.

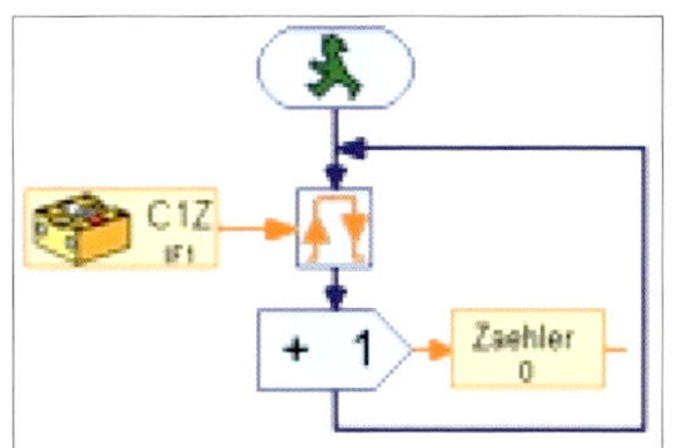

Abb. 2.2.5: Programmteil 1: Zählung von Ereignissen über schnellen Zähleingang

Programmteil 2: Zeitintervallmessung

Die Angabe der Drehzahl ist die Häufigkeit der Umdrehungen einer Welle oder eines Zahnrads innerhalb eines bestimmten Zeitintervalls. Unser Beispiel verwendet für die Anzeige des Endergebnisses die Zeiteinheit Minuten (min). Die zugehörige zusammengesetzte Einheit für die Drehzahl lautet somit Umdrehungen pro Minute (1/min oder min^{-1}).*

Im Programmteil 2 wird dieselbe Variable *Zaehler* verwendet wie im Programmteil 1. Zunächst wird diese auf 0 zurückgesetzt und 2 Sekunden lang gewartet. Während der Wartezeit zählt Programmteil 1 in Abhängigkeit von der Drehzahl weiter. Schließlich wertet Programmteil 2 die Variable *Zaehler* aus. Bei der Auswertung finden, unter Nutzung von 4 Faktoren, einige Berechnungen statt. Das Berechnungsergebnis wird dann gemäß Abb. 2.2.7 angezeigt. Eine Aktualisierung dieser Anzeige erfolgt alle 2 Sekunden. Die Faktoren haben folgende Bedeutung:

a) Faktor 2: Die Messung, d.h. Zählung, erfolgt 2 Sekunden lang, der Wert von *Zaehler* wird somit durch 2 geteilt, um die Anzahl der Umdrehungen in 1 Sekunde zu erhalten.

b) Faktor 60: Umrechnung des Messergebnisses von der Umdrehungszahl pro 1 Sekunde auf 1 Minute.

c) Faktor 4: siehe Unterabschnitt *Drehzahlmessung* Punkt a).

d) Faktor 3: siehe Unterabschnitt *Drehzahlmessung, Punkt* b).

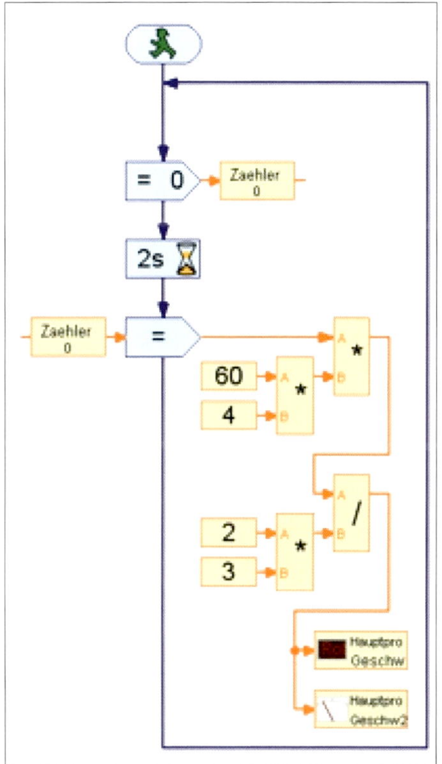

Abb. 2.2.6: Programmteil 2: Zeitmessung, Umrechnung und Weiterleitung des Ergebnisses auf 2 Anzeigeelemente

* Die älteren Einheiten U/min, UpM oder rpm sollten nicht mehr verwendet werden, weil eine Anzahl von Umdrehungen eben nur eine Zahl und somit einheitenlos ist.

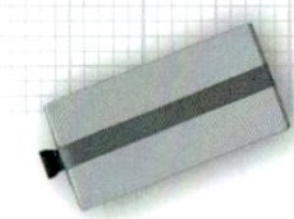

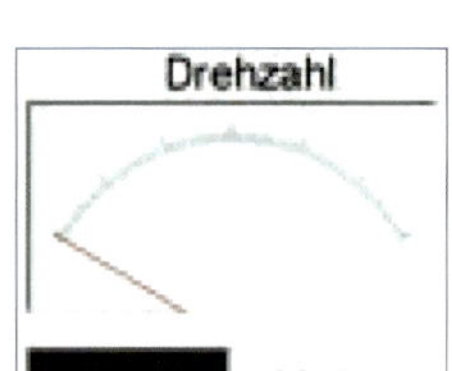

Abb. 2.2.7: Anzeigeelemente für das Messergebnis

Warum Laser?

Als Lichtquelle eine Lampe zu verwenden, ist der klassische Ansatz und klappte auch schon millionenfach. Trotzdem hat der Laser Vorteile:

a) Punktuelle relativ hohe Lichtintensität ist vorteilhaft, um auch kleine Bewegungsänderungen punktgenau zu erkennen, z.B. die Weiterbewegung eines einzelnen Zahns eines Zahnrads. Auch schnelle Bewegungen können erkannt werden. Zur Erkennung ist eine bestimmte Lichtmenge notwendig, und die kann mittels Laser auf eine kleine Fläche gebracht werden.

b) Laserlichtquelle und Sensor können sehr weit voneinander entfernt eingebaut werden. Das ist ein Vorteil, wenn am Messpunkt selbst nur wenig Platz zur Verfügung steht.

Ausblick

Prinzipiell ist es auch möglich, die Drehzahl per Laserstrahl an drehenden Teilen per Reflexion zu erfassen. Dazu könnte ein kleiner Streifen von Aluminiumklebeband auf ein Zahnrad oder eine Nabe aufgeklebt werden. Immer wenn der glänzende Klebestreifen im Bereich des Laserstrahls vorbeikommt, reflektiert der Streifen das Licht, das von einem Fototransistor oder Fotowiderstand erfasst wird.

2.3 Nivelliergerät

Ein praxisorientiertes Beispiel dafür, wie Laser ins fischertechnik-System integriert werden können, ist das Modell eines Laser-Nivelliergeräts. Dies ist ein Werkzeug, das breiten Einzug in Handwerk und Bau gehalten hat. Wir zeigen, wie einfach ein solches Gerät mit fischertechnik nachgebaut werden kann.

Was ist ein Laser-Nivelliergerät?

Die Anwendung eines Laser-Nivelliergeräts ist schnell erläutert. Es geht darum, möglichst exakt waagrechte oder senkrechte Linien z.B. auf eine Wand zu projizieren, um dadurch exaktere Arbeitsergebnisse zu erzielen. Beispielhaft lässt sich so die Arbeit von Fliesenlegern unterstützen, wie in Abb. 2.3.1 gezeigt.

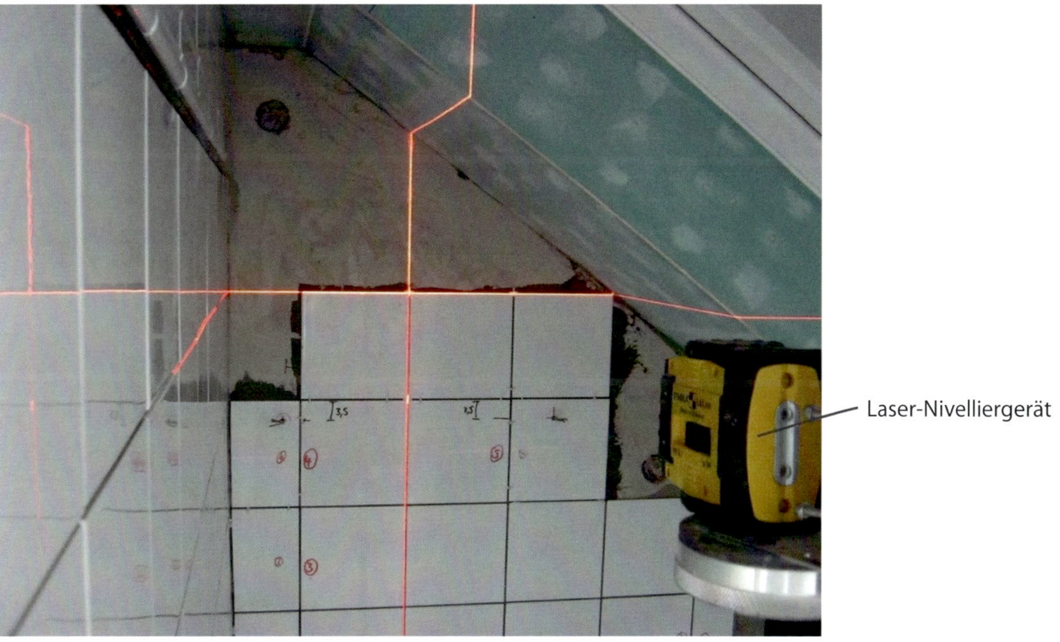

Abb. 2.3.1: Einsatz eines Laser-Nivelliergeräts zur Erleichterung der exakten Verklebung von Wandfliesen, hier in der Variante eines Kreuzlinienlasers

Das Besondere an einem solchen Gerät ist nicht nur, dass es exakte dünne Laserlinien erzeugen kann, sondern dass diese selbst dann noch exakt waagerecht oder senkrecht verlaufen, wenn das eigentliche Gerät etwas schräg aufgestellt ist. Diese Schräglage kann das Gerät selbstständig ausgleichen. Das in Abb. 2.3.2 gezeigte Gerät dient bei den nachfolgenden Versuchen als Referenz.

Abb. 2.3.2: Laser-Nivelliergerät, hier in der Variante eines Kreuzlinienlasers

Auch für fischertechnik eine machbare Aufgabenstellung

Nachfolgend wird der fischertechnik-Aufbau mit dem Referenzgerät verglichen. Die untere Laserlinie gehört dabei zum Referenzgerät, die obere Linie zum fischertechnik-Modell. Die Abb. 2.3.3 und 2.3.4 zeigen, wie genau die Ergebnisse beider Geräte übereinstimmen, und zwar auch bei schiefer Aufstellung des fischertechnik-Modells. Bei beiden Bildern bleibt die Position des Referenzgeräts unverändert.

Abb. 2.3.3: Einsatz eines professionellen Laser-Nivelliergeräts im Vergleich mit dem fischertechnik-Aufbau, schief aufgestellt

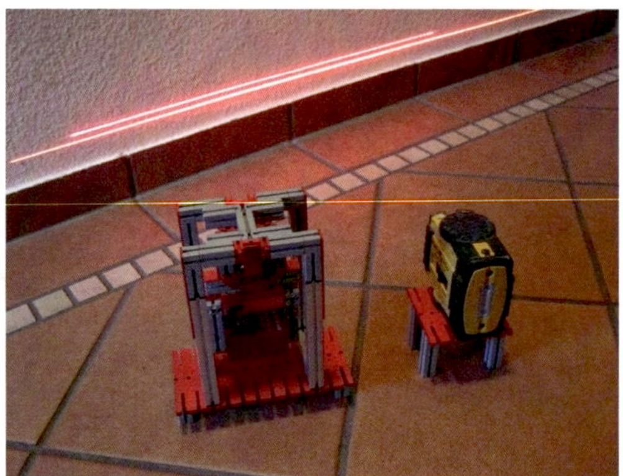

Abb. 2.3.4: Einsatz eines professionellen Laser-Nivelliergeräts im Vergleich mit dem fischertechnik-Aufbau, gerade aufgestellt

Abb. 2.3.5 zeigt den Detailunterschied zwischen Abb. 2.3.3 und 2.3.4 noch mal gesondert. Es funktioniert wirklich!

Abb. 2.3.5: Unterschied der Aufstellung, links Detail von Abb. 2.3.2, rechts Detail von Abb. 2.3.3

Mechanischer Aufbau

Der mechanische Aufbau ist simpel. Man bemüht lediglich die Schwerkraft, wie in Abb. 2.3.6 gezeigt. Dabei hängt eine Masse ähnlich eines Senkbleis einfach nur nach unten. Als Senkblei verwenden wir im fischertechnik-Aufbau das Akku-Paket, das von sich aus schon relativ schwer ist. Dieses Akku-Paket liefert gleichzeitig den erforderlichen Strom für den Betrieb des Linienlasers.

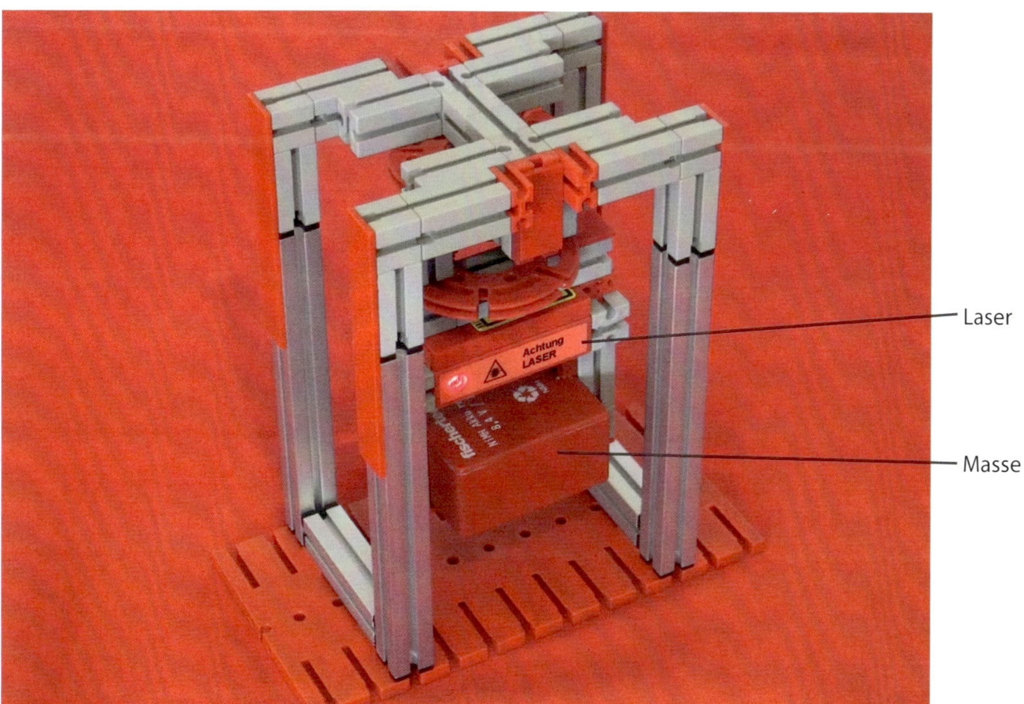

Abb. 2.3.6: fischertechnik-Aufbau eines Nivelliergeräts

Auch wenn der Aufbau grundsätzlich einfach ist, sollten Sie zwei Dinge beachten, damit die gewünschte Funktionalität sichergestellt ist. Zum einen soll der Aufbau leicht beweglich sein, damit der Laser möglichst ungehindert auspendeln kann, zum andern muss vor der ersten Verwendung eine Kalibrierung/Justierung erfolgen.

Das Pendelsystem

Der Aufbau des Pendelsystems ist in Abb. 2.3.7 zu erkennen. es besteht aus zwei unabhängigen Achsen, die eine Pendelbewegung in einem Winkel von 90° zueinander ermöglichen. Damit keine Verschiebung auf der jeweiligen Achse stattfindet, werden Messing-Unterlegscheiben aus dem Baumarkt eingesetzt.

Abb. 2.3.7: Das Pendelsystem mit möglichst freier Beweglichkeit von zwei unabhängigen Achsen

Erstkalibrierung

Die Erstkalibrierung erfolgt mithilfe des Referenzgeräts. Dabei müssen zwei Ausrichtungen kalibriert und ggf. auch justiert werden. Zunächst kalibrieren wir die Rechts-links-Neigung und verwenden dazu den Aufbau gemäß Abb. 2.3.8.

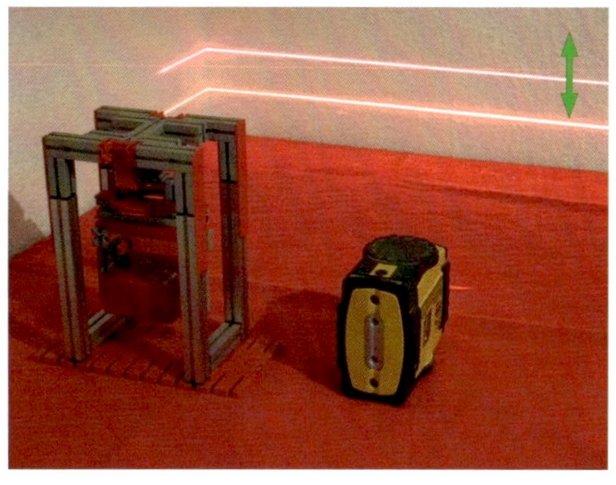

Abb. 2.3.8: Kalibrierung der Rechts-links-Neigung

Die untere Laserlinie stammt vom Referenzgerät. Die Kalibrierung ist dabei der Vergleich des fischertechnik-Geräts mit dem Referenzgerät (Messmittel). Die Justierung ist die Einstellung auf eine akzeptable Funktionsweise (Messgenauigkeit). Diese ist dann erreicht, wenn beide Laserlinien möglichst genau parallel zueinander verlaufen. Das ist in Abb. 2.3.8 der Fall, ein weiterer Justagebedarf besteht nicht. Sollten Sie eine Justierung wünschen, würde das eine Änderung der oberen Laserlinie gemäß der grünen Pfeile in Abb. 2.3.8 bedeuten. Um das am fischertechnik-Gerät einzustellen, ist eine Verschiebung der violett dargestellten Baugruppe gemäß Abb. 2.3.9 (grüne Pfeile) erforderlich.

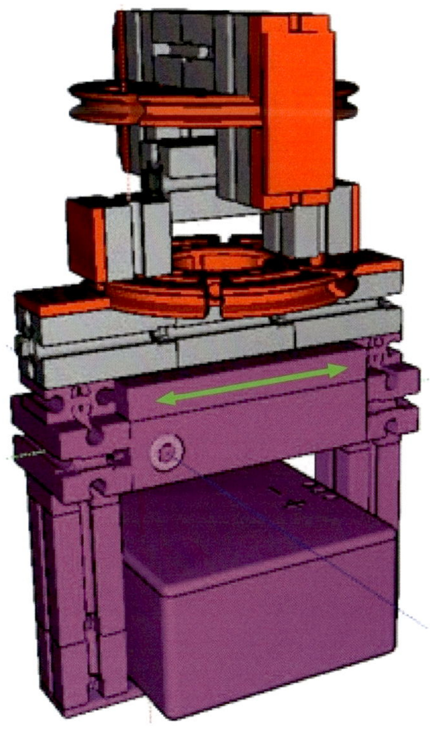

Abb. 2.3.9: Justierung der Rechts-links-Neigung: Verschiebung der violett markierten Baugruppe gemäß Pfeilrichtung

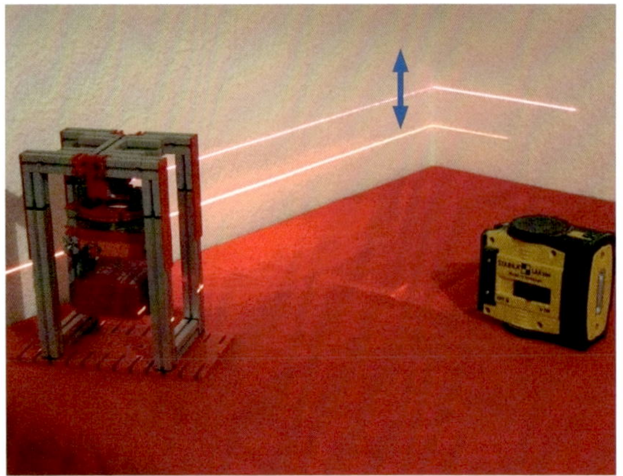

Abb. 2.3.10: Kalibrierung der Oben-unten-Neigung

Für die Kalibrierung der Oben-unten-Neigung ist ein Messaufbau gemäß Abb. 2.3.10 hilfreich. Auch in diesem Fall ist keine weitere Justierung erforderlich.

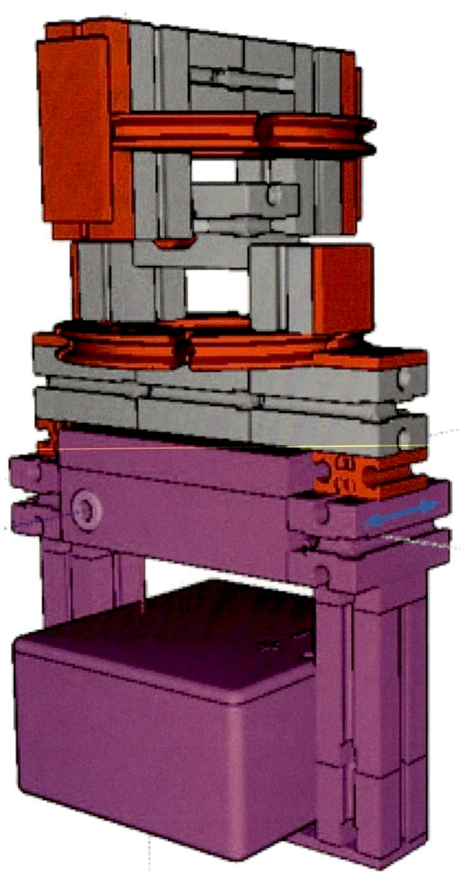

Abb. 2.3.11: Justierung der Oben-unten-Neigung: Verschiebung der violett markierten Baugruppe gemäß Pfeilrichtung

Soll eine Justierung erfolgen, würde dies eine Änderung der oberen Laserlinie gemäß der blauen Pfeile in Abb. 2.3.10 bedeuten. Um das am fischertechnik-Gerät einzustellen, ist eine Verschiebung der violett dargestellten Baugruppe gemäß Abb. 2.3.11 (blaue Pfeile) erforderlich.

Gesamtansicht

Abb. 2.3.12 zeigt den Gesamtaufbau.

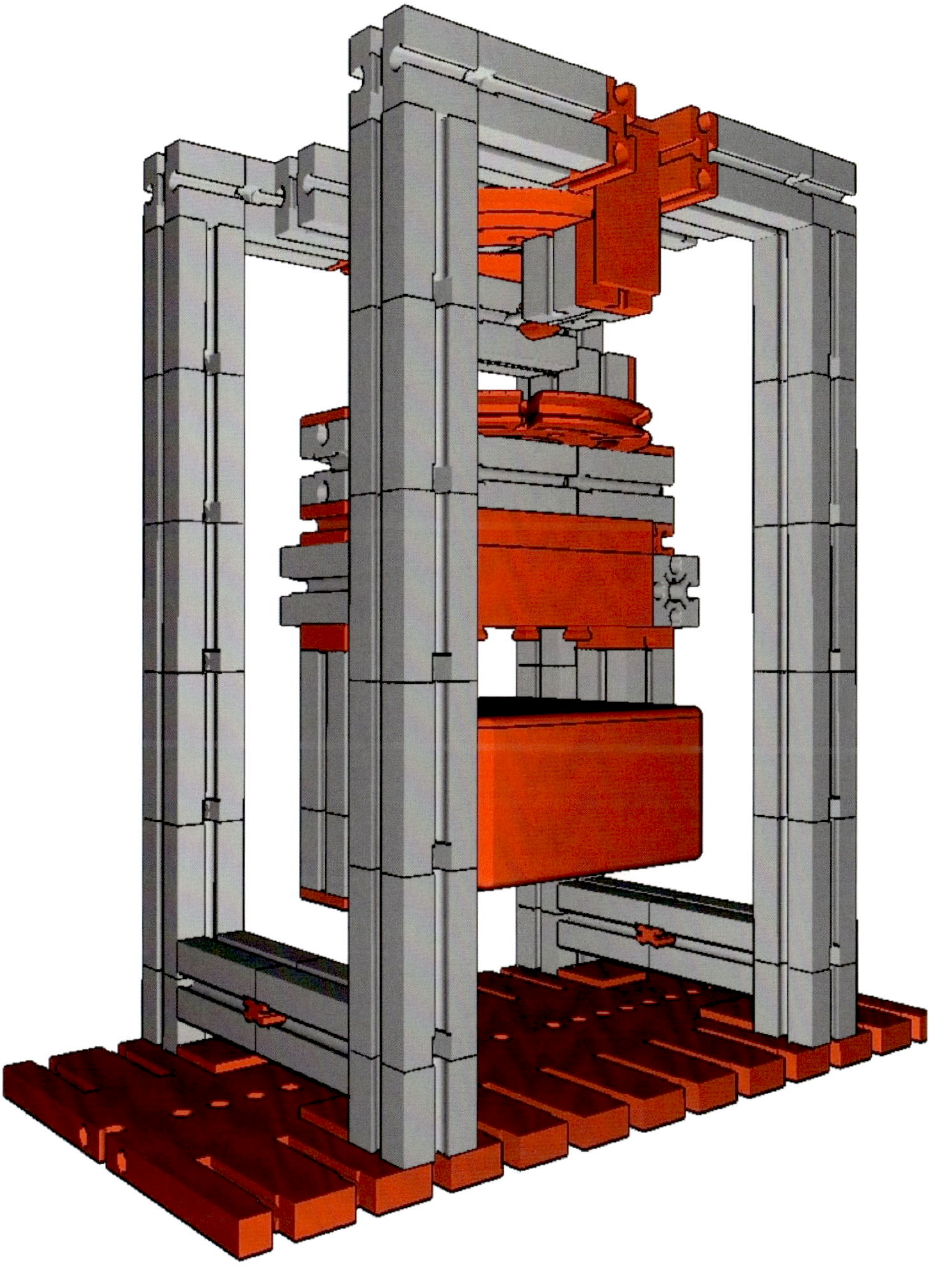

Abb. 2.3.12: Gesamtaufbau des Laser-Nivelliergeräts

2.4 Analoger CD-Spieler

Verbaut in CD-Spielern kamen Laser in den 1980er-Jahren massenhaft in die Haushalte. Derartiges mit fischertechnik nachzubauen, ist sicherlich eine besondere Herausforderung, wenn echte CDs abgespielt werden sollen. Hierzu bedarf es einer ausgeklügelten Feinwerktechnik und Elektronik bzw. Software. Ein Modell jedoch ist durchaus möglich, wie nachfolgender Beitrag zeigt. Hierbei ist die Bezeichnung »Analoger CD-Spieler« ein Wortspiel: Einerseits wird ein Modell gezeigt, das prinzipiell ähnlich zu einem kommerziellen Gerät arbeitet, andererseits handelt es sich bei der Tonaufzeichnung im Grunde um ein analoges Signal, das wiedergegeben wird.

Die Idee ist nicht neu

Im Jahr 1991 wurde bereits ein CD-Spieler mit fischertechnik nachgebaut[2] , um das Prinzip zu zeigen. Vermutlich gab es eine Reihe weiterer Modellvorschläge.

Die Modellbeschreibung ist zweigeteilt. Zunächst wird eine PC-Software (PDD Creator, PaperDataDisc Creator)[3] beschrieben, die aus einem einfachen einstimmigen Musikstück einen runden Datenträger erzeugt (PDD, Paper Data Disc), der ausgedruckt und mit einer Schere ausgeschnitten werden kann. Im zweiten Teil wird das fischertechnik-Modell gezeigt, das diese PDD wieder ausliest. Zum Aufbau werden Sonderbaugruppen aus anderen Kapiteln benötigt: ein Punktlaser (Kapitel 2.1) und ein PWM-Tongenerator (Kapitel 8.4).

Um die Erwartungen gleich zu Beginn nicht zu hoch zu schrauben: Bei dem hier Gezeigten handelt es sich um ein Modell, die Tonqualität ist durchaus noch verbesserungsfähig.[4] Dazu am Ende mehr.

PDD-Datenträger erstellen

Zunächst muss die Software PDD Creator[4] aus dem Internet beschafft werden. Sie wurde mit Microsoft Visual Basic Express 2010 in einer Windows-XP-SP3-Umgebung entwickelt. Zusätzlich getestet wurde diese Software unter Windows 7.

Nach dem erfolgreichen Programmstart erhält man ein Fenster gemäß Abb. 2.4.14. Allerdings muss zunächst ein passendes Musikstück eingegeben bzw. geladen werden. Mithilfe der Befehlsschaltflächen *Play All* oder *Play Partial* kann das Musikstück über den Systemlautsprecher des PCs überprüft werden. Unter Nutzung der Befehlsschaltfläche *Create* lässt sich die PDD entsprechend der Parameter *Number of circles* (Abbildungsbreite der Datenspur) und *Single sound length* (Tondauer) auf der rechten Fensterhälfte erstellen. Die Befehlsschaltflächen *Print* bzw. *Print Now* ermöglichen den Ausdruck über einen ange-

schlossenen Drucker. Wird der erhaltene kreisrunde Ausdruck ausgeschnitten, ist die PDD fertig. Abb. 2.4.12 zeigt ein vollständiges Beispiel.

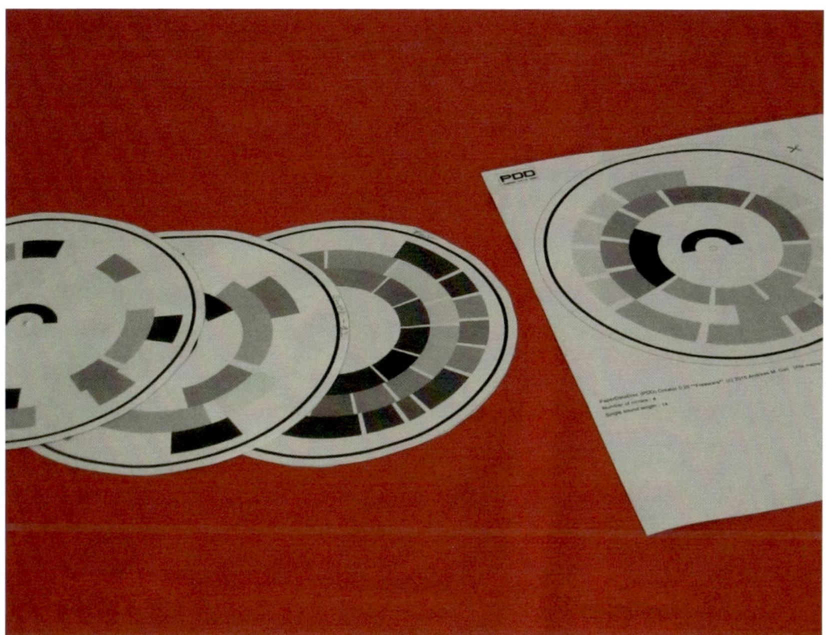

Abb. 2.4.1: Mehrere PDDs zum Abspielen

Es sei angemerkt, dass beim späteren Abspielen die Drehgeschwindigkeit des Plattentellers konstant sein soll. Folglich müssen die einzelnen Töne bei gleicher Tonlänge am Außenrand der PDD eine längere Tonspurlänge haben als am Innenrand.

Der PDD-Spieler

Die erstellte PDD wird auf den Plattenteller des PDD-Spielers aufgelegt und die Leseeinheit darüber geklappt. Das wird in Abb. 2.4.2 bis 2.4.4 gezeigt.

Der *Start*-Taster beginnt den Abspielvorgang, der *Stop*-Taster unterbricht ihn. Auch durch Öffnen der Leseeinheit werden alle Vorgänge abgebrochen, d. h., die Motoren sowie der Laser werden abgestellt.

Abb. 2.4.2: PDD-Spieler, Leseeinheit offen

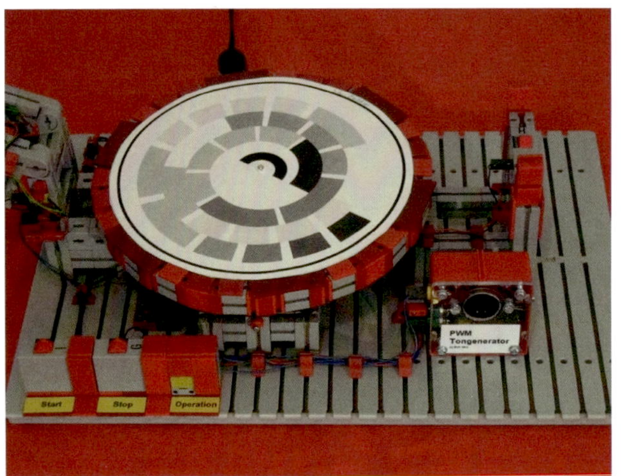

Abb. 2.4.3: PDD-Spieler, Leseeinheit offen, mit aufgelegter PDD

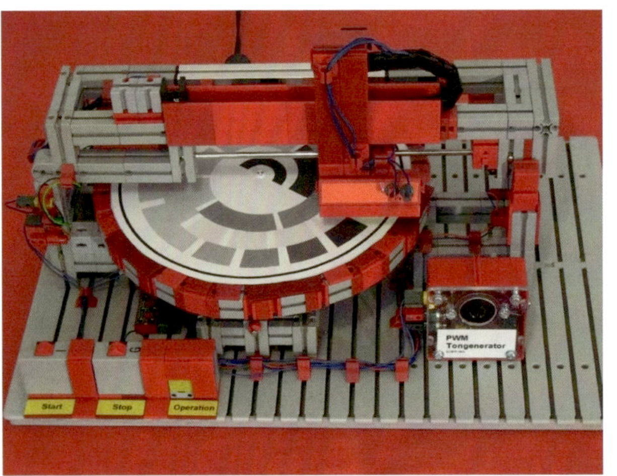

Abb. 2.4.4: PDD-Spieler, mit aufgelegter PDD, abspielbereit

Detailvorgänge im PDD-Spieler

Radiale Positionierung

Mit radialer Positionierung ist die Bewegung der Leseeinheit gemeint. Die beiden Endpunkte der Positionierung werden dabei durch zwei Taster begrenzt, wie in Abb. 2.4.5 violett dargestellt. Die Tasterbetätigung erfolgt durch den ebenfalls violett dargestellten Stift. Ist ein Endpunkt gefunden, wird die Positionseinstellung mithilfe des Encodermotors durchgeführt, d. h., es werden einfach die zuvor einmal bestimmten Schritte gezählt, um eine gewünschte Position anzufahren.

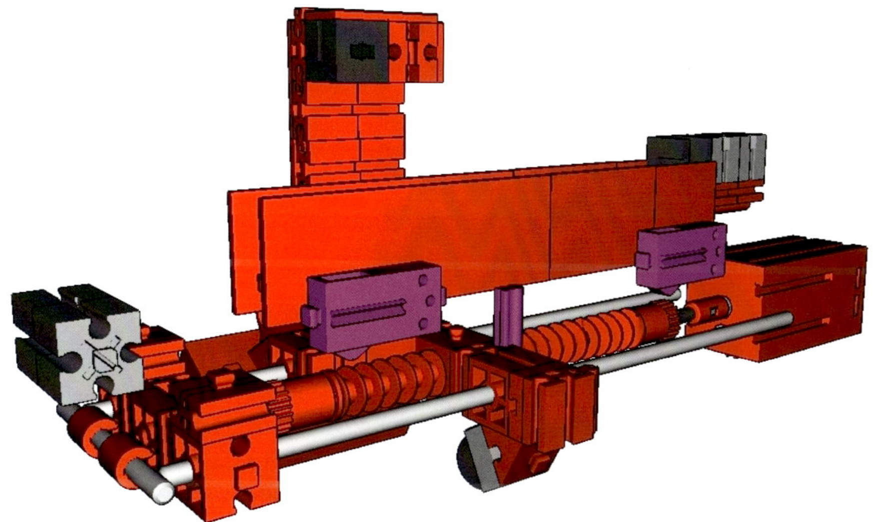

Abb. 2.4.5: Endpunkt-Positionierung der Leseeinheit

Schwarz-Weiß-Kalibrierung

Der Vorgang der Schwarz-Weiß-Kalibrierung wird in Abb. 2.4.6 gezeigt. Während sich der Plattenteller dreht, wird die PDD punktuell per Laser beleuchtet. Fällt dieses Licht auf eine schwarze Fläche (links), ist die Reflexion auf den Fotowiderstand geringer als bei der Reflexion von einer weißen Stelle (rechts). Um die unterschiedliche Helligkeit im RTXC oder im RTXTC auswerten zu können, muss der zugehörige Eingang auf die Betriebsart A5k (analog 5kΩ) eingestellt sein.

Die Kalibrierungsdauer wurde auf 10 s festgelegt. Während dieser Zeit wird der insgesamt hellste und auch der dunkelste Messwert festgehalten und in je einer Variablen für die spätere Verwendung gespeichert. Während der Kalibrierung und dem nachfolgenden Abspielen einer PDD sollte sich die Raumhelligkeit nicht ändern.

Abb. 2.4.6: Schwarz-Weiß-Kalibrierung und Positionierung des Plattentellers

Startpunkt-Suche

Die Suche des Startpunkts schließt sich direkt an die Schwarz-Weiß-Kalibrierung an. Die PDD wird dabei in Richtung des grünen Pfeils gemäß Abb. 2.4.7 gedreht; die Leseeinheit ist weiterhin auf das Schwarz-Weiß-Kalibrierfeld eingestellt. Mit den zuvor ermittelten Werten für Schwarz und Weiß wird nun während der Drehung des Plattentellers der Übergang von Schwarz nach Weiß gesucht. Wenn dieser gefunden wurde, wird der Plattenteller angehalten und wieder etwas zurückgedreht. Die Leseeinheit wird auf den Startpunkt gefahren. Nachfolgend kann mit dem Abspielen begonnen werden.

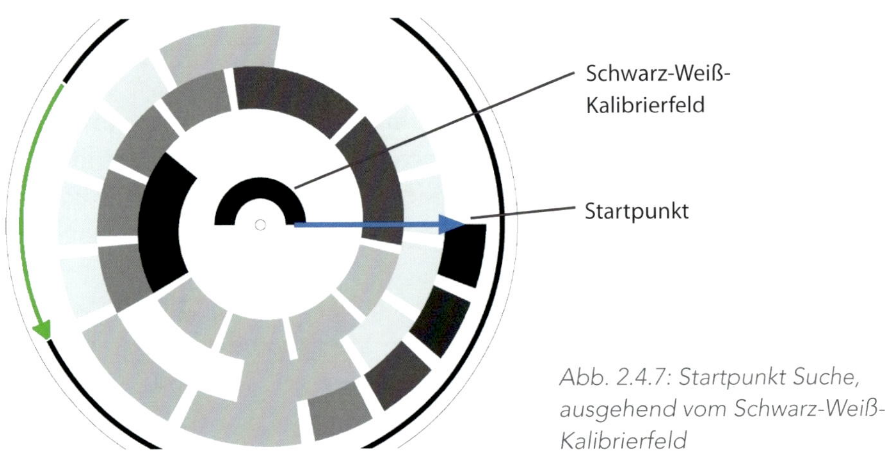

Abb. 2.4.7: Startpunkt Suche, ausgehend vom Schwarz-Weiß-Kalibrierfeld

Elektronisches Getriebe

Bei einem Getriebe wird (z.B.) eine Drehbewegung von einem Zahnrad auf ein anderes übertragen. Sind die Zahnräder unterschiedlich groß, ändert sich die Drehgeschwindigkeit. Im vorliegenden Fall haben sowohl der Plattenteller als auch die Leseeinheit einen eigenen Encodermotor. Trotzdem soll eine aufeinander abgestimmte Bewegung beider Einheiten möglich sein. Insbesondere beim Abspielen soll die Leseeinheit möglichst kontinuierlich von rechts nach links verfahren werden, während sich der Plattenteller kontinuierlich dreht. So soll sichergestellt werden, dass die Leseeinheit den immer enger werdenden Tonspuren folgt. Um das zu erreichen, schalten wir den Antrieb des Plattentellers ein und beobachten den zugehörigen Zählerstand des Encodermotors. Nach 20 Schritten wird die Leseeinheit um 11 Schritte nach links bewegt. Ideal wäre es, wenn die Leseeinheit nach z.B. 2 Schritten des Plattentellers um einen Schritt weiterlaufen würde. Dann würde könnte sich ein deutlich kontinuierlicheres Laufverhalten ergeben. Hierbei traten bei der Verwendung des RTXC jedoch Schrittfehler auf.

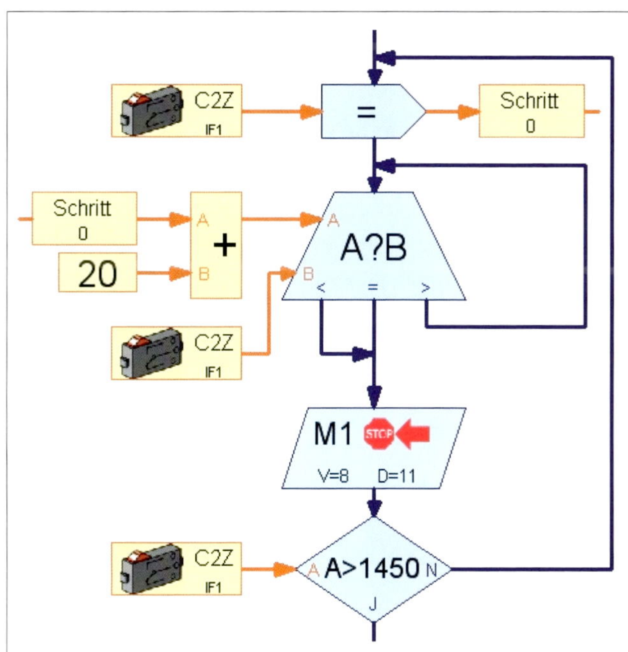

Abb. 2.4.8: Elektronisches Getriebe, M1 = Antrieb Leseeinheit, M2 = Antrieb Plattenteller

Modellaufbau

Nachfolgend einige Bilder zum Modellaufbau:

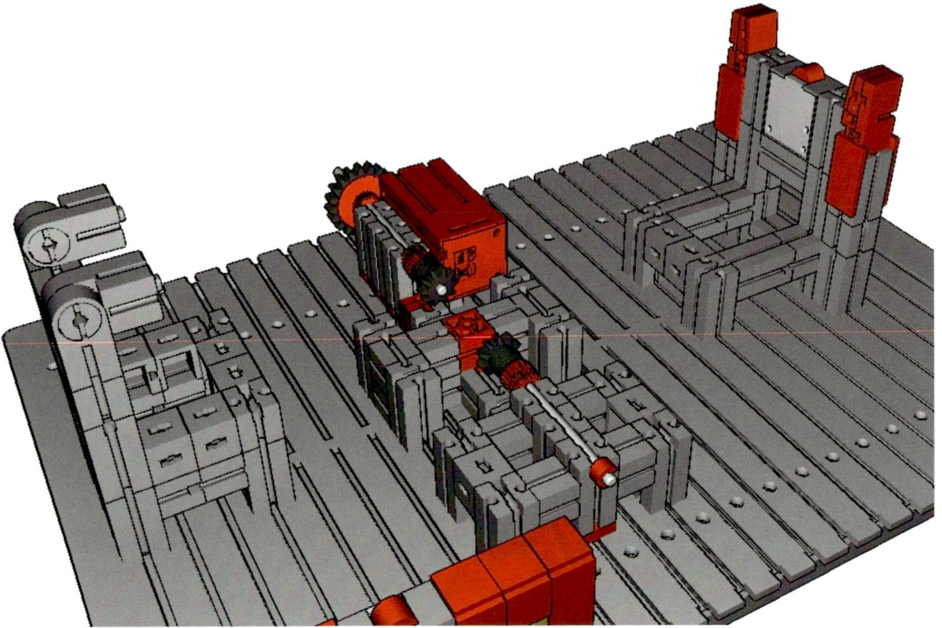

Abb. 2.4.9: Grundaufbau, Antrieb Plattenteller

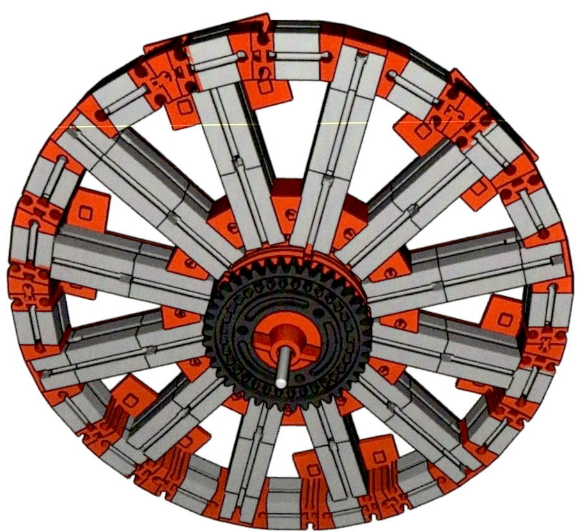

Abb. 2.4.10: Plattenteller

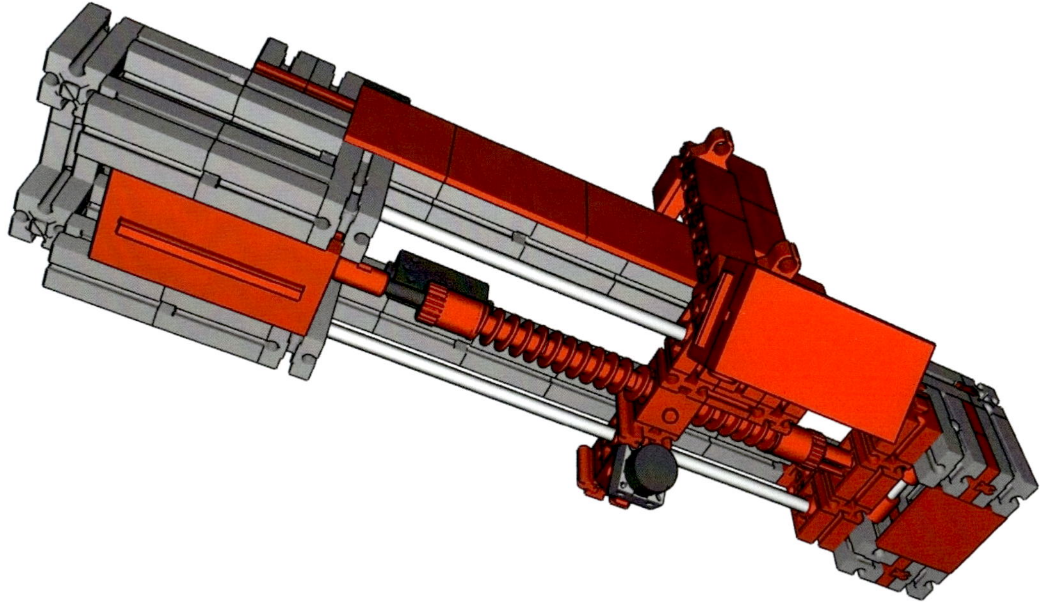

Abb. 2.4.11: Leseeinheit

Verbesserungspotenzial

Dass das hier gezeigte Modell keine perfekte CD-Qualität liefern würde, war von Beginn an klar. Nachfolgend ein paar Anregungen, für ambitionierte fischertechniker. Erfindungen wurden und werden schrittweise verfeinert, wie z. B. das Auto oder der Computer. So ist es auch hier.

Plattentellerantrieb

Der Antrieb des Plattentellers über Zahnräder läuft etwas holprig. Über Gummiräder wäre vielleicht eine ruhigere Bewegung möglich. Auch die weit verbreitete Riemenlösung wäre denkbar. Allerdings darf es dabei keinen Schlupf geben, sonst läuft das elektronische Getriebe des Plattentellers zum Lesekopf nicht mehr synchron, und der Lesekopf verlässt die vorgegebene Spur.

Spurbreiten auf der PDD

Die verwendeten Spurbreiten könnten mit der bereitgestellten Software PDD Creator deutlich schmaler erstellt werden, und auch der Lesekopf könnte feinere Konturen auslesen. Allerdings müsste das elektronische Getriebe dann deutlich feiner arbeiten, und ein Nachführen des Lesekopfs müsste mit Einzelschritten erfolgen. Hierzu ist der verwendete RTXC unter Nutzung von Robo-Pro zu langsam; die Nachführung ist nur in Zehnersprüngen möglich.

Tonverfremdung an Übergangsstellen

Wird ein tiefer Ton bei einem schwarzen Feld ausgelesen und es folgt eine weiße Tonpause, wird an der Grenze der beiden Zustände ein Mischton ausgelesen, d.h., die Tonhöhe erhöht sich. Dieses Problem könnte verbessert werden, indem der Laser stärker senkrecht die PDD beleuchtete und dadurch ein kleinerer Lesefleck entstünde. Dadurch wäre auch der unerwünschte Zwischenzustand kürzer. Weiterhin könnte eine höhere Drehgeschwindigkeit des Plattentellers das Phänomen vermindern.

Ein anderer Ansatz wäre, die ausgelesenen Töne zeitverzögert abzuspielen und den unerwünschten Effekt per Software im RTXC zu vermeiden.

Tonverfremdung durch Störlicht

Die Leseeinheit ist relativ offen; Umgebungslicht kann somit den Lesevorgang beeinflussen. Um diesen Effekt zu vermindern, wird zu Beginn des Abspielens eine Schwarz-Weiß-Kalibrierung vorgenommen (siehe oben). Zur Verbesserung der Situation erscheint es sinnvoll, aus dünner schwarzer Pappe eine Störlichtabschottung zu ergänzen.

Tonfrequenz

Aus Gründen der Rechenkapazität des RTXC wurde darauf verzichtet, eine von der PDD ausgelesene Helligkeit korrekt in eine Note oder Tonfrequenz umzurechnen. Wie in Kapitel 8.4 gezeigt, wäre dazu eine Gleitkomma-Funktion höherer Ordnung zu berechnen, und das mit maximaler Geschwindigkeit.

Tonerzeugung

Wenn für den Robotics TXT Controller zukünftig die Möglichkeit bestünde, eigene Töne abzuspielen, könnte die Tonerzeugung insgesamt deutlich vereinfacht werden.

Höhere Rechengeschwindigkeit mit C

Grundsätzlich lässt sich der RTXC in C programmieren. Dieses könnte ein Weg sein, einige der oben genannten Probleme per Software zu lindern.

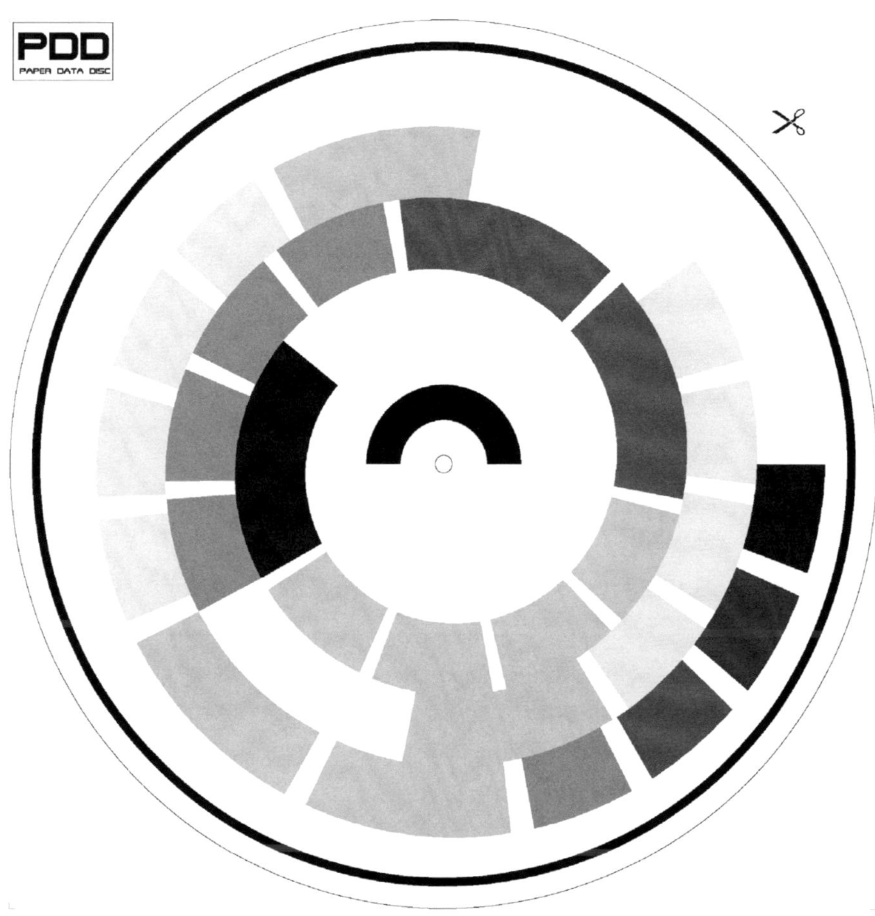

PaperDataDisc (PDD) Creator 0.20 **Freeware** (c) 2015 Andreas M. Gail [Alle meine Entchen.PDD]
Number of circles : 4
Single sound length : 14

Abb. 2.4.12: PaperDataDisc (PDD), Kreisdurchmesser im Original 19,5 cm

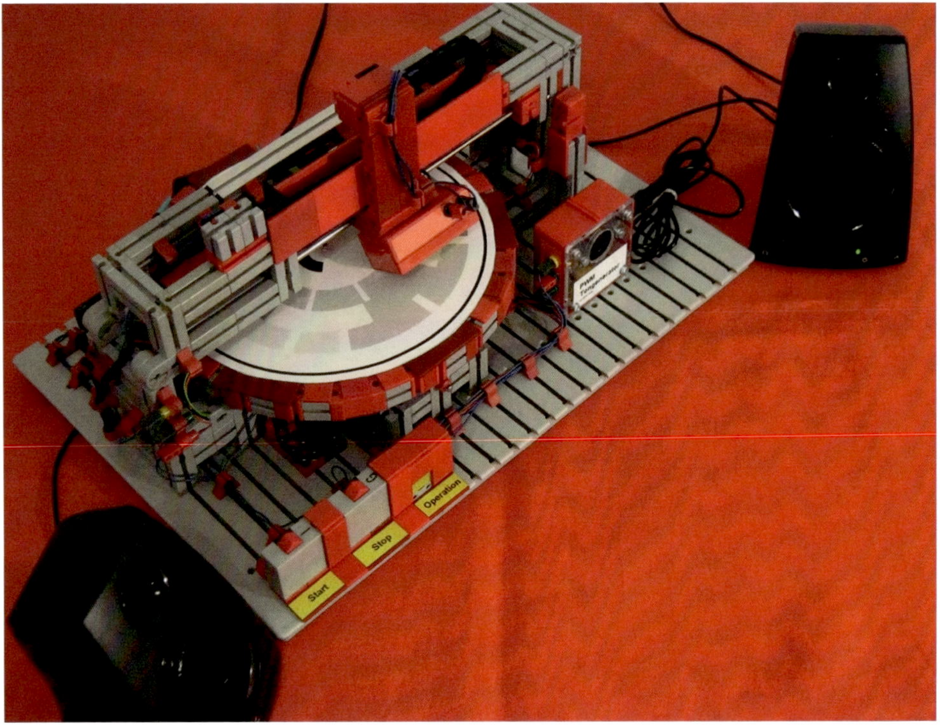

Abb. 2.4.13: PDD-Spieler mit aufgelegter PDD und angeschlossenen Lautsprechern

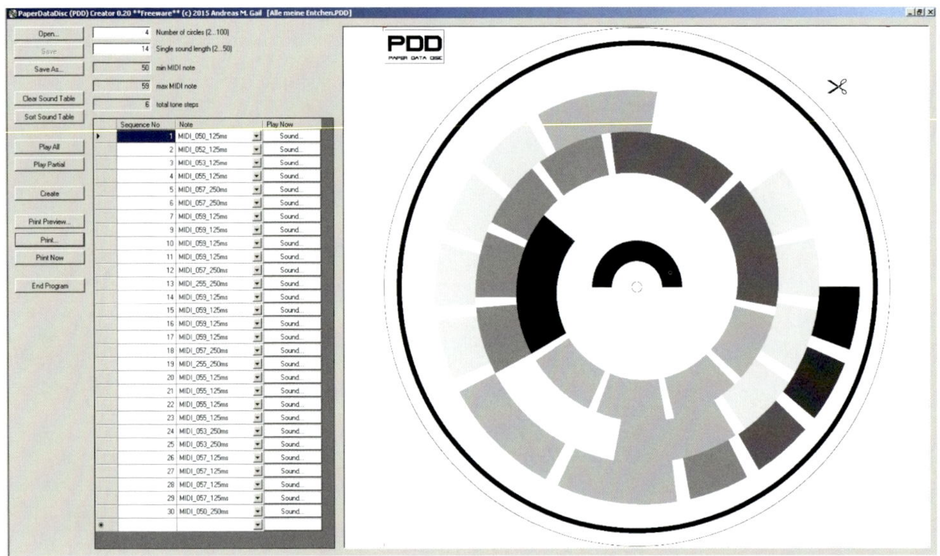

Abb. 2.4.14: PaperDataDisc (PDD) Creator, Freeware[4]

Referenzen

1 Tacke, Andreas: Spezialteile made by TST (Teil 10): Impulsrad. ft:pedia 4/2014, S. 10.

2 Experimentierbuch Profi Computing. Richard Pflaum Verlag GmbH & Co. KG München, 1991, ISBN 3-7905-0625-7. Download vom fischer-technik-museum.ch.

3 Gail, Andreas: PaperDataDisc Creator. ft-Community-Download: http://www.ftcommunity.de/data/downloads/software/paperdatadisccreator.zip.

4 Gail, Andreas: Analog CD Spieler. Youtube-Video, 2015: https://www.youtube.com/watch?v=Tqc9J1QLcfs.

3 Barcodes und optische Kodierung

Maschinelle Erfassung von Werten ist ein wichtiger Bestandteil von automatisierten Verfahren. Strichcode-Leser erfassen Informationen, Kodierer können Messwerte zur Weiterverarbeitung ausgeben. Beide lassen sich gut mit fischertechnik umsetzen.

3.1 Strichcode-Leser am Robotics TX(T) Controller (1): automatisiert mit Robo-Pro

Strichcodes oder auch Barcodes begegnen uns täglich bei allem, was wir im Supermarkt oder sonst wo kaufen. Hier zeigen wir, wie ein Strichcode-Leser mit Standard-fischertechnik-Bauteilen aufgebaut werden kann. Das Beispiel stellt zwei unterschiedliche Automatisierungslösungen vor: in Teil 1 unter Anwendung der Robo-Pro-Software, in Teil 2 mithilfe von Microsoft Visual Basic 2010.

Der Testaufbau

Der Testaufbau des Strichcode-Lesers (Abb. 3.1.1) erfolgt fast ausschließlich mit Standardteilen, außer der Gliederkette zur Kabelführung.

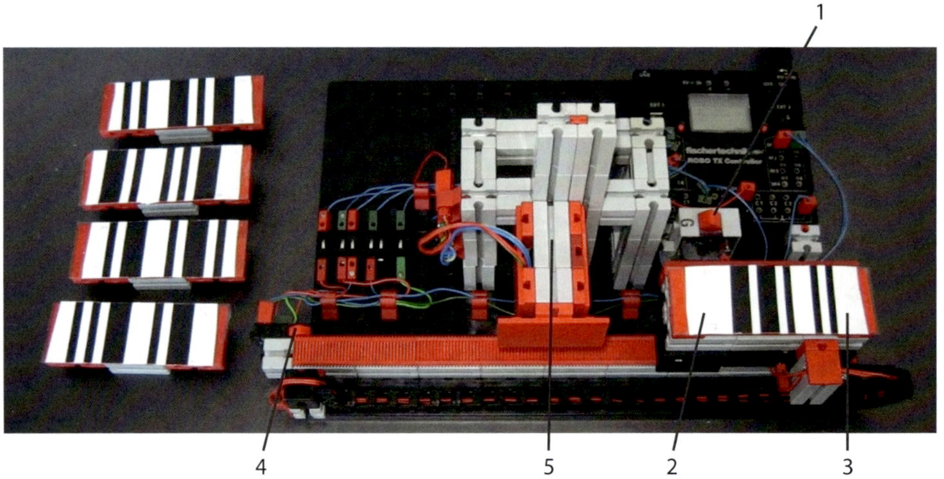

Abb. 3.1.1: Strichcode-Leser mit fünf Testcodes zum Austausch

Zum Start des Lesevorgangs wird der Taster (1) (RTXC I8) betätigt. Die Transporteinheit (2) (RTXC M1) setzt sich daraufhin nach links in Bewegung, läuft unter der Leseeinheit (5) (RTXC I1 ... I2) hindurch und bleibt schließlich links stehen, wenn der Taster (4) (RTXC I4) von der Transporteinheit (2) ausgehend betätigt wird. Auf dieselbe Art und Weise funktioniert auch ein Lesevorgang von links nach rechts. Zum Start ist erneut Taster (1) zu betätigen. Die Transporteinheit (2) bleibt wieder stehen, wenn rechts der Taster (3) (TX I3) betätigt wird. Abb. 3.1.6 zeigt den Anschlussplan.

Die Leseeinheit (5) ist zum Abhalten von Störlicht mit Platten verblendet. Der eigentliche Lesesensor ist der IR-Spur-Sensor von fischertechnik (128598). Hierbei handelt es sich vermutlich um ein Bauteil ähnlich dem SHARP IS471F .

Code 39

Es gibt verschiedene standardisierte Strichcodes. Die folgenden Ausführungen beziehen sich auf den Typ *Code 39*. Hiermit sind die Ziffern 0 bis 9 und die Buchstaben A bis Z darstellbar. Zur Vereinfachung wird die Decodierung exemplarisch nur für Zahlencodes dargestellt; eine Buchstabenerkennung könnten Sie analog ergänzen.

Abb. 3.1.2: Beispielhafte Zahlenstreifencodes für die Ziffern 0 bis 3, zur besseren Unterscheidung in unterschiedlichen Farben wiedergegeben.

Jeder Zahlenstreifencode besteht aus weißen und schwarzen Streifen (zur Verdeutlichung in Abb. 3.1.2 farbig dargestellt). Zwischen den Zahlenstreifencodes ist immer ein dünner weißer Streifen. Jeder eigentliche Zahlenstreifencode beginnt und endet somit mit einer farbigen Streifenkante. Beispielsweise hat der Zahlenstreifencode für die Ziffer 1 folgende Streifen (in diesem Beispiel von rechts nach links gelesen):

1 Streifen rot, breit
1 Streifen weiß, schmal
1 Streifen rot, schmal
1 Streifen weiß, schmal
1 Streifen rot, schmal
1 Streifen weiß, breit
1 Streifen rot, schmal
1 Streifen weiß, schmal
1 Streifen rot, breit

Zusammen sind das immer neun Streifen. Um die Streifenbreite einzeln erkennen zu können, wechseln sich die Streifenfarben ab: rot, weiß, rot etc. Weiterhin gibt es immer drei breite und sechs schmale Streifen. Für die Verarbeitung innerhalb der Zahlenstreifencodes ist es nicht erheblich, ob die Streifen farbig oder weiß sind, vielmehr ist nur die Breite interessant. Ein schmaler Streifen wird durch 1 und ein breiter Streifen (weil doppelt so breit) als 2 ausgedrückt. So ergibt sich für die Ziffer 1 folgende Zahlenreihe:

2
1
1
1
1
2
1
1
2

Summiert man die Zahlenreihe, muss man als Prüfsumme immer 12 erhalten, sonst liegt ein Lesefehler vor.

Ein Zahlenstreifencode kann von rechts oder von links gelesen werden; es ergibt sich jeweils eine Zahlenreihe in einander entgegengesetzter Richtung.

Test der Leseeinheit

Wie wir bereits in Abb. 3.1.1 sehen, ist die verwendete Leseeinheit für Balkenbreiten, wie man sie von Supermarktprodukten kennt, nicht geeignet. Die Mindestbreite eines schmalen Balkens muss beim gewählten Aufbau 3 mm betragen. Zum Test der Lesegenauigkeit setzen wir auf ein DIN-A4-Blatt zehn Linien mit Breiten von 1 bis 10 Punkt (pt) (Abb. 3.1.3).

Neben der erforderlichen Mindeststreifenbreite ist auch der Abstand des Lesesensors zum Strichcode von entscheidender Bedeutung. Im vorliegenden Fall liegt das Optimum bei 8 mm Abstand. Insgesamt ergab sich als kleinste reproduzierbare Streifengröße folgender Strichcode:

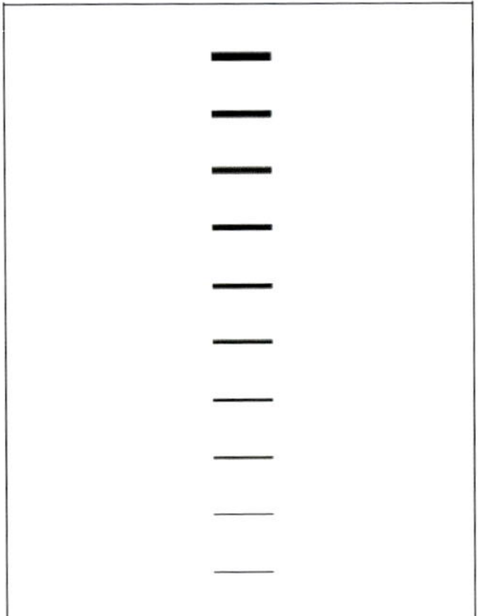

Abb. 3.1.3: Testseite (DIN A4) zum Prüfen der Lesegenauigkeit des Lesesensors

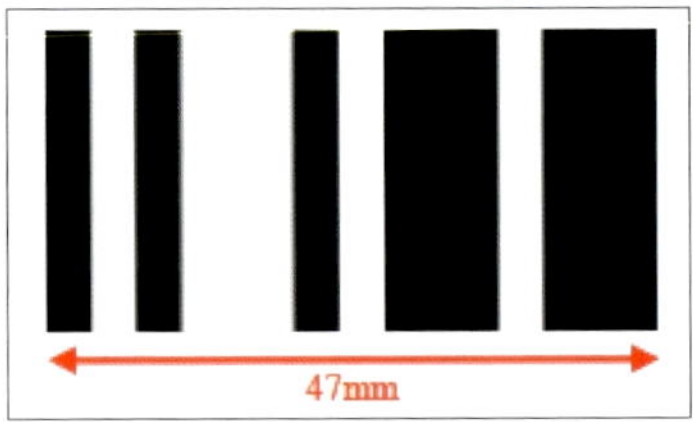

Abb. 3.1.4: Kleinster reproduzierbar lesbarer Strichcode, Breite im Original 47 mm

Robo-Pro-Konfiguration

Kurz vorweg bemerkt: Die Automatisierung des Projekts mithilfe von Robo-Pro ist komplex, aber machbar.

Hauptprogramm (siehe Abb. 3.1.7): Beim Lesevorgang wird der Zahlenstreifencode unter dem Lesekopf vorbeigeführt. Hierbei wird mit einer für den Controller maximalen Geschwindigkeit gemessen, wie lange hintereinander dieselbe Streifenfarbe gelesen wird. Die Robo-Pro-Software läuft auf dem PC, die Zykluszeit ist hier auf 1 ms eingestellt, auch wenn der RTXC langsamer arbeitet. Für ein schwarzes Messergebnis wird eine 0 und für ein weißes Messergebnis eine 1 in eine Tabelle geschrieben (*ListeRAW*). Maximal 32766 Messungen können so erfasst werden. Auf diese Weise werden die Rohdaten erfasst. Im Hauptprogramm wird immer erst mit der Datenerfassung begonnen, wenn weiß gemessen wurde. Wenn der Sensor »ins Leere« blickt, d.h. ein zu großer Messabstand vorliegt, wird ein Messergebnis wie über einer schwarzen Fläche ausgegeben. Nach der Rohdatenerfassung beginnt die Auswertung in den Unterprogrammen 1 bis 4; diese werden hintereinander aufgerufen. Die Funktionen in den Unterprogrammen wurden aufgeteilt, da die Robo-Pro-Software im Hauptprogramm bezüglich der Konfigurationsfläche sehr limitiert ist.

Unterprogramm *Auswertung1:* Dieses hat die Aufgabe, die zuvor erzeugte *ListeRAW* auszuwerten und das Auswertungsergebnis in *ListeAW1* zu speichern. In *ListeAW1* wird für das Auslesen des Zahlenstreifencodes der Ziffer 1 folgende Zahlenfolge ermittelt:

1
643
473
142
190
230
157
511
142
190
466
513
673

Die Zahlen bedeuten, dass 1 ms schwarz gesehen wurde, 643 ms weiß, 473 ms schwarz, 142 ms weiß etc. Nur die rot markierten Zahlen sind dabei relevante Angaben. Die 513 ms am Ende bedeuten wieder einen weißen Streifen am Ende,

und 673 ms blickt die Sonde nach der Messung ins Leere, bis die festgelegte Messdauer von 5 s abgelaufen ist.

Unterprogramm *Auswertung2:* Dieses berechnet die Summe der roten Zahlen und legt das Ergebnis in *ListSum* ab. Um nur die roten Zahlen auszuwerten, werden nur die Index-Nummern 2 bis 10 der Tabelle *ListeAW1* verwendet. Es ergibt sich *ListSum*=2501.

Unterprogramm *Auswertung3:* Dieses berechnet zunächst aus *ListSum* die Einzelstreifenbreite, analog der Prüfsumme 12 wird *ListDiv* = *ListSum* / 12 berechnet. Es ergibt sich *ListDiv* = 278. Nachfolgend wird jeder relevante Wert der Tabelle *ListeAW1* durch 278 geteilt und in der Tabelle *ListeAW2FP* als Dezimalzahl gespeichert. Folgende neun Zahlen befinden sich anschließend in der Tabelle *ListeAW2FP*:

1,70
0,51
0,68
0,83
0,56
1,84
0,51
0,68
1,68

Unterprogramm *Auswertung4:* Dieses arbeitet zyklisch und nutzt seinerseits die Unterprogramme *Auswertung5* und *Auswertung6*. Alle Einträge in Tabelle *ListeAW2FP* werden kaufmännisch gerundet und unter vorheriger Verwendung eines Korrekturfaktors *KorrFaktor* in Tabelle *ListeAW2* als ganze Zahl (natürliche Zahl ohne Kommastellen) abgelegt. Bei der ersten Berechnung ist *KorrFaktor* = 1, d.h., es findet keine Korrektur statt. Folgende Zahlen befinden sich dann in *ListeAW2*:

2
1
1
1
1
2
1
1
2

Diese Zahlenfolge entspricht dem Zahlenstreifencode für die Ziffer 1. Hierbei haben wir Glück, da das richtige Ergebnis nur sehr knapp erzielt wurde: 0,51 ergeben kaufmännisch gerundet 1; wäre eine etwas geringere Spaltenbreite an dieser Stelle gemessen worden, hätte sich ein Lesefehler ergeben.

Die zuletzt erhaltene Zahlenfolge (in *ListeAW2*) ist nur die Beschreibung von Streifen und nicht das eigentlich gewünschte Ergebnis in Form einer einzigen Ziffer. Diese Umwandlung erfolgt in den Unterprogrammen *Auswertung5* und *Auswertung6*. Zurück in Unterprogramm *Auswertung4* wird geprüft, ob in der Variablen *Ergebnis* ein akzeptierter Wert erhalten wurde. Wenn nein, dann steht in der Variablen *Ergebnis* 999. Im Fehlerfall kommen die Korrekturfaktoren in Tabelle *KorrWerte* zum Einsatz. In der Tabelle sind etwa 100 solcher Korrekturfaktoren enthalten (0,999; 1,001; 0,998; 1,002; 0,997; 1,003 etc.), mit denen das Unterprogramm *Auswertung4* versucht, doch noch ein stimmiges Ergebnis zu erzielen. Nach Abschluss von Unterprogramm *Auswertung4* wird das Endergebnis ausgegeben.

In den Unterprogrammen *Auswertung5* und *Auswertung6* erfolgt aus den gefundenen Zahlenfolgen die Umrechnung in die gesuchte einzelne Ziffer, in unserem Beispiel eine 1. Im Unterprogramm *Auswertung5* wird aus der Zahlenfolge unter Nutzung des binären Zahlensystems gemäß folgendem Muster eine einzelne Zahl errechnet:

Ziffer	Streifen									Prüfsumme	Streifen binär									Streifen dezimal
0	1	1	1	2	2	1	2	1	1	12	0	0	0	1	1	0	1	0	0	88
1	2	1	1	2	1	1	1	1	2	12	1	0	0	1	0	0	0	0	1	265
2	1	1	2	2	1	1	1	1	2	12	0	0	1	1	0	0	0	0	1	268
3	2	1	2	2	1	1	1	1	1	12	1	0	1	1	0	0	0	0	0	13
4	1	1	1	2	2	1	1	1	2	12	0	0	0	1	1	0	0	0	1	280
5	2	1	1	2	2	1	1	1	1	12	1	0	0	1	1	0	0	0	0	25
6	1	1	2	2	2	1	1	1	1	12	0	0	1	1	1	0	0	0	0	28
7	1	1	1	2	1	1	2	1	2	12	0	0	0	1	0	0	1	0	1	328
8	2	1	1	2	1	1	2	1	1	12	1	0	0	1	0	0	1	0	0	73
9	1	1	2	2	1	1	2	1	1	12	0	0	1	1	0	0	1	0	0	76

Tab. 3.1.1: Codierung von Streifenmustern, gültig für vorwärts gelesene Streifen

Ziffer	Streifen									Prüfsumme	Streifen binär									Streifen dezimal
0	1	1	2	1	2	2	1	1	1	12	0	0	1	0	1	1	0	0	0	52
1	2	1	1	1	1	2	1	1	2	12	1	0	0	0	0	1	0	0	1	289
2	2	1	1	1	1	2	2	1	1	12	1	0	0	0	0	1	1	0	0	97
3	1	1	1	1	1	2	2	1	2	12	0	0	0	0	0	1	1	0	1	352
4	2	1	1	1	2	2	1	1	1	12	1	0	0	0	1	1	0	0	0	49
5	1	1	1	1	2	2	1	1	2	12	0	0	0	0	1	1	0	0	1	304
6	1	1	1	1	2	2	2	1	1	12	0	0	0	0	1	1	1	0	0	112
7	2	1	2	1	1	2	1	1	1	12	1	0	1	0	0	1	0	0	0	37
8	1	1	2	1	1	2	1	1	2	12	0	0	1	0	0	1	0	0	1	292
9	1	1	2	1	1	2	2	1	1	12	0	0	1	0	0	1	1	0	0	100

Tab. 3.1.2: Codierung von Streifenmustern, gültig für rückwärts gelesene Streifen

Unsere gesuchte Ziffer 1 hat also als zugehörige Zahl die 265 oder 289. Das Berechnungsergebnis aus Unterprogramm *Auswertung5* wird in der Variablen *ErgebDec* = 289 abgelegt.

Im Unterprogramm *Auswertung6* wird versucht, ob aus *ErgebDec* = 289 die gesuchte Ziffer ermittelt werden kann. In unserem Fall ist das möglich, und es wird *Ergebnis* = 1 ausgegeben.

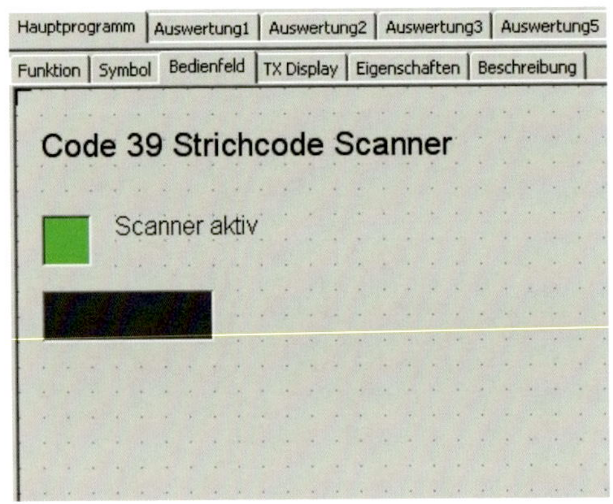

Abb. 3.1.5: Ausschnitt der Bedienfeld-Oberfläche mit Robo-Pro zur Visualisierung der Automatisierungsvorgänge

Robo-Pro-Visualisierung

Wie in Abb. 3.1.5 ersichtlich, sind die Möglichkeiten zur Visualisierung eher als bescheiden anzusehen. Die bei Windows übliche Standardfunktionalität des *Drag-and-drop* von und nach Robo-Pro wird nicht unterstützt. So ist es z. B. nicht möglich, an anderen Stellen erstellte Bitmap-Grafiken auf die Oberfläche von Robo-Pro zu kopieren. Weiterhin sind die verfügbaren Bedien- und Anzeigeelemente in Robo-Pro auf ein Mindestmaß beschränkt.

Ganz anders sieht das aus, wenn man die gestalterischen Möglichkeiten von Microsoft Visual Basic oder Ähnlichem betrachtet. Das nächste Kapitel enthält ein Beispiel dazu.

Download

Für den interessierten Leser steht im Downloadbereich der ft-Community die komplette Robo-Pro-Konfiguration zur Verfügung.

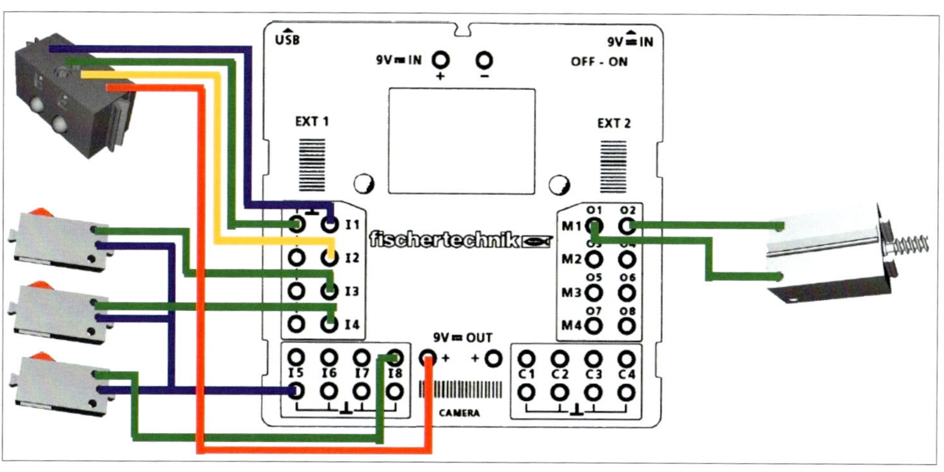

Abb. 3.1.6: Anschlussbelegung Testaufbau

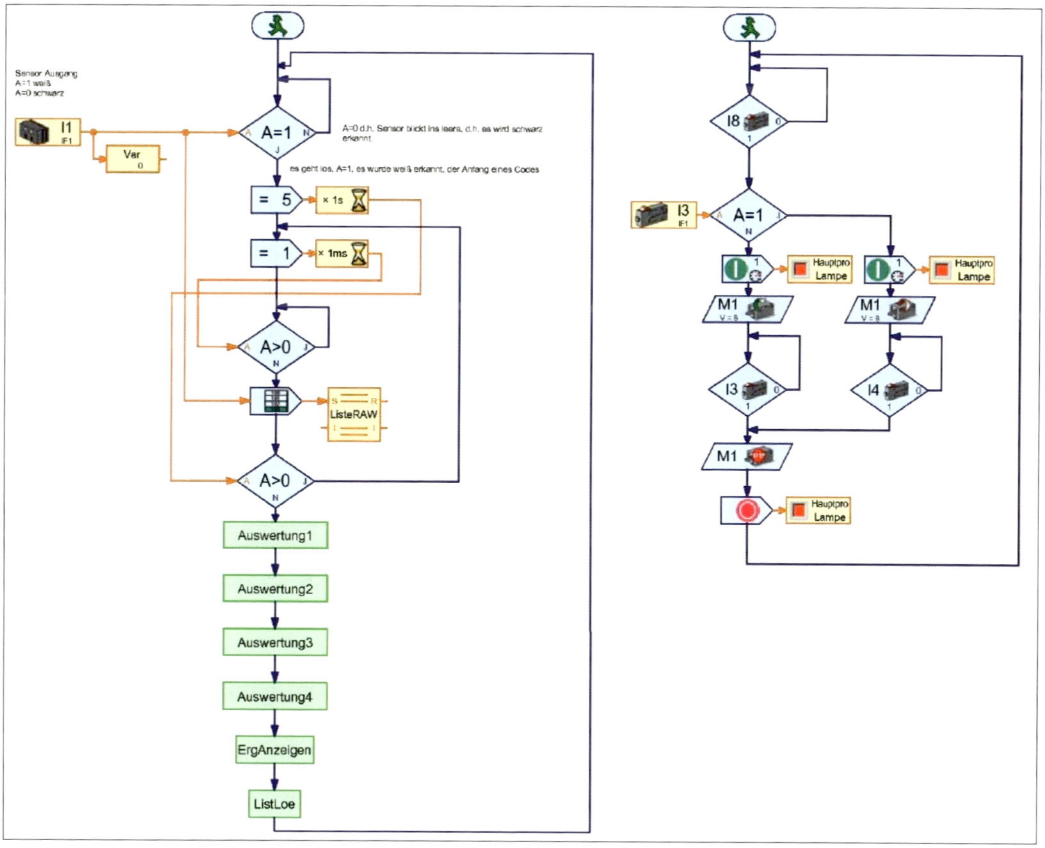

Abb. 3.1.7: Strichcode-Leser Robo-Pro-Konfiguration, Hauptprogramm
(links: Strichcode lesen und auswerten, rechts: Steuerung der Transporteinheit)

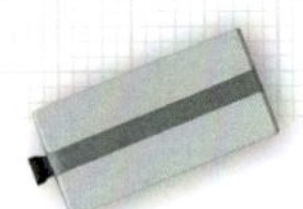

3.2 Strichcode-Leser am Robotics TX(T) Controller (2): automatisiert mit Microsoft Visual Basic

Allgemeines über Strichcodes oder auch Barcodes kann im ersten Teil des Beitrags nachgelesen werden, ebenso der Bau eines Scanners mit Standard-fischertechnik-Teilen. Als Alternative zur Robo-Pro-Software soll im vorliegenden Teil 2 die Automatisierung vollständig mithilfe von Microsoft Visual Basic 2010 oder höher erfolgen.

Warum überhaupt VB?

fischertechnik stellt mit der Robo-Pro-Software eine einfach zu erlernende, sehr anschauliche Möglichkeit zur Automatisierung bereit. Mit der Software lässt sich gut lernen, sinnvolle Abläufe zu erfassen, festzulegen und schließlich zu programmieren. Aber wo Licht ist, ist auch Schatten. So bietet es durchaus Vorteile, eine Standard-Programmierumgebung zu verwenden, um seine Automatisierungspläne umzusetzen. Insbesondere Basic heißt so (BASIC = *Beginners All System Instruction Set*), weil es bis heute in seinen Grundzügen eine gewisse Einfachheit erhalten konnte. Durch seine konsequente Weiterentwicklung ist Basic z.B. in Form von Microsoft Visual Basic Express (VB) zu einem sehr mächtigen Werkzeug geworden, was für den Hobbyprogrammierer kaum Wünsche offen lässt.

Obendrein stellt Microsoft diese Express-Version aktuell kostenfrei zur Verfügung. Entscheidend dabei sind jedoch die im Grunde unlimitierten Möglichkeiten (im Onlinebetrieb): Viele Dinge, die unter Nutzung von Robo-Pro viele Seiten umfassender Konfigurationen erfordern, lassen sich unter Basic mit einer überschaubaren Anzahl an Codezeilen abbilden. Es können im Grunde Programme mit unlimitiertem Umfang und einer ebenso unlimitierten Anzahl an Robotics TX Controllern (RTXC) verwirklicht werden. Auch die Visualisierung lässt kaum Wünsche offen, einschließlich einer ggf. gewünschten Kopplung mit dem Internet.

Kurzum: VB ist definitiv eine Erweiterung der Möglichkeiten.

Mehraufwand am Anfang

Bei so vielen Vorteilen soll nicht verschwiegen werden, dass erst einmal ein gewisser Mehraufwand erforderlich ist, um VB nutzen zu können. So muss zunächst die Kommunikation mit dem RTXC organisiert werden. Auch müssen Sie sich gewisse zusätzliche Gedanken machen, wenn Vorgänge gleichzeitig ablaufen sollen. Ein Grundgerüst steht unter http://www.ftcommunity.de in Form eines vollständigen Visual-Basic-Projekts zur Verfügung.

Visualisierung

Abb. 3.2.1 zeigt ein Beispiel für eine Visualisierung von Programmabläufen. Hierbei erfolgt eine animierte Anzeige entsprechend der aktuell laufenden Vorgänge. Neben der bildlichen Darstellung des Modells wird rechts das Leseergebnis des Scanners angezeigt, in diesem Fall die Ziffer 4. Im unteren Bereich können alle aktuell laufenden Vorgänge als textliche Abfolge (*operation log*) verfolgt werden. Die genauen Details der Bedienoberfläche soll hierbei nicht weiter erläutert werden; vielmehr möchten wir beispielhaft aufzeigen, was möglich ist.

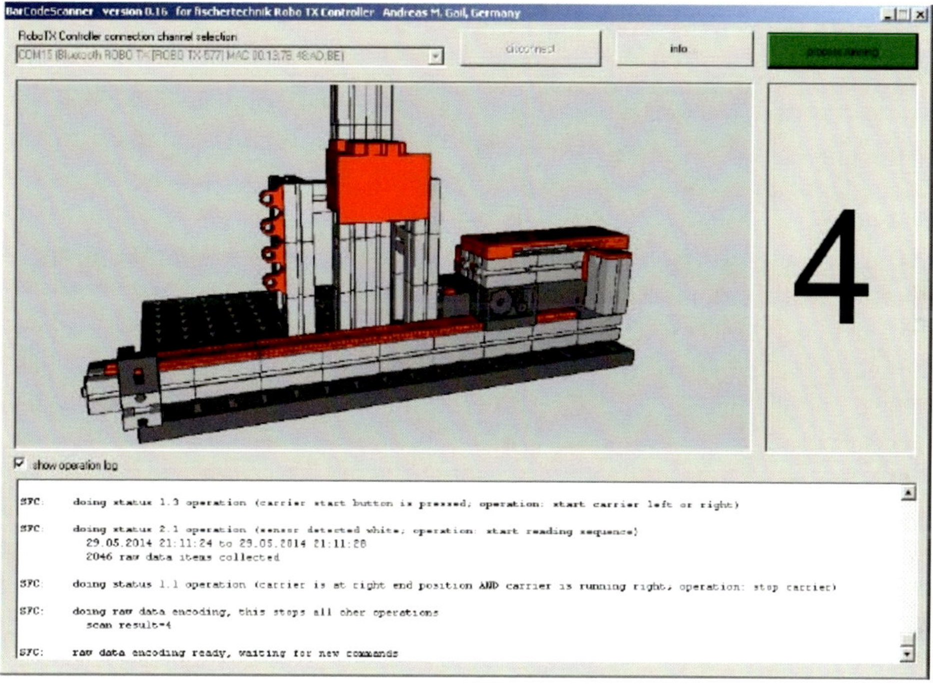

Abb. 3.2.1: Strichcode-Leser automatisiert mit Microsoft Visual Basic Express mit animierter Visualisierung des Programmablaufs und Anzeige aktueller Vorgänge (operation log)

Herzstück ftMscLib.dll

Das softwareseitige Herzstück zur Ansteuerung des RTXC ist sicherlich die von fischertechnik bereitgestellte Programmbibliothek *ftMscLib.dll*. Damit wird die Kommunikation zwischen einem PC und dem RTXC hergestellt. Der RTXC selbst hat dabei nur wenige Aufgaben, wie auch bei der Nutzung von Robo-Pro im Onlinemodus. Online hat der Microcontroller im RTXC nur die Aufgabe, Eingangszustände auszulesen und weiterzumelden sowie vom PC gewünschte Ausgangszustände einzustellen (remote I/O).

Die Hauptschwierigkeit bei der Nutzung von VB zusammen mit dem RTXC ist die Einbindung der Programmbibliothek *ftMscLib.dll.* Diese enthält »native code« (»unmanaged« in .net-Sprechweise) und kann als solche nicht so direkt von der »managed code«-Welt von .net angesteuert werden, wie das bei einer .net-DLL der Fall wäre. Vielmehr müssen alle gewünschten Funktionen oder Prozeduren zuvor entsprechend den jeweils verwendeten Datentypen deklariert werden.[1] Weil das alles andere als trivial ist, wird dies in Abb. 3.2.2 gezeigt. Vielen Dank an Carel van Leeuwen (Niederlande) für die entscheidende Hilfestellung. Mit den abgebildeten Beispielen lassen sich auch die restlichen fehlenden Funktionen der Programmbibliothek ableiten.

Download

Auf der ft-Community-Website stehen die kompletten VB-Projektdateien zur Verfügung.[2]

Was nun?

Dieser Beitrag soll als Anregung dienen und viele weitere Projekte beflügeln. So könnte z.B. ein Erkundungsroboter Bilddaten aus seiner Umgebung an den PC senden, deren Auswertung unter VB programmiert ist. Oder denken Sie an ein autonomes Gefährt, das seine aktuelle Position per GPS ermittelt und an den PC sendet, mit gleichzeitiger Abbildung der Position auf Satellitenbildern aus dem Internet.

Hinweis zum Robotics TXT Controller (RTXTC): Der RTXTC kann nicht über die hier vorgestellte Methode angesprochen werden. Als Zugang über VB steht RoboRISC.TXT oder ftRoboRemote.TXT zur Verfügung (siehe Kapitel 9.3 bzw. 9.4).

```
Imports System
Imports System.Text
Imports System.Runtime.InteropServices

Public Class classFtMscLib

    '*** List of var

    Public Const dllpath As String = «C:\windows\system32\ftMscLib.dll"


    '*** List of declarations
    Public Class FtLibDeclarations

        <DllImport(dllpath, EntryPoint:="ftxGetLibVersionStr",
CallingConvention:=CallingConvention.Cdecl)> _
        Public Shared Function ftxGetLibVersionStr(<MarshalAs(UnmanagedType.LPStr)>
ByVal Foo2 As StringBuilder, ByVal len As UInteger) As UInteger
        End Function

        <DllImport(dllpath, EntryPoint:="ftxGetLibVersion",
CallingConvention:=CallingConvention.Cdecl)> _
        Public Shared Function ftxGetLibVersion() As UInteger
        End Function

        <DllImport(dllpath, EntryPoint:="ftxIsTransferActiv",
CallingConvention:=CallingConvention.Cdecl)> _
        Public Shared Function ftxIsTransferActiv(ByVal fthdl As UInteger) As
UInteger
        End Function

        <DllImport(dllpath, EntryPoint:="GetAvailableComPorts",
CallingConvention:=CallingConvention.Cdecl)> _
        Public Shared Function ftxGetAvailableComPorts(ByVal selectMode As Integer)
As UInteger
        End Function

        <DllImport(dllpath, EntryPoint:="EnumComPorts",
CallingConvention:=CallingConvention.Cdecl)> _
        Public Shared Function ftxEnumComPorts(ByVal idx As UInteger,
<MarshalAs(UnmanagedType.LPStr)> ByVal comstr As StringBuilder, ByVal len As
UInteger) As UInteger
        End Function

        <DllImport(dllpath, EntryPoint:="ftxOpenComDevice",
CallingConvention:=CallingConvention.Cdecl)> _
        Public Shared Function ftxOpenComDevice(ByVal comStr As String, ByVal bdr As
UInteger, ByRef uint As UInteger) As UInteger
        End Function

        <DllImport(dllpath, EntryPoint:="ftxOpenComDeviceNr",
CallingConvention:=CallingConvention.Cdecl)> _
        Public Shared Function ftxOpenComDeviceNr(ByVal comStr As UInteger, ByVal bdr
As UInteger, ByRef uint As UInteger) As UInteger
        End Function

        <DllImport(dllpath, EntryPoint:="ftxInitLib",
CallingConvention:=CallingConvention.Cdecl)> _
        Public Shared Function ftxInitLib() As UInteger
        End Function

        <DllImport(dllpath, EntryPoint:="ftxIsLibInit",
CallingConvention:=CallingConvention.Cdecl)> _
        Public Shared Function ftxIsLibInit() As UInteger
        End Function
```

```
        <DllImport(dllpath, EntryPoint:="ftxIsHandleValid",
CallingConvention:=CallingConvention.Cdecl)> _
        Public Shared Function ftxIsHandleValid(ByVal fthdl As UInteger) As UInteger
        End Function

        <DllImport(dllpath, EntryPoint:="GetComStatus",
CallingConvention:=CallingConvention.Cdecl)> _
        Public Shared Function ftxGetComStatus(ByVal fthdl As UInteger) As UInteger
        End Function

        <DllImport(dllpath, EntryPoint:="ftxCloseLib",
CallingConvention:=CallingConvention.Cdecl)> _
        Public Shared Function ftxCloseLib() As UInteger
        End Function

        <DllImport(dllpath, EntryPoint:="ftxGetLibErrorString",
CallingConvention:=CallingConvention.Cdecl)> _
        Public Shared Function ftxGetLibErrorString(ByVal errCode As UInteger, ByVal
typ As UInteger, <MarshalAs(UnmanagedType.LPStr)> ByVal buff As StringBuilder, ByVal
maxLen As UInteger) As UInteger
        End Function

        <DllImport(dllpath, EntryPoint:="ftxCloseDevice",
CallingConvention:=CallingConvention.Cdecl)> _
        Public Shared Function ftxCloseDevice(ByVal fthdl As UInteger) As UInteger
        End Function

        <DllImport(dllpath, EntryPoint:="ftxStartTransferArea",
CallingConvention:=CallingConvention.Cdecl)> _
        Public Shared Function ftxStartTransferArea(ByVal fthdl As UInteger) As
UInteger
        End Function

        <DllImport(dllpath, EntryPoint:="ftxStopTransferArea",
CallingConvention:=CallingConvention.Cdecl)> _
        Public Shared Function ftxStopTransferArea(ByVal fthdl As UInteger) As
UInteger
        End Function


'hier weitere Funktionen ergänzen oder unter www.ftcommunity.de laden
'http://ftcommunity.de/data/downloads/software/
barcodescannerroboproundvisualbasic2010.zip


    End Class
```

Abb. 3.2.2: Deklarationen zur Ansteuerung bzw. Nutzung der ftMscLib.dll (getestet mit Microsoft Visual Basic 2010)

3.3 Hochregallager mit Kamera-Strichcodeleser, Microsoft Visual Basic 2010 und RoboRISC

fischertechnik-Modelle von Hochregallagern gibt es viele im Internet. So wurde z.B. auch gezeigt, wie unterschiedlich gefärbte Teile automatisch erkannt und eingelagert werden. Inzwischen bietet fischertechnik eine Kamera (für die Nutzung mit einem Robotics TXT Controller) an, mit der es möglich ist, Strichcodes (Barcodes) zu lesen. Das zeigt der folgende Beitrag, in dem Microsoft Visual Basic 2010 und RoboRISC (siehe Kapitel 9.3) eingesetzt werden. Das funktionierende Modell können Sie in einem Video[3] betrachten.

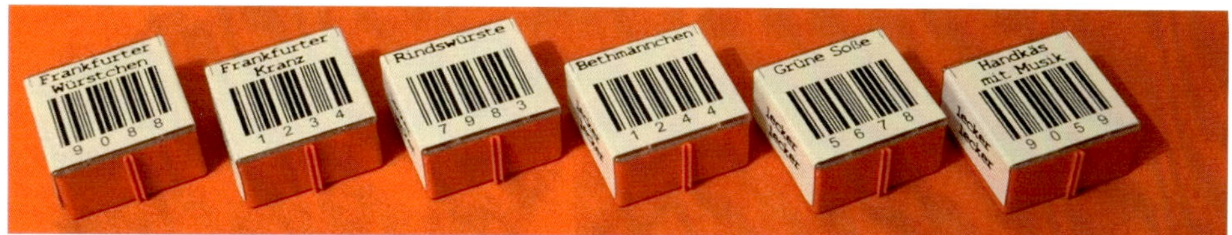

Abb. 3.3.1: Mit Strichcodes präparierte »Waren«

Anforderungen an ein vollautomatisches Hochregallager

Das Modell muss Folgendes leisten:

- Auf einem Förderband abgestellte Ware soll erkannt und automatisch eingelagert werden.
- Ein- und Auslagerung sollen vollautomatisch verlaufen.
- Um welche Ware es sich bei der Einlagerung handelt, soll mithilfe der fischertechnik-Kamera automatisch erfasst und in einer Warenbestandsliste eingetragen werden. Um das zu ermöglichen, ist die Ware mit einem Strichcode versehen. In der Warenbestandsliste sollen die Klartextbezeichnung der Ware und der Einlagerungszeitpunkt eingetragen werden.
- Einlagerungen sollen nur vorgenommen werden, wenn auch noch ein freier Lagerplatz vorhanden ist.
- Die Vergabe der Lagerplätze soll so vorgenommen werden, dass die benötigten Zeiten für den Einlagerprozess so klein wie möglich sind.
- Die Warenbestandsliste soll nach verschiedenen Kriterien sortiert werden können.

- Zur Auslagerung soll ein Doppelklick auf einen Eintrag in der Warenbestandsliste ausreichen.
- Die ausgelagerte Ware soll aus der Warenbestandsliste gelöscht werden.

Einschränkungen der Strichcode-Erkennung

Folgende Randbedingungen müssen eingehalten werden, damit der Strichcode erfolgreich erkannt werden kann:

- Nur Verwendung von Codes vom Typ Code 39.
- Nur vierstellige Codes (4 Ziffern).
- Rechts und links vom Code muss das erfasste Kamerabild weiß sein.
- Diagonale Code-Erfassung ist nicht möglich.
- Die Kamera muss den Code scharf erfassen können (Objektiveinstellung) und möglichst bildfüllend.
- Ausreichende, möglichst gleichverteilte (diffuse) Beleuchtung, hierzu eignen sich weiße LEDs.

Wenn obige Einschränkungen berücksichtigt werden, ist eine horizontale oder vertikale Code-Erfassung möglich, auch kopfstehend.

Kamera-Strichcode-Leser

Die Besonderheit dieses fischertechnik-Modells ist, dass ein Strichcode mit einer Kamera erfasst werden kann und eine Auswertung des Bilds in Visual Basic stattfindet.[4] Dabei werden nachfolgende Schritte automatisch ausgeführt:

1) Anzeige des übertragenen Kamerabilds in einem Anzeigefeld (PictureBox). Hierbei wird eine Konvertierung aus dem komprimierten Bildformat (*.jpg*) nach Bitmap (*.bmp*) vorgenommen.
2) Die horizontale und vertikale Anzahl der Bildpunkte des bereitgestellten Kamerabilds wird analysiert.
3) Bei einem Stichcode ist ein Streifen entweder schwarz oder weiß. Farben oder Graustufen im aufgenommenen Bild stören bei der späteren Auswertung. Ausgegangen wird von einem Bild gemäß Abb. 3.3.2.

   Wenn man sich das Bild stark (achtfach) vergrößert anschaut (Abb. 3.3.3), sieht man, dass die Streifen des Strichcodes in Wirklichkeit gar nicht so scharf abgebildet wurden, wie man vielleicht zuerst vermutet hatte.

Abb. 3.3.2: Aufgenommenes Bild, unverändert

Abb. 3.3.3: Aufgenommenes Bild, vergrößert auf 800 %

Aufgrund der vorhandenen Unschärfe wird das Bild aus Abb. 3.3.2 in ein reines Schwarz-Weiß-Bild umgerechnet, bei dem es keine Farben und Graustufen mehr gibt. Hierzu muss man wissen, dass ein Farbbild mit 24 Bit Farbtiefe aus den drei Einzelfarben Rot, Grün und Blau zusammengemischt wird.

Für jede dieser Farben stehen 8 Bit zur Verfügung, die 256 verschiedene Intensitätsstufen ermöglichen. Je kleiner der individuelle Farbwert ist, desto dunkler ist dieser. Bezüglich Rot z.B. bedeutet 0 gar kein Rot (d.h. keine rote Helligkeit) und 255 maximal helles Rot. 127 steht demnach für ein Rot mit mittlerer Helligkeit. Dasselbe gilt entsprechend auch für Grün und Blau.

Wenn man also die Helligkeit eines Bildpunkts wissen möchte, muss man für alle drei Farben den Helligkeitswert bestimmen und den Mittelwert bilden. Dieser Mittelwert entscheidet dann zusammen mit der Einstellung gemäß Abb. 3.3.4, ob ein Bildpunkt schwarz oder weiß interpretiert werden soll.

Die Einstellung, ab welcher Helligkeit ein Bildpunkt schwarz oder weiß werden soll, wird auch als Schwellenwert bezeichnet. Wird das Bild in Abb. 3.3.2 nach dem obigen Verfahren umgerechnet, ergibt sich untenstehendes Bild:

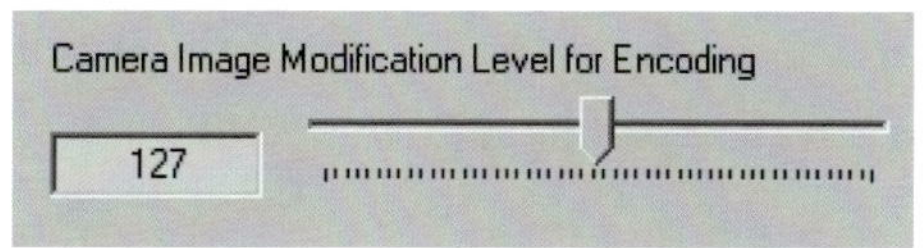

Abb. 3.3.4: Schwellenwert-Einstellung für Schwarz-Weiß

Abb. 3.3.5: Bild, mit Schwellenwert in reines Schwarz-Weiß umgerechnet

4) Nun werden Streifenmuster aus dem Schwarz-Weiß-Bild ausgelesen. Das erfolgt entlang der roten und grünen Linien, wie in Abb. 3.3.6 gezeigt. Sie erkennen sicher sofort, dass hierbei nur bei vier roten Linien die Aussicht auf Erfolg besteht, den Strichcode richtig auszulesen. Der Computer weiß das jedoch nicht und nimmt zunächst stur alle 20 Streifenmuster auf (rote und grüne). Damit die Linien sinnvoll über das Bild verteilt sind und bekannt ist, wie viele Punkte ausgelesen werden müssen, wurde zuvor gemäß b) die horizontale und vertikale Anzahl der Bildpunkte analysiert. Die roten und grünen Linien sind hier nur zur Erklärung dargestellt, bei einer wirklichen Auswertung würde das stören.

Abb. 3.3.6: Auswertung der Streifenmuster entlang der roten und grünen Linien

5) Das Auslesen entlang einer roten oder grünen Linie erfolgt Punkt für Punkt nacheinander. Dieses Leseergebnis wird in einem Datenfeld (Array) in komprimierter Form gespeichert. Würden z. B. zu Beginn fünf weiße Punkte hintereinander gefunden und der sechste Punkt wäre schwarz, dann speichert der Strichcode-Leser in dem ersten Datenfeldeintrag eine 5. Wären dann der sechste bis achte Punkt weiß, wäre der nächste Datenfeldeintrag eine 3 etc. Sind alle roten und grünen Streifen gemäß Abb. 3.3.6 ausgelesen, liegen schließlich 20 derartige Zahlenfolgen vor.

6) Wie eingangs festgelegt, dürfen sich vor und nach der Strichcode-Abbildung nur weiße Bildpunkte befinden. Das wird bei der Auswertung der Zahlenfolge im Datenfeld berücksichtigt. Aus den verbleibenden Datenfeldeinträgen wird die Summe gebildet, und wir erhalten die Anzahl an Bildpunkten, die zum Strichcode gehören (könnten). Um die Datenfelder richtig auswerten zu können, sind die Grundlagen der Streifencodes gemäß Kapitel 3.1 von Bedeutung. Für einen Strichcode mit vier Ziffern ergibt sich Folgendes:

   - Ein dicker Streifen ist so breit wie zwei dünne.
   - Eine Ziffer hat immer drei dicke und sechs dünne Streifen.
   - Eine Ziffer hat eine Gesamtbreite von zwölf dünnen Streifen.
   - Zwischen je zwei Ziffern liegt immer ein dünner Streifen.
   - Wenn vier Ziffern nebeneinander stehen, sind diese durch insgesamt drei dünne Streifen voneinander getrennt.

- Alle obigen Aussagen zusammen ergeben für vier Ziffern eine Gesamtbreite von 51 dünnen Streifen.

Die oben gebildete Anzahl an Bildpunkten, die zum Strichcode gehören, teilen wir nun durch 51. Damit erhalten wir die Anzahl an Bildpunkten, die einen dünnen Streifen darstellen. Die doppelte Anzahl Bildpunkte entspricht dann einem dicken Streifen.

7) Zusammen mit dem Wissen, wie viel Bildpunkte ein dicker bzw. ein dünner Streifen hat, können wir nun die Zahlenfolgen der Datenfelder gemäß 5) analysieren. Daraus resultiert für eine Ziffer eine neue Zahlenfolge, bestehend aus »1« (dünner Streifen) und »2« (dicker Streifen). Es ergibt sich somit z.B. für die Ziffer 7 Folgendes:

   - »111211212« = 7, vorwärts gelesen
   - »212112111« = 7, rückwärts gelesen

   Diese Zahlenfolgen, bestehend aus »1« und »2«, werden nun durch Mustervergleich in einzelne Ziffern umgerechnet. Schließlich ergeben sich Zahlen mit jeweils vier Ziffern.

8) Die Vorgänge 5) bis 7) werden schließlich auf alle 20 Streifenmuster (rote und grüne) gemäß 4) angewendet.

9) Die Ergebnisse aus 8) werden schließlich betrachtet. Werden zwei oder mehr Streifenmuster als gültige Strichcodes interpretiert, so dürfen sich diese nicht voneinander unterscheiden. Falls doch, wird die Fehlermeldung *»bar code with errors detected«* als Ergebnis ausgegeben. Wird kein Streifenmuster als gültiger Strichcode erkannt, lautet die Fehlermeldung »no bar code detected«. Nur eindeutige Leseergebnisse werden als Zahlenwert ausgegeben.

Beim nachfolgend beschriebenen Modell ist es trotz Hunderten von Durchgängen kein einziges Mal dazu gekommen, dass ein Strichcode als solcher erkannt, jedoch eine falsch gelesene Zahl ausgegeben wurde. Das beschriebene Verfahren wird somit als recht zuverlässig angesehen.

Das Modell

Das Modell selbst ist vergleichsweise einfach aufgebaut. Soll ein Gebinde aus Waren eingelagert werden, muss es zunächst auf das Förderband aufgebracht werden. Die Einlagerung wird nur begonnen, wenn noch mindestens ein Lagerplatz frei ist. Im Bereich des Förderbands sind gemäß Abb. 3.3.7 zwei Fotowiderstände eingebaut, mit denen die Verpackungseinheiten auf dem Förderband erkannt werden können.

Abb. 3.3.7: Förderband mit Fotowiderständen

Wird also zwischen Fotowiderstand 1 und der darüber befindlichen weißen LED eine Verpackungseinheit eingebracht, so wird sie erkannt. Das Lagergebinde wird daraufhin auf dem Förderband so weit transportiert, bis es sich über Fotowiderstand 2 befindet. Um die Verpackungseinheit sicher zu erkennen, muss eine passende Störlichtkappe über dem Fotowiderstand verwendet werden. An der Position des Fotowiderstands 2 wird nun ein Kamerabild vom Gebindeetikett aufgenommen und ausgewertet. Im Modell sind weiße LEDs verbaut, weil lange Betriebszeiten erwartet sowie eine örtlich und zeitlich konstante Beleuchtung benötigt wurden. Wie bereits oben beschrieben, wird die erkannte Ware in der Warenbestandsliste eingetragen. Um eine Klartextbeschreibung in dieser Liste ergänzen zu können, ist die Datei *StockList.txt* erforderlich, in der der Strichcode und die gesuchte Klartextbeschreibung vorhanden sind:

- 1234-Frankfurter Kranz
- 5678-Gruene Sosse
- 9059-Handkaes mit Musik
- 9088-Frankfurter Wuerstchen

- 1244-Bethmaennchen
- 7983-Rindswuerste
- Die Liste kann natürlich beliebig ergänzt werden.

In der Warenbestandsliste sind auch alle bislang verwendeten Lagerpositionen vermerkt. Soll die nächstgelegene freie Lagerposition ermittelt werden, wird in einer weiteren (fest im Programm hinterlegten) Aufzählung nachgesehen. Die Lagerbelegung erfolgt gemäß folgendem Schema:

	A	B	C
4	7	10	12
3	4	8	11
2	2	5	9
1	1	3	6

Abb. 3.3.8: Schema der Lagerbelegung

Die möglichen Lagerpositionen sind grau hinterlegt. Die Reihenfolge der Belegung ist mit den roten Zahlen gekennzeichnet. Somit wird die Lagerposition A1 zuerst belegt, dann folgt A2, B1, A3 etc. Wenn die nächste freie Lagerposition bestimmt wurde, beginnt der Transport des Lagergebindes dorthin. Der Laderoboter übernimmt dabei das Lagergebinde vom Förderband. Er kann das Lagergebinde gemäß Abb. 3.3.13 in den Richtungen x, y und z transportieren und schließlich am festgelegten Lagerort einbringen. Aufgrund der minimalistischen Konstruktion des Laderoboters kann dieser nur dann in x-Richtung verfahren werden, wenn die Bewegungseinheit der y-Richtung an der tiefsten Stelle positioniert ist. Die Bildschirmdarstellung eines gefüllten Lagers ist in Abb. 3.3.14 gezeigt. Zur Auslagerung genügt ein Doppelklick auf einen Eintrag in der Warenbestandsliste. Vor Beginn der Auslagerung muss diese wie in Abb. 3.3.9 gezeigt bestätigt werden:

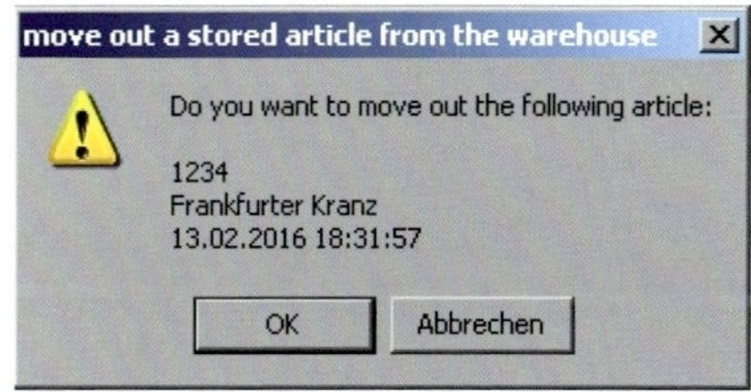

Abb. 3.3.9: Dialogbox zur Auslagerung eines Lagergebindes

Etikettierung der Lagergebinde

An die Etikettierung der Verpackungseinheiten werden auch einige Anforderungen gestellt.

Abb. 3.3.10: Beklebtes Lagergebinde

- Der Strichcode sollte gut lesbar und so groß wie möglich sein, zumindest hinsichtlich der Breite. So können schmale und breite Streifen mit maximaler Zuverlässigkeit unterschieden werden.
- Eine Klartextkennzeichnung ist stets sinnvoll für Kontrollzwecke durch Menschen.
- Die Kästchen sollen durch die Verklebung sicher verschlossen gehalten werden.
- Rechts und links vom Strichcode soll kein Aufdruck vorhanden sein, weil das eine wichtige Voraussetzung für ein fehlerfreies Auslesen ist.
- Die Verklebung soll reversibel sein, d.h., sie kann zu einem späteren Zeitpunkt rückstandsfrei wieder entfernt werden.

Ein paar Beispiele zur Etikettierung sind in Abb. 3.3.16 am Ende dieses Artikels zu finden. Vor dem Ausdruck ist zu beachten, dass die Abbildung derart vergrößert werden muss, dass ein Etikett die Größe von 5,5 cm × 10,8 cm hat.

Als Klebstoff eignet sich ein wasserlöslicher Klebestift, z.B. ein Pritt-Stift. Der Klebstoff sollte zunächst großzügig, aber gleichmäßig auf die Rückseite des Etiketts aufgetragen und danach das Etikett umgehend auf das Kunststoffkästchen faltenfrei aufgebracht werden.

Enthält ein Klebstoff organische Lösemittel, besteht die Gefahr, dass bei der Verklebung der Kunststoff angelöst wird. Derartige Klebstoffe sind ungeeignet.

Abb. 3.3.11: Gesamtansicht (oben) und Strichcode Registrierung (unten)

Abb. 3.3.12: Förderband mit Antrieb und untersetztem Getriebe

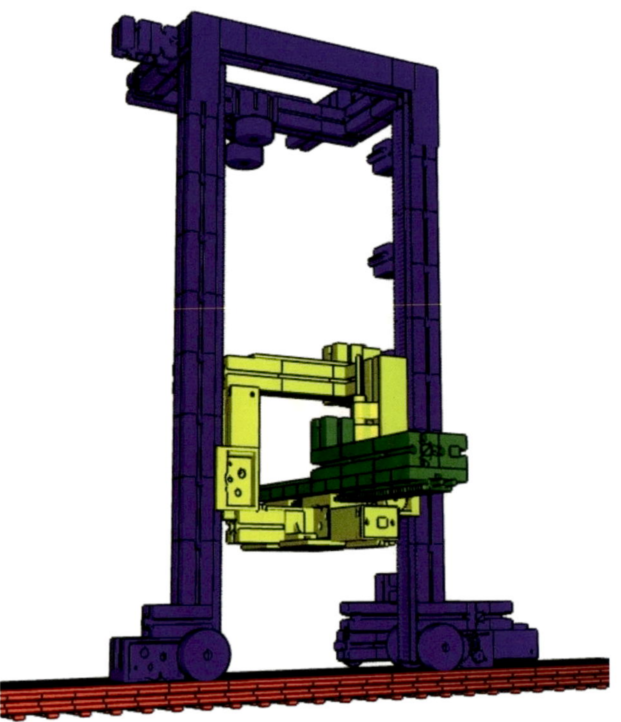

Abb. 3.3.13: Detaildarstellung des Laderoboters auf dem Fahrweg (rot), bewegte Teile in x-Richtung (blau), y-Richtung (gelb) und z-Richtung (grün)

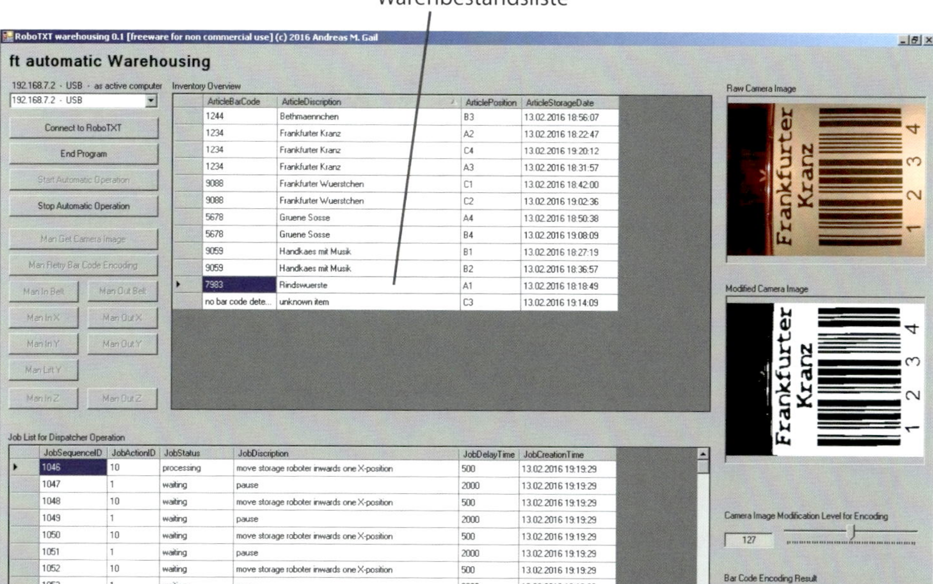

Abb. 3.3.14: PC-Bedienoberfläche

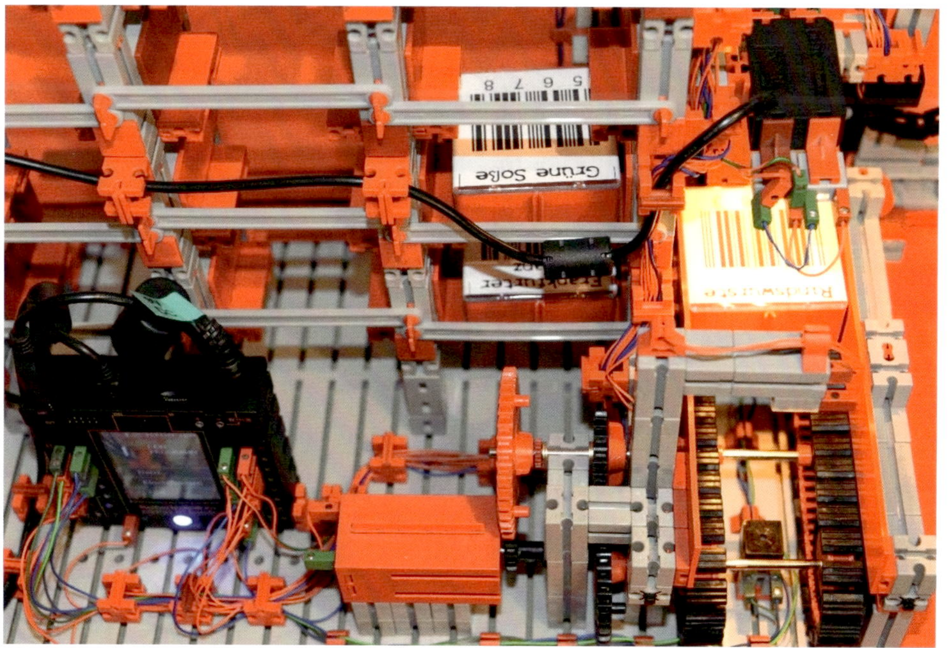
Abb. 3.3.15: Gesamtansicht von der Ladeseite

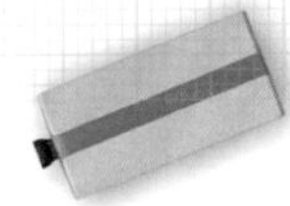

Abb. 3.3.16: Beispiele Gebindeetiketten (Originalgröße 5,5 cm x 10,8 cm)

3.4 Encoder (1): Relativ-Kodierer

Der rote fischertechnik-Encodermotor ist wohl den meisten Lesern bekannt. Aber was ist eigentlich ein Encoder? Dieser Frage soll in diesem und dem folgendem Kapitel nachgegangen werden.

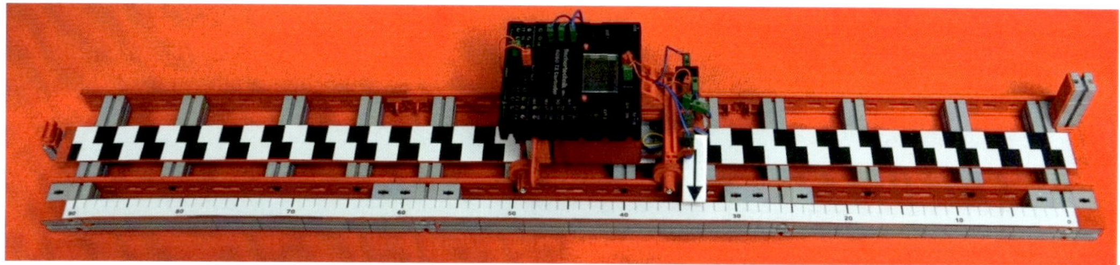

Abb. 3.4.1: Das Versuchsmodell zum Relativ-Kodierer

Encoder/Kodierer: Was ist das?

Gemäß Abb. 3.4.2 ist der fischertechnik-Encodermotor gezeigt. Unter Verwendung des Encoders kann der Motor ähnlich eines Schrittmotors eine bestimmte Anzahl an Schritten weiterlaufen und schließlich stehen bleiben, wenn die vorgegebene Schrittanzahl erreicht ist. Eine weitere Anwendungsmöglichkeit ist, während der Laufzeit des Motors die dabei erfolgten Schritte mitzuzählen.[5] Die »Intelligenz« steckt dabei jedoch nicht im Motor selbst, sondern im üblicherweise verwendeten Robotics TX(T) Controller (RTXTC). Der Encoder (deutsch Kodierer) selbst beobachtet im Grunde nur die Bewegung der Motorwelle und gibt diese Information weiter an den RTXTC. Bei diesem Aufbau kann der Encoder nur die Bewegung beobachten, nicht aber die absolute Position bestimmen. Deshalb werden derartige Encoder auch Relativ-Kodierer (oder auch Inkrementalkodierer) genannt.[6] In der Ausführung gemäß Abb. 3.4.2 ist es weiterhin nicht möglich, die Drehrichtung allein aus dem bereitgestellten Kodierersignal zu ermitteln.

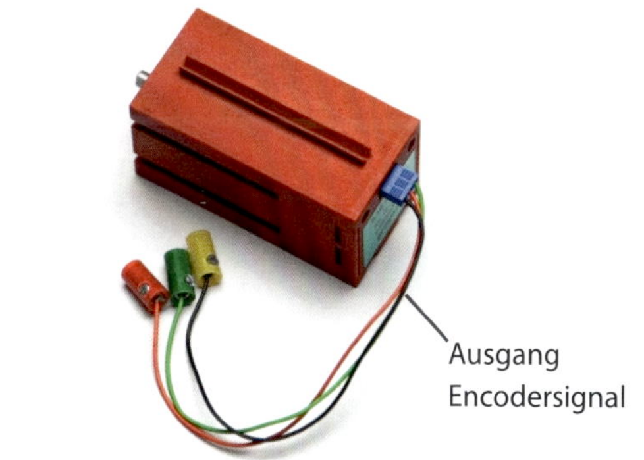

Abb. 3.4.2: fischertechnik-Encodermotor

Die Bezugnahme auf den Encodermotor war nur eine erste Einführung zum Thema, ein solcher Motor ist im nachfolgenden Modellbeispiel nicht verbaut.

Das Modell

Die Funktionsweise des ganz oben gezeigten Modells ist zunächst einfach erklärt. Von Hand wird ein Schienenfahrzeug hin- und herbewegt. Der am Fahrzeug befindliche Pfeil zeigt auf einer parallel zur Schiene angebrachten Skala die aktuelle absolute Position. Mithilfe der schwarz-weißen Kästchen zwischen den Schienen (Kodierstreifen genannt) kann die aktuelle Bewegung festgestellt werden, d.h. die Bewegungsrichtung, Positionsänderung und schließlich auch die Geschwindigkeit. Die zur Anzeige erforderlichen Informationen werden per Funk (Bluetooth) vom RTXTC zum verbundenen PC übertragen, dort berechnet und schließlich angezeigt. Zur Überprüfung der auf dem PC angezeigten absoluten Fahrzeugposition kann ein Vergleich mit der Vor-Ort-Skala am Schienenfahrzeug vorgenommen werden. Zur lokalen Stromversorgung befindet sich auf dem Schienenfahrzeug noch ein Akku-Pack.

Abb. 3.4.3: Schienenfahrzeug mit Vor-Ort-Skala, Kodierstreifen, Spursensor und Kalibriertaster

Das Modell ist so simpel wie möglich aufgebaut. Die entscheidenden Details sind einerseits die geeignet Auswahl des Kodierstreifens, andererseits die passende Software.

Die Funktionsweise des Relativ-Kodierer-Modells demonstriert ein Video.[7]

Erstkalibrierung der Position

Nachdem der RTXTC eingeschaltet wurde und zusammen mit dem PC seine Arbeit aufgenommen hat, ist die aktuelle absolute Position auf der Schiene zunächst

unbekannt bzw. der auf dem PC angezeigte Wert ist nicht vertrauenswürdig. Um das zu ändern, ist eine Erstkalibrierung bzw. Justierung auf den Positions-Nullpunkt erforderlich. Dazu muss das Schienenfahrzeug von Hand bis zum Nullpunktanschlag bewegt werden. Dabei wird der Kalibriertaster betätigt und die aktuelle Positionsangabe auf null gesetzt. Theoretisch ist daran anschließend keine weitere Kalibrierung erforderlich. Praktisch ist man gut beraten, diese nach einem angemessenen Zeitraum zu wiederholen.

Abb. 3.4.4: Erstkalibrierung, der Kalibriertaster ist nahe am Nullpunktanschlag

Welcher ist der beste Kodierstreifen?

Gemäß Abb. 3.4.5 ist eine ganze Reihe unterschiedlicher Kodierstreifen denkbar. Doch sind diese alle gleich gut?

Nachfolgend werden einige Streifen gezeigt und deren zu erwartende Eigenschaften.

Abb. 3.4.5: Auswahl verschiedener Kodierstreifen

Kodierstreifen Typ 1

Kodierstreifen Typ 2

Kodierstreifen Typ 3

Kodierstreifen Typ 4

Kodierstreifen Typ 5

Kodierstreifen Typ 6

Kodierstreifen Typ 7

Wie bereits auf den Abbildungen oben zu sehen, wurde für das Modell der Kodierstreifen Typ 7 gewählt. Mit diesem kann die Bewegungsrichtung eindeutig bestimmt werden, und das Auftreten von Lesefehlern ist weitgehend ausgeschlossen.

Betrachtet man Typ 1 bis 3, so sind diese im Grunde gleich. Die schwarze Abgrenzung außen oder auch ein Mittelsteg hat die Lesegenauigkeit in der Praxis nicht verbessert. Typ 6 scheidet aus, weil eine Erkennung der Bewegungsrichtung nicht möglich ist. Typ 4 und 5 sind gleich, Schwarz und Weiß wurden nur vertauscht. Im Grunde bleiben nach dem vorherigen Ausschluss- und Bewertungsverfahren nur noch Typ 3, 4 und 7 übrig. Typ 3 und 4 haben einen entscheidenden Nachteil. Gemäß Abb. 3.4.6 wird es an den rot markierten Schwarz-Weiß-Übergängen immer wieder zu Fehlern kommen. An diesen Stellen muss es immer exakt zur selben Zeit ein synchrones Leseergebnis geben. Im obigen Fall, von links kommend, von Weiß nach Schwarz im selben Arbeitszyklus bei beiden Sensoren. Das kann klappen, es ist jedoch nicht systematisch sichergestellt, Lesefehler sind somit wahrscheinlich.

Abb. 3.4.6: Rot markiert sind für Lesefehler anfällige Stellen der Kodierstreifen Typ 3 (links) und 4 (rechts)

Die Problemstellen von Typ 3 und 4 hat der Typ 7 nicht und ist damit besser geeignet.

Berechnung der Änderungscodes

Nachfolgend werden Änderungscodes berechnet, die bei einem gelesenen Schwarz-Weiß-Übergang erwartet werden. Diese beschreiben gleichzeitig das Verhalten im oberen und unteren Bereich des Kodierstreifens und auch die Bewegungsrichtung. Das gezeigte Verfahren kann auf alle Kodierstreifen Typ 1 bis 7 angewendet werden oder auch auf neue in diesem Artikel nicht gezeigte Varianten. Diese Änderungscodes können anschließend sehr einfach in die gezeigte Software übernommen werden, um die Verhaltensweise zu studieren. Abb. 3.4.7 zeigt ein Segment des Kodierstreifens Typ 7 und die dabei möglichen Übergänge.

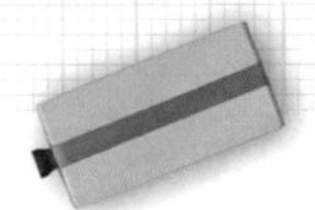

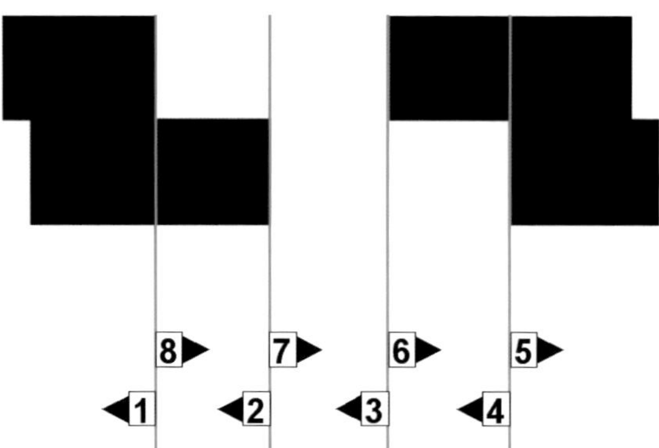

Abb. 3.4.7: Kodierstreifen Typ 7, Schwarz-Weiß-Übergänge in Abhängigkeit der Bewegungsrichtung

Die in Abb. 3.4.7 gezeigten Übergänge werden in einer Tabelle zusammengefasst:

Nr.	Übergang	Einzelcode	Änderungscode	
1	□...■ ■...■	1 ... 0 0 ... 0	1 ... 0	10
2	□...□ □...■	1 ... 1 2 ... 0	3 ... 1	31
3	■...□ □...□	0 ... 1 2 ... 2	2 ... 3	23
4	■...■ ■...□	0 ... 0 0 ... 2	0 ... 2	2
5	■...■ □...■	0 ... 0 2 ... 0	2 ... 0	20
6	□...■ □...□	1 ... 0 2 ... 2	3 ... 2	32
7	□...□ ■...□	1 ... 1 0 ... 2	1 ... 3	13
8	■...□ ■...■	0 ... 1 0 ... 0	0 ... 1	1

Tab. 3.4.1: Kodierstreifen Typ 7, Schwarz-Weiß-Übergänge in Abhängigkeit der Bewegungsrichtung

In Tab. 3.4.1 bedeutet z.B. □...■ ein Übergang von Weiß nach Schwarz. Es wird definiert, dass immer schwarz = 0 gilt und für Weiß im oberen Muster weiß_oben = 1 und weiß_unten = 2. Aus diesen Zahlen ergeben sich die Einzelcodes. Darin sind die Codes vor der Änderung blau und danach grün. Die Änderungscodes der nächsten Spalte ergeben sich durch getrennte Addition der blauen Zahlen und der grünen Zahlen. Zusammenfassend gilt für die Linksbe-

wegung, dass die Änderungscodes 10, 31, 23 oder 2 zu erwarten sind, für die Rechtsbewegung gelten die Änderungscodes 20, 32, 13 oder 1. Wichtig ist, dass in der Tabelle kein Änderungscode doppelt vorkommt.

Software

Die Software wurde erstellt unter Robo-Pro. Diese besteht aus zwei parallel laufenden Schrittketten und Anzeigefeldern.

Anzeigefelder

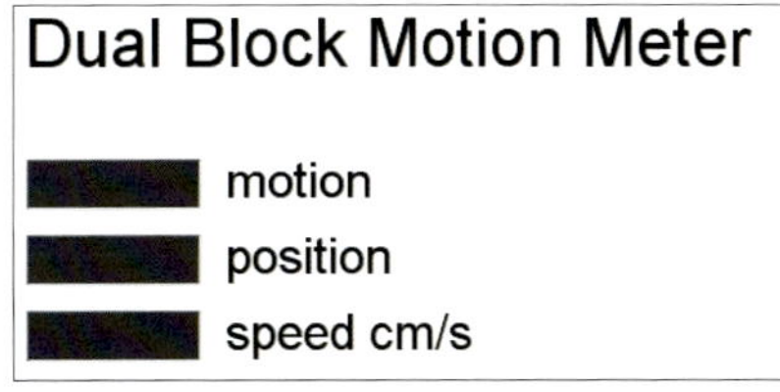

Abb. 3.4.8: Anzeige der aktuellen Bewegungsrichtung (motion), der absoluten Position (position) und der Geschwindigkeit (speed) in cm/s

Schrittkette 1

Diese Schrittkette ist in Abb. 3.4.9 dargestellt und wird alle 0,4 s durchlaufen. Sie hat die Aufgabe, die Anzeigefelder zu aktualisieren und bei Bedarf die Kalibrierung bzw. Justierung der Position zu erkennen und durchzuführen, d.h., *PosNow*=0 einzustellen. Die beiden wichtigen Eingangsgrößen in diese Schrittkette sind die Variablen *PosNow* (aktuelle absolute Position) und *RsltCode* (0 = Schienenfahrzeug steht, 1 = Bewegung nach rechts, 2 = Bewegung nach links). Die Berechnung der Geschwindigkeit ergibt sich aus der aktuellen absoluten Position, der absoluten Position vor 0,4 s (Zeitfaktor 2,5 bei Umrechnung auf Sekunden), der Blockgröße auf dem Kodierstreifen (gemäß Beispiel 7,5 mm) und der Umrechnung von mm in cm (Längenfaktor 0,1).

Schrittkette 2

In Schrittkette 2 gemäß Abb. 3.4.10 wird hauptsächlich der Änderungscode während der Bewegung des Schienenfahrzeugs berechnet und ausgewertet. Hier finden sich auch die vorn für den Kodierstreifen Typ 7 errechneten Änderungscodes wieder (10, 31, 23, 2, 20, 32, 13, 1).

Einschränkungen

Wenn das Schienenfahrzeug von Hand bewegt wird, sollte dieses nicht zu schnell erfolgen. Bei zu schneller Bewegung kommt es dazu, dass die Abarbeitung des Programms langsamer ist als die Ereignisse vor Ort. In einem solchen Fall werden Schwarz-Weiß-Übergänge übersehen und somit nicht mehr richtig gezählt. Daran anschließend sind alle Positionsangaben fehlerhaft. Aus diesem Grund

müssen die schwarzen und weißen Abschnitte hinsichtlich ihrer Länge an die zu erwartende Geschwindigkeit angepasst werden. Allgemein gilt, dass bei höherer maximaler Geschwindigkeit die Abschnittslängen größer sein müssen. Als Nebenwirkung davon wird die Genauigkeit der Positionsangabe geringer, d.h. die Auflösung der Positionsmessung.

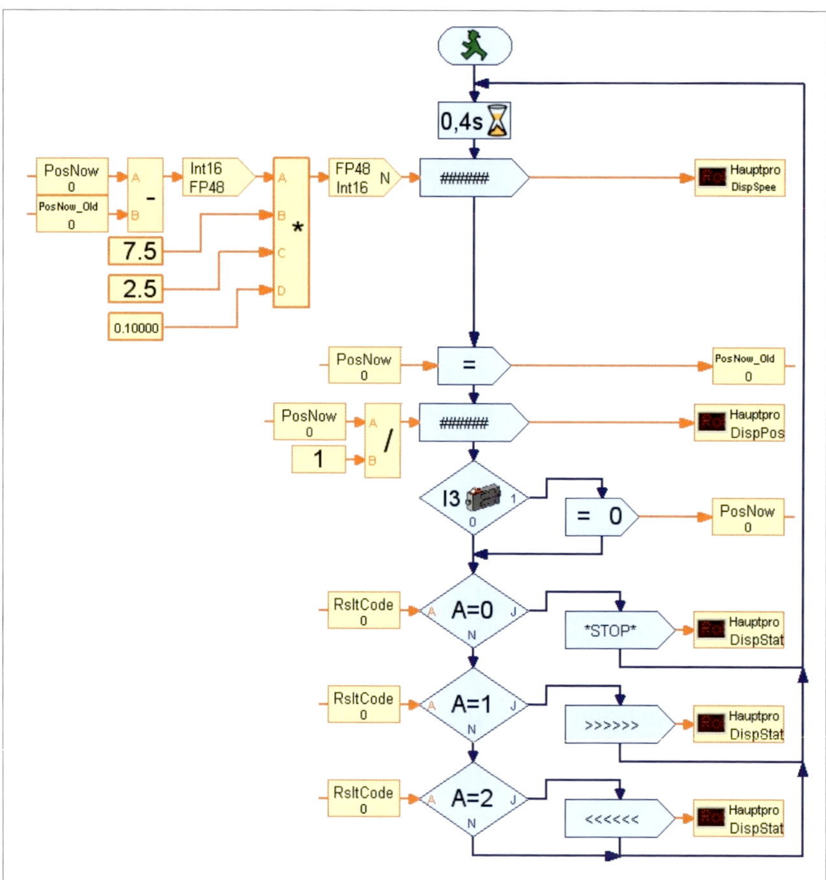

Abb. 3.4.9: Schrittkette 1: Anzeige der aktuellen Bewegungsrichtung (motion), der absoluten Position (position) und der Geschwindigkeit (speed) in cm/s

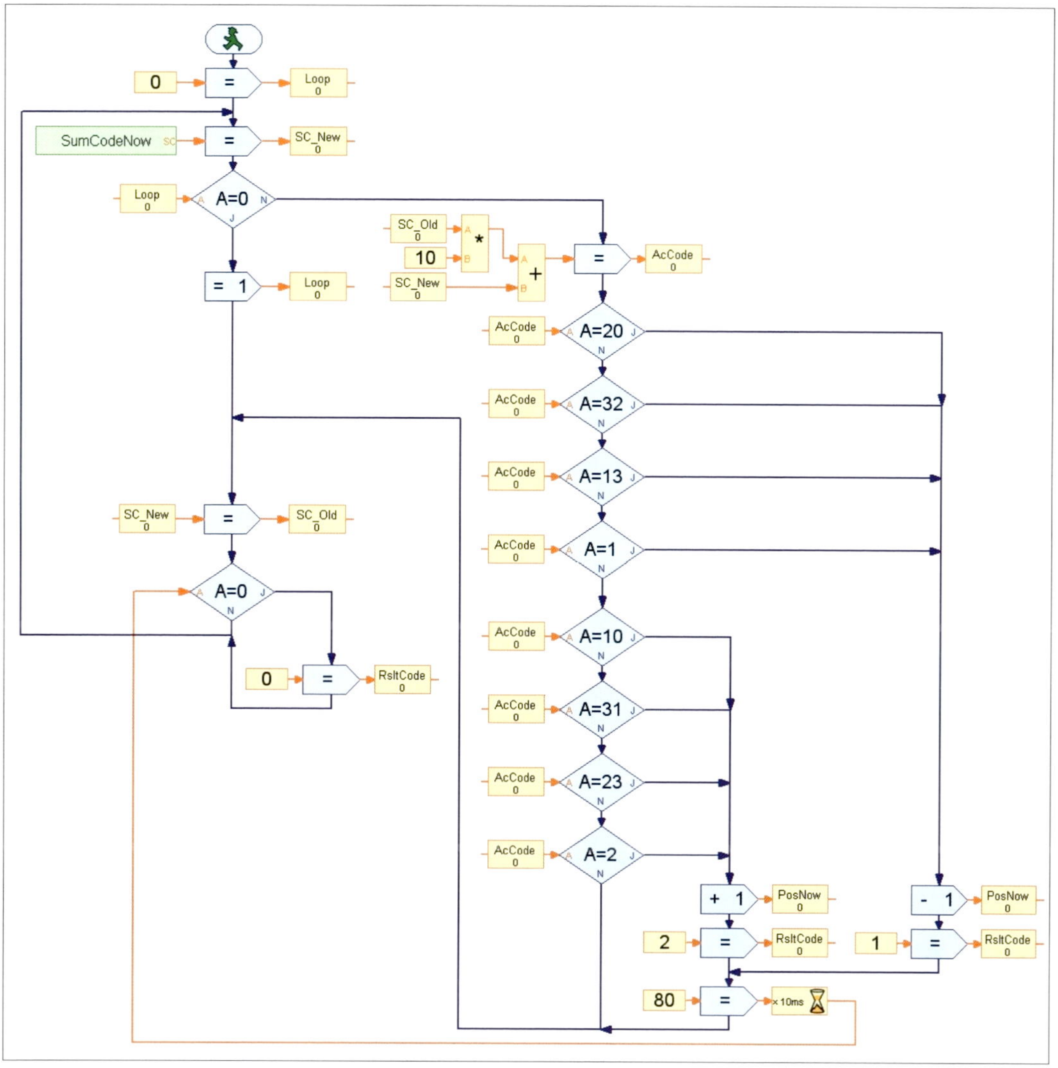

Abb. 3.4.10: Schrittkette 2: Anzeige der aktuellen Bewegungsrichtung (motion), der absoluten Position (position) und der Geschwindigkeit (speed) in cm/s

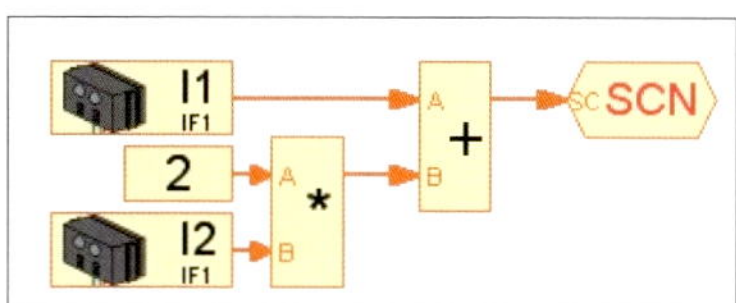

Abb. 3.4.11: Unterprogramm SumCodeNow

3.5 Encoder (2): Absolut-Kodierer

Trotz der offensichtlichen Verwandschaft des Absolut-Kodierers zum Relativ-Kodierer gibt es einen entscheidenden Unterschied der beiden Encodertypen.

Grundprinzip

Der Absolut-Kodierer[8] ist ein weiterer Encodertyp (vgl. das Kapitel 3.4 zum Relativ-Kodierer). Im nachfolgend beschriebenen Modell soll eine Drehknopfeinstellung erkannt und an einen Robotics TX(T) Controller (RTXTC) weitergegeben werden. Im Gegensatz zum Relativ-Kodierer braucht der Absolut-Kodierer keine Kalibrierung bzw. Justierung bei Wiederinbetriebnahme. Ist das System einmal richtig eingestellt, kann die absolute Position sofort wieder erkannt werden. Die Grundlage dazu ist das binäre (oder auch duale) Zahlensystem[9]. Dieses verdeutlicht nachfolgend Tab. 3.5.1.

dezimal	binär				
	8	**4**	**2**	**1**	**Muster**
0	0	0	0	0	□□□□
1	0	0	0	**1**	□□□■
2	0	0	**1**	0	□□■□
3	0	0	**1**	**1**	□□■■
4	0	**1**	0	0	□■□□
5	0	**1**	0	**1**	□■□■
6	0	**1**	**1**	0	□■■□
7	0	**1**	**1**	**1**	□■■■
8	**1**	0	0	0	■□□□
9	**1**	0	0	**1**	■□□■
10	**1**	0	**1**	0	■□■□
11	**1**	0	**1**	**1**	■□■■
12	**1**	**1**	0	0	■■□□
13	**1**	**1**	0	**1**	■■□■
14	**1**	**1**	**1**	0	■■■□
15	**1**	**1**	**1**	**1**	■■■■

Tab. 3.5.1: Ausschnitt aus der dezimalen und binären Zahlenreihe

Aus Tab. 3.5.1 ergibt sich bei einer vierstelligen Binärzahl, dass 15 die höchste darstellbare Zahl ist. Da Null auch eine Zahl ist, sind somit 16 verschiedene Kombinationen bzw. Zahlen möglich. Das angegebene Muster bildet später die Grundlage der Kodierstreifen.

Modellaufbau

Einen Überblick über das Modell zeigen die Abb. 3.5.1 bis 3.5.4. Seine Funktionsweise können Sie sich in einem Video[10] demonstrieren lassen.

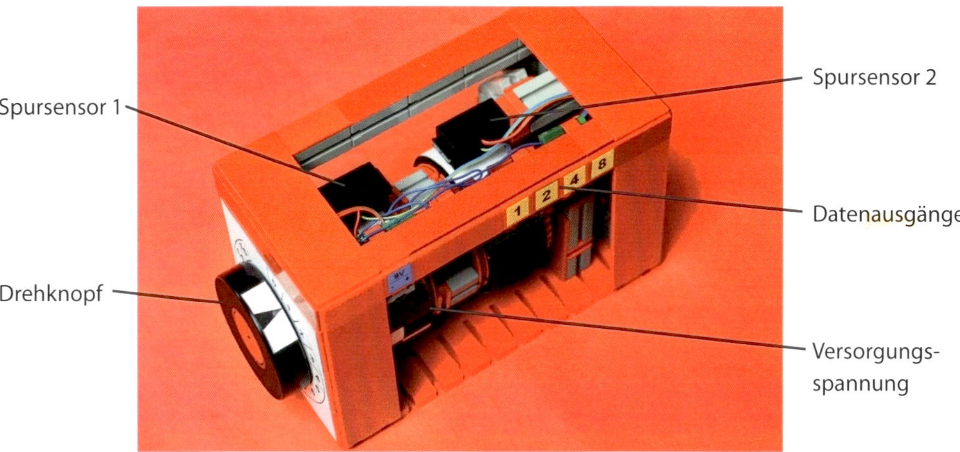

Abb. 3.5.1: Gesamtansicht Absolut-Kodierer

Ein Drehknopf mit einer Skala kann im Bereich 0 ... 15 eingestellt werden. Dadurch drehen sich im Inneren gleichzeitig zwei Walzen. Auf diesen Walzen sind Kodierstreifen aufgeklebt. Diese Kodierung wird mit zwei Spursensoren erfasst. Jeder Spursensor kann gleichzeitig zwei Spuren unabhängig voneinander erfassen.

Abb. 3.5.2: Walzen mit aufgeklebten Kodiererstreifen und Drehanschlag

Abb. 3.5.3: Skala der Frontplatte

Abb. 3.5.4: Federgelenkbaustein und Zahnrad zur gerasterten Einstellung

Zwei erwähnenswerte Details sind zum einen die gerasterte Einstellung des Drehknopfs durch ein Zahnrad, auf das ein Federgelenksbaustein gemäß Abb. 3.5.4 einwirkt. Zum anderen ist ein Drehanschlag vorgesehen, damit der Drehknopf nur entsprechend der Frontplattenskala gedreht werden kann. Der Drehanschlag ist in Abb. 3.5.2 gezeigt und begrenzt die Drehung nach rechts und links durch Drehblockade an der Gehäusebodenplatte.

Detail-Konstruktionen

Nachfolgend die Verdeutlichung von Detail-Konstruktionen.

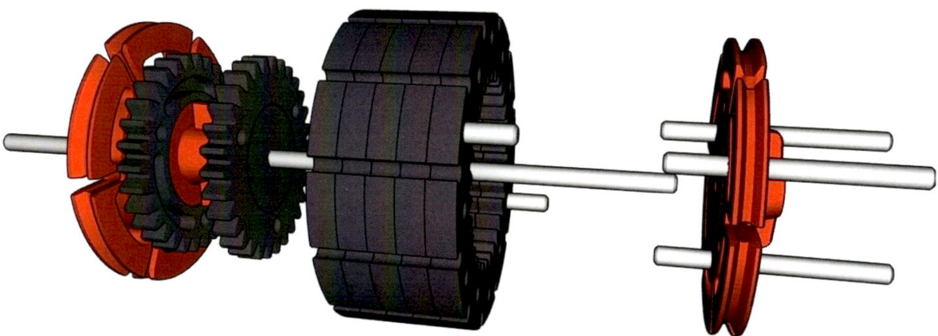

Abb. 3.5.5: Explosionszeichnung einer Walze

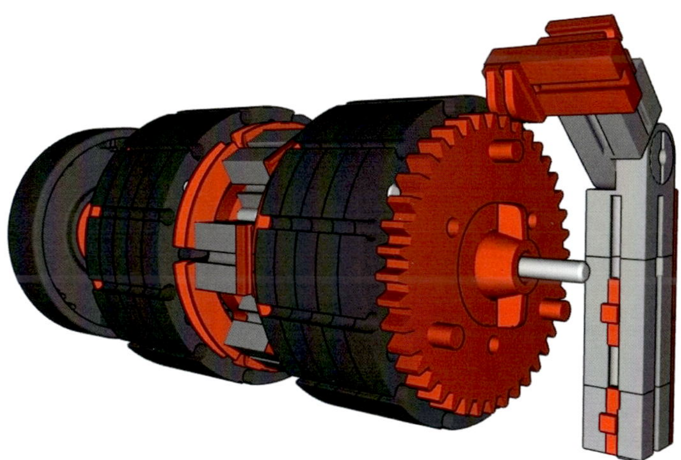

Abb. 3.5.6: Federgelenkbaustein und Zahnrad zur gerasterten Einstellung

Erstjustage vor erster Verwendung

Wie schon beim Relativ-Kodierer festgestellt, sind die Schwarz-Weiß-Übergangsstellen auf den Kodierstreifen anfällig für Lesefehler. Deshalb sollten die Spursensoren möglichst fehlerresistent eingestellt werden. Die trotz Einstellung der Spursensoren unvermeidlichen Lesefehler sollten dann möglichst nicht in einer eingerasteten Stellung des Drehknopfs liegen. Zur Erstjustage stellen wir die Spursensoren gemäß Abb. 3.5.7 in Pfeilrichtung ein. Nötigenfalls kann auch der Abstand vom Spursensor zur Walze justiert werden.

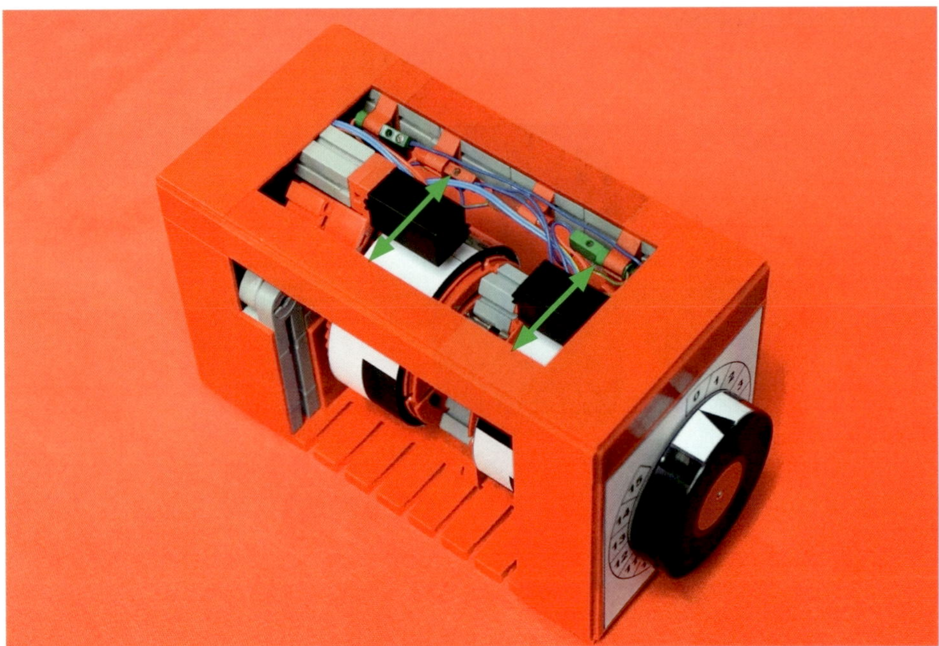

Abb. 3.5.7: Erstjustage zur Feinabstimmung der Spursensoren in Pfeilrichtung

Software

Die Software ist im Gegensatz zum mechanischen Aufbau sehr simpel gehalten. Im Grunde leistet sie eine Umrechnung eines vierstelligen binären Signals in eine Dezimalzahl (vgl. Tab. 3.5.1). Für eine Verwendung an anderer Stelle wird einmal pro Sekunde der aktuelle Wert in der Variablen *Count* gespeichert. Beachten Sie dabei, dass die Spursensoren weiß = 1 und schwarz = 0 ausgeben, also genau umgekehrt zu den Kodierstreifen. Deshalb müssen die Eingangssignale der Spursensoren negiert werden.

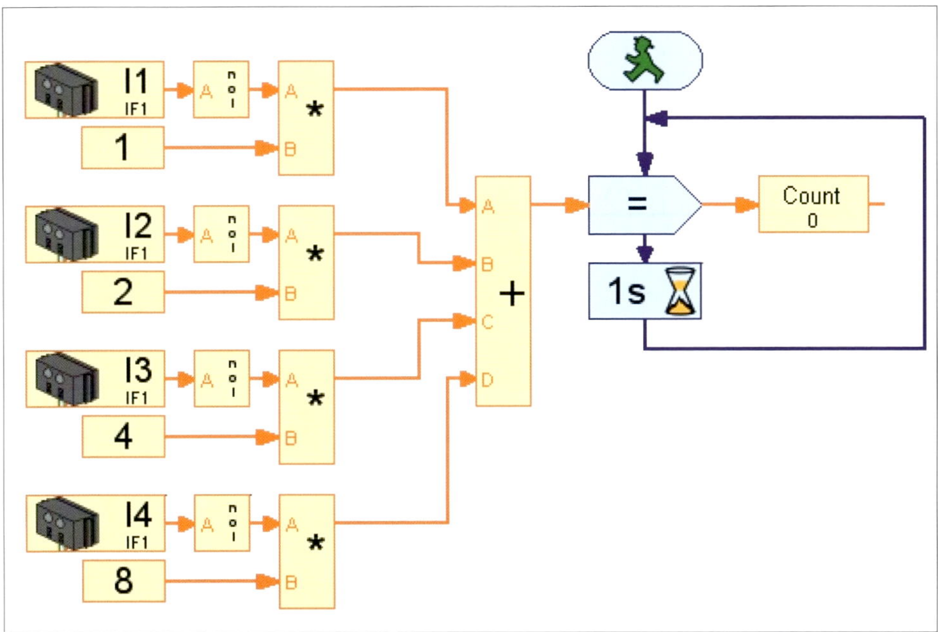

Abb. 3.5.8: Software zur Berechnung des dezimalen Ergebnisses nach Auslesen der Kodierstreifen

Ausblick

Eventuell könnte in der Software eine Fehlerbehandlung ergänzt werden, wenn die Erstjustage der Spursensoren kein befriedigendes Ergebnis bringen sollte. Weiterhin könnte die eingestellte Zahl mithilfe von 16 LEDs im Multiplexbetrieb (Kapitel 8.3) angezeigt werden.

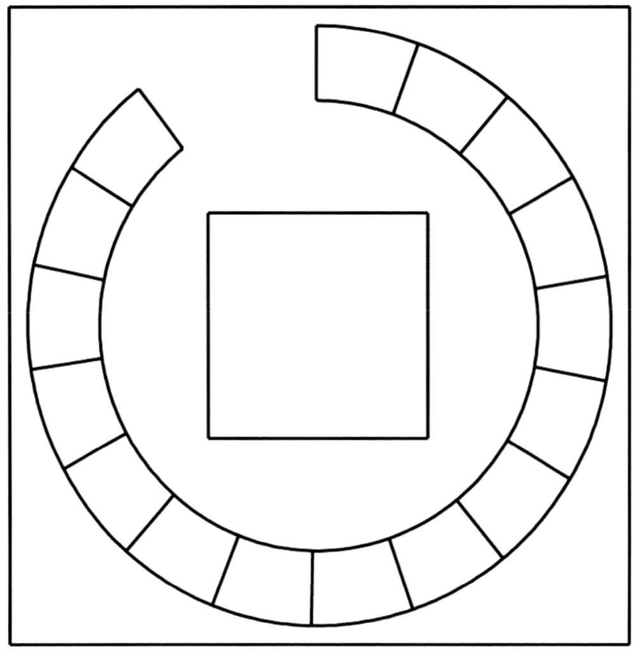

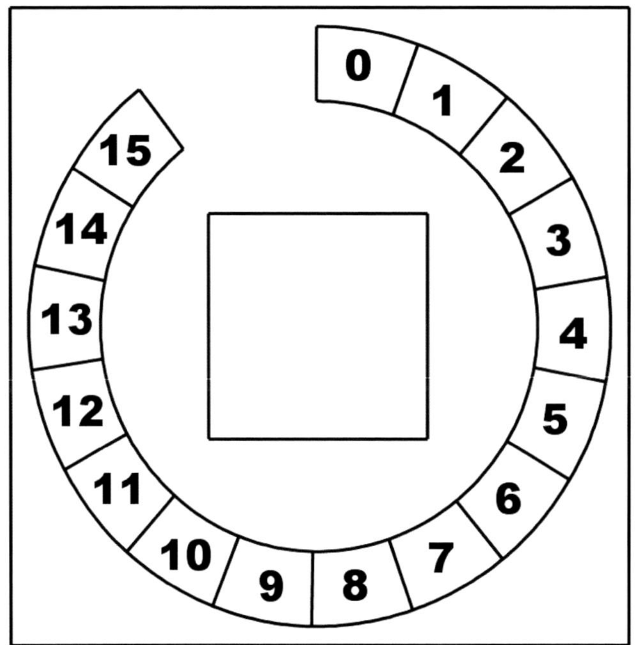

Abb. 3.5.9: Frontplattenansicht, Kantenlänge im Original 8,5 cm x 8,5 cm

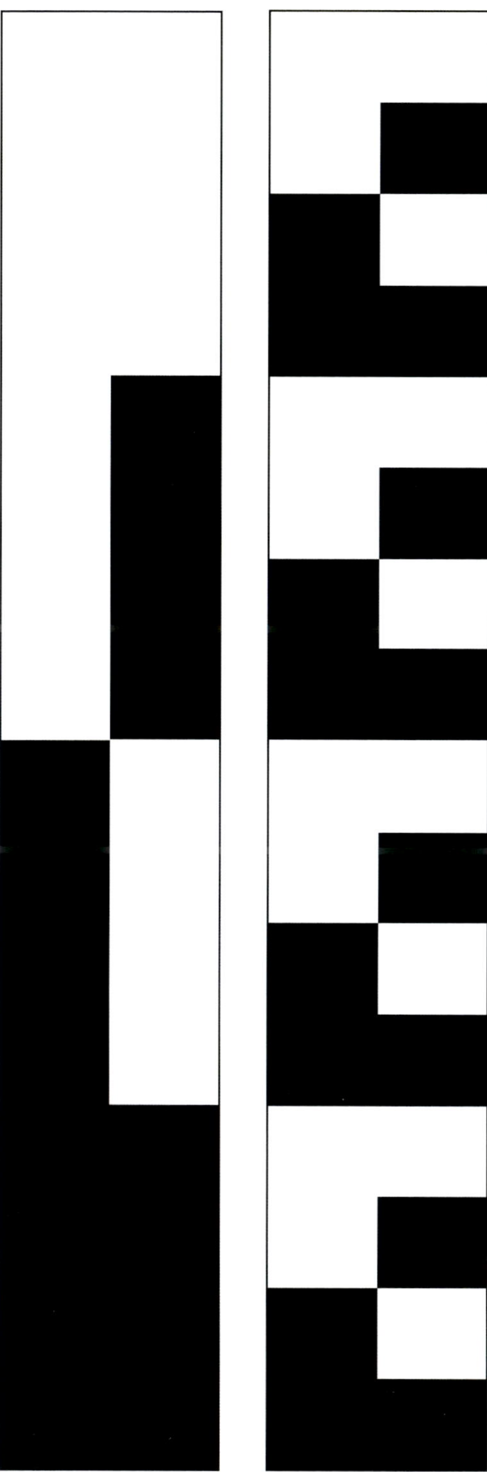

Abb. 3.5.10: Kodierstreifen, Kantenlänge im Original 19,4 cm x 3,0 cm

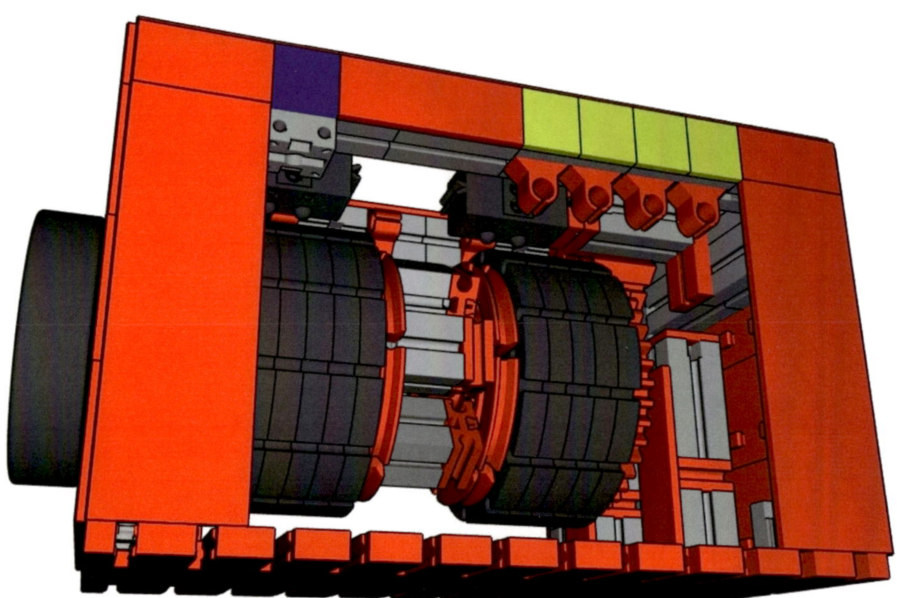

Abb. 3.5.11: Gesamtansicht mit Spursensoren und elektrischen Anschlussstellen

Referenzen

1 Microsoft Developer Network: Exemplarische Vorgehensweise: Aufrufen von Windows-APIs (Visual Basic), 2015: https://docs.microsoft.com/de-de/dotnet/visual-basic/programming-guide/com-interop/walkthrough-calling-windows-apis.

2 Gail, Andreas: Software Barcode-Scanner RoboPro/Visual Basic 2010.

3 Gail, Andreas: RoboTXTC full automatic warehouse VisualBasic 2010, Beispielprogramm: https://www.ftcommunity.de/data/downloads/software/rtxtc_vb_warehouse.zip.

4 Gail, Andreas: fischertechnik: Hochregallager mit camera barcode scanner und Lagerdatenbank, Youtube-Video, 2016: https://youtu.be/ysP5dczClOk.

5 Wikipedia, Encoder, Kodierer: https://de.wikipedia.org/wiki/Kodierer.

6 Wikipedia, Inkrementalgeber: https://de.wikipedia.org/wiki/Inkrementalgeber.

7 Gail, Andreas: Relativ Kodierer, Youtube-Video, 2017: https://www.youtube.com/watch?v=vSEqTfvDrkE.

8 Wikipedia, Absolutwertgeber: https://de.wikipedia.org/wiki/Absolutwertgeber.

9 Wikipedia, Dualsystem: https://de.wikipedia.org/wiki/Dualsystem.

10 Gail, Andreas: Absolut Kodierer, Youtube-Video, 2017: https://www.youtube.com/watch?v=UK_L14xUYrU.

4 Drehstrom

Der Drehstromgenerator ist ein in der Technik sehr gebräuchliches Gerät. Über dieses Grundprinzip wird der in Haushalte gelieferte dreiphasige Wechselstrom erzeugt. Auch mit fischertechnik lässt sich in diesem Bereich experimentieren. Anschauliche Experimente sind möglich, auch wenn die optimale Konstruktion erst noch gefunden werden muss.

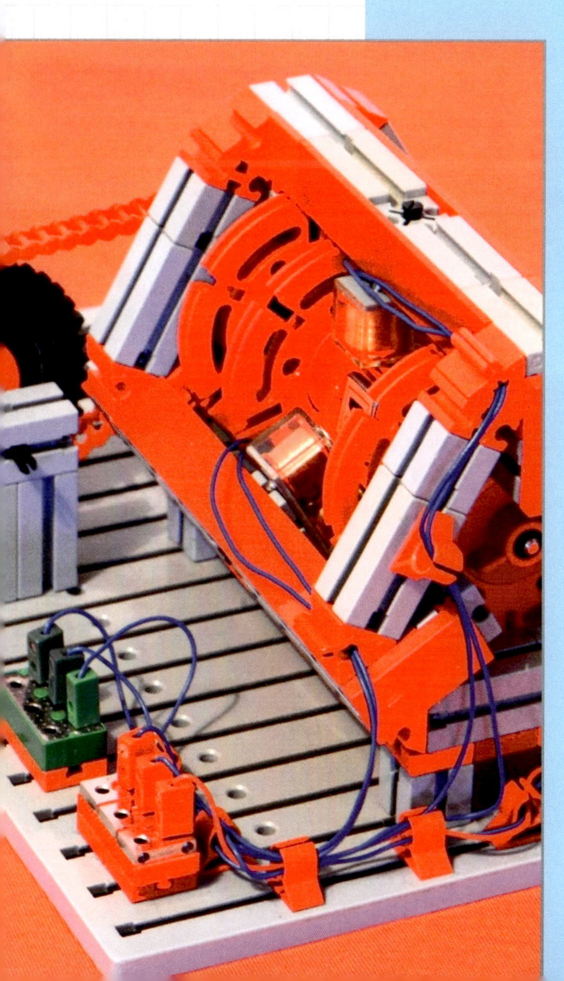

4.1 Drehstromgenerator (Typ A, Typ B)

Grundprinzip

Im Prinzip ist der Aufbau einfach: In der Mitte ist ein Magnet, der gedreht wird. Unter der Nutzung von regenerativen Energien geht die Drehbewegung von einem Wasserrad oder einem Windrad aus. Klassisch erfolgt der Antrieb von einem Dieselmotor oder einer Gasturbine. Der sich drehende Magnet ist von drei gleichmäßig angeordneten Spulen umgeben, in Abb. 4.1.1 blau, rot und grün dargestellt. Die Drehbewegung des mittigen Magneten induziert in den Spulen den sogenannten Drehstrom.

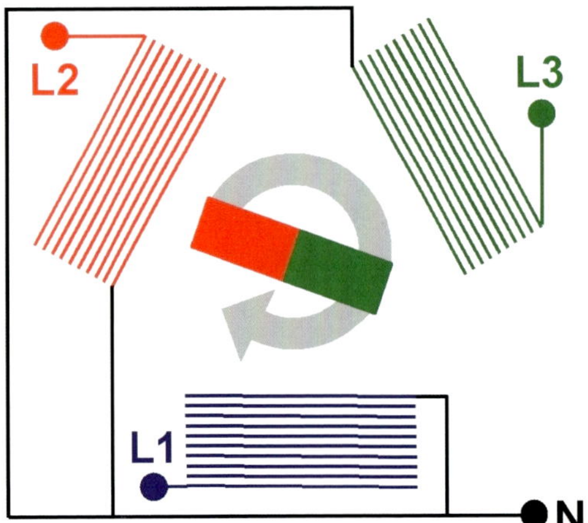

Abb. 4.1.1: Prinzip eines Drehstromgenerators

Gemäß Abb. 4.1.1 ist N der sogenannte Neutralleiter, L1, L2, L3 sind die drei Außenleiterspannungen (Phasen). Der Spannungsverlauf der Phasen ist in Abb. 4.1.2 gezeigt. Die rote Spule zeigt dabei den roten Kurvenverlauf, für die grüne und blaue Spule gilt Entsprechendes. Hier zeigt sich, dass die Periodenlänge (d.h. der Verlauf einer oberen und unteren Halbwelle) 360° betragen muss, dieses entspricht einer Umdrehung des Magneten in Abb. 4.1.1. Weiterhin fällt auf, dass sich die Kurvenverläufe ähneln, allerdings um 120° zueinander verschoben.[1]

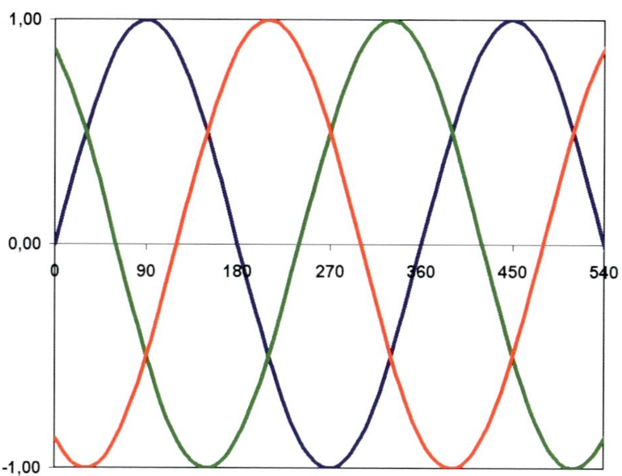

Abb. 4.1.2: Phasenverlauf des Drehstroms

Spannungsverlauf sichtbar machen

Ein Grund, warum das Thema Drehstrom – oder auch allgemein Wechselstrom – in Verbindung mit fischertechnik offenbar bislang noch nicht besonders vertieft wurde, sind vermutlich die nicht so leicht zugänglichen Möglichkeiten der Visualisierung der Effekte. Hierzu ist z.B. ein Oszilloskop zur Anzeige der Spannungsverläufe hilfreich. Solche Geräte waren in der Vergangenheit ausgesprochen kostspielig und wohl kaum in Kinderzimmern zu finden. Die rasante Entwicklung der Mikroelektronik zusammen mit preislich sehr attraktiven fernöstlichen Fertigungskapazitäten haben uns inzwischen neue Möglichkeiten beschert. Abb. 4.1.3 zeigt einen ausgesprochen günstigen Oszilloskop-Bausatz[2]. Für den Zusammenbau sind jedoch ein passender Lötkolben und einige Übung erforderlich. Die erforderlichen SMD-Komponenten sind glücklicherweise bereits aufgelötet.

Abb. 4.1.3: Oszilloskopbausatz

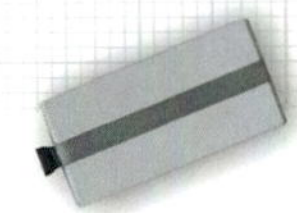

Modellaufbau allgemein

Ein Gerät aufzubauen, das die Grundprinzipien gemäß Abb. 4.1.1 aufgreift, erscheint zunächst nicht so schwierig. Allerdings ist ein guter Wirkungsgrad (d.h. verlustarme Umwandlung der Drehenergie in Strom) dann vielleicht doch nicht so einfach zu bewerkstelligen.

Zu diesem Thema gibt es umfangreiche Literatur, derartige Maschinen existieren schließlich schon sehr lange. Auch lässt sich das meiste inzwischen recht genau berechnen oder in Computern simulieren. Unser fischertechnik-Modell eröffnet uns aber eine andere Möglichkeit: Wir experimentieren einfach. *Versuch macht kluch.*

Modellaufbau Typ A

Dieses ist der erste Versuch, die Grundidee umzusetzen – unter fast vollständiger Verwendung von fischertechnik-Standardteilen. Zum Funktionstest des Modells wird der Generator mit einem Power-Motor angetrieben. Dabei wird eine Welle mit zwei Dauermagneten (vgl. Kapitel 1.3, Magnetkupplungen und Magnetrührer) gemäß Abb. 4.1.4 bewegt.

Abb. 4.1.4: Gesamtaufbau Drehstromgenerator Typ A

Abb. 4.1.5: Dauermagnete
15 x 15 x 3 mm, Neodym NdFeB,
vernickelt, verklebt und beschriftet

Die Dauermagnete sind dabei gemäß Abb. 4.1.6 zwischen drei Elektromagneten angeordnet. Die Rotation erzeugt eine Wechselspannung an jedem Elektromagnet. Wie bereits oben in Abb. 4.1.1 gezeigt, ist jeweils ein Anschluss jeder Spule miteinander verbunden, diese bilden zusammen den Neutralleiter N. Die drei Phasen L1, L2 und L3 haben jeweils einen eigenen Anschluss. Die insgesamt vier Anschlüsse sind in Abb. 4.1.7 zu erkennen.

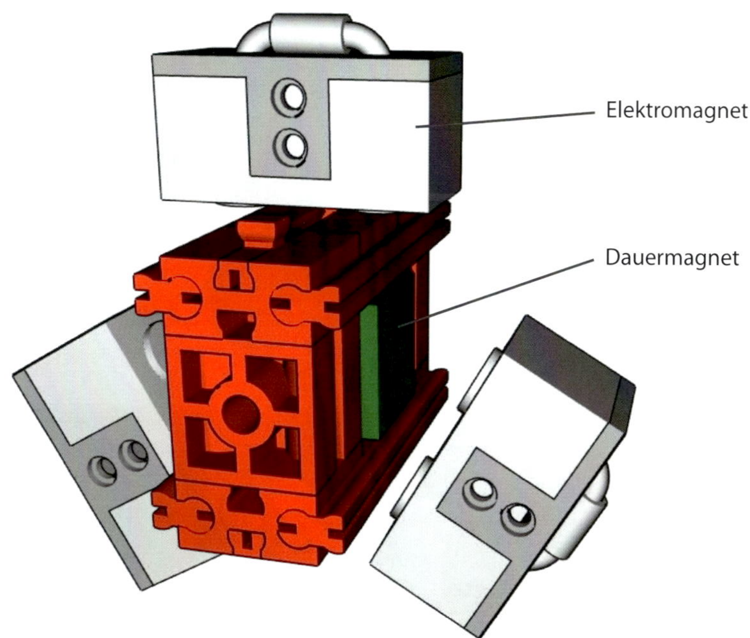

Abb. 4.1.6: Anordnung von Dauermagneten und Elektromagneten beim Drehstromgenerator Typ A

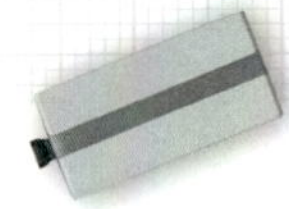

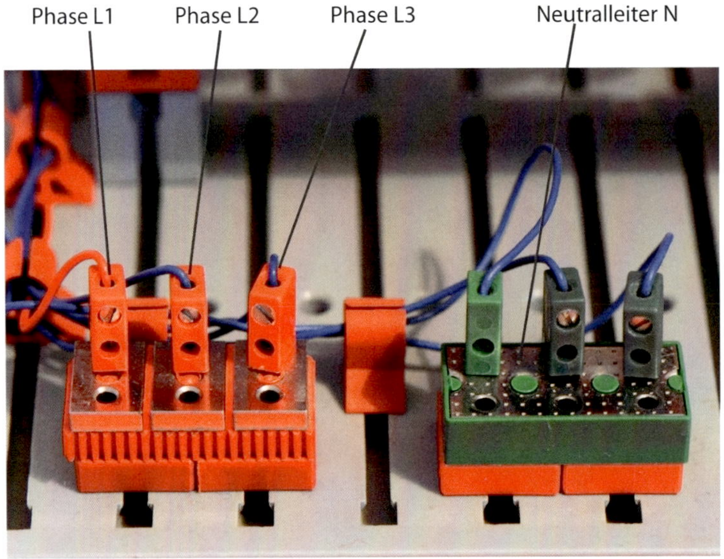

Abb. 4.1.7: Drehstrom-Anschlussklemmen

Abb. 4.1.8 zeigt den Rotor mit einem grünen Dauermagneten. Auf der gegenüberliegenden Seite ist auch ein solcher Magnet vorhanden, mit der gleichen Nord-Süd-Orientierung. Die Verwendung von zwei Magneten wurde wegen des einfachen Aufbaus gewählt, wohl wissend, dass ein durchgängiger Magnet ein besseres Magnetfeld erzeugen würde.

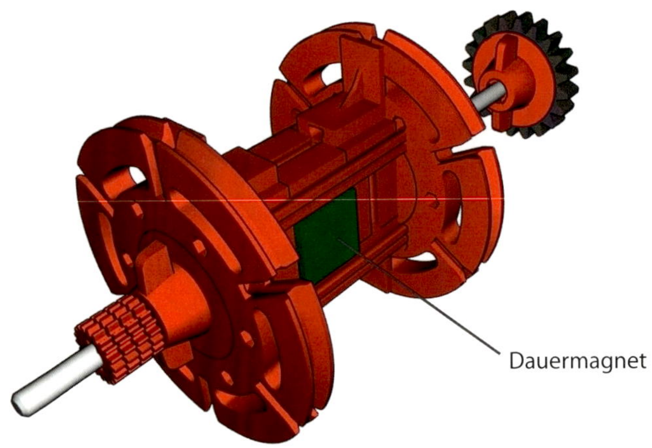

Abb. 4.1.8: Detailansicht, Rotor des Drehstromgenerators Typ A

Abb. 4.1.9 zeigt eine Seite des Generators mit der Wellenlagerung. Die hierbei verwendete Narbe ist eine Freilaufnarbe.

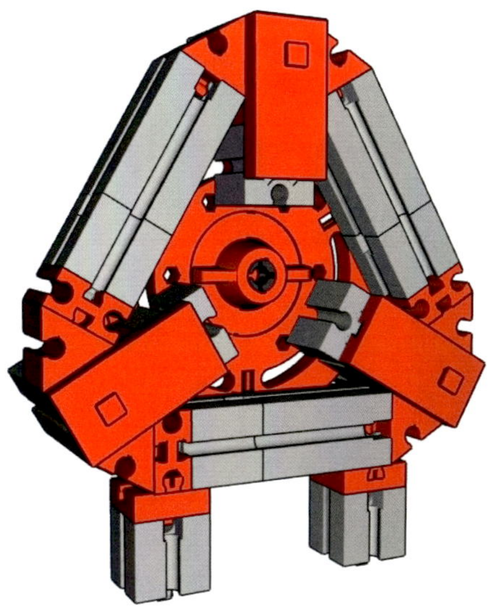

Abb. 4.1.9: Detailansicht, Gehäuseseite mit Wellenlager des Drehstromgenerators

Funktionstest

Ein erster Funktionstest zeigt, dass der Drehstromgenerator Typ A im Prinzip funktioniert. Bei Steigerung der Drehzahl fangen die Leuchtdioden (LEDs) zunächst schwach an zu flackern, bei maximaler Drehzahl leuchten diese mit geringem Flackern. Unter Verwendung von Glühlampen ist jedoch selbst bei Dunkelheit nur ein kaum wahrnehmbares Glimmen zu erkennen. Die elektrische Leistung ist also eher schwach.

Abb. 4.1.10: Funktionstest mit LEDs des Drehstromgenerators Typ A

Abb. 4.1.11 zeigt den Spannungsverlauf einer Phase. Das Aussehen der anderen beiden Phasen ist prinzipiell gleich. Theoretisch müsste die gemessene Kurvenform mit einer Kurve gemäß Abb. 4.1.2 identisch sein. Die gemessene Kurve zeigt jedoch ein sehr ungleichmäßiges Verhalten. Der Grund dafür ist sicherlich teilweise in der Verwendung von zwei einzelnen Dauermagneten zu finden, besonders aber in der Bauform der Elektromagnete.

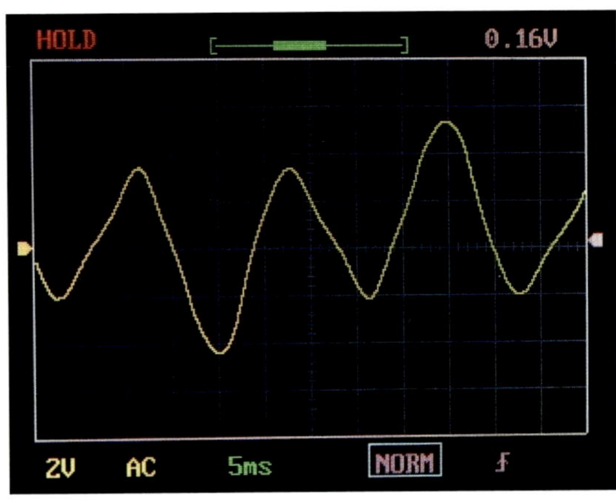

Abb. 4.1.11: Spannungsverlauf einer Phase des Drehstromgenerators Typ A

Die Bestimmung der Spannung oder Kurzschlussstromstärke bei einer Phase mit einem digitalen Messgerät ergeben 2,8 V oder 45 mA, mit einem analogen Zeigerinstrument 2,5 V oder 30 mA. Alles bezogen auf die maximale Drehzahl. Diesen Funktionstest können Sie in einem Video nachvollziehen.[3]

Variation der Magnetenanordnung

Abb. 4.1.6 zeigt die Anordnung von Dauermagneten zu den Elektromagneten. Diese Variante zeigte die besten Ergebnisse. Alternativ ist auch eine Konstruktion gemäß Abb. 4.1.12 denkbar.

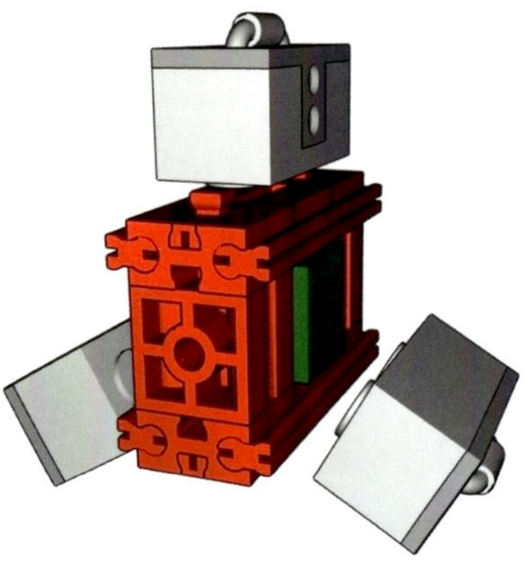

Abb. 4.1.12: Variation der Anordnung von Dauermagneten und Elektromagneten mit schlechterem Wirkungsgrad

Diese zeigte allerdings bei Versuchen ein schlechteres Ergebnis. Dabei wurden auch zwei Dauermagnete auf dem Rotor getestet, mit gleicher oder unterschiedlicher Nord-Süd-Orientierung .

Magnetische Feldlinien

Zuletzt untersuchen wir die Feldlinien der Anordnung der Dauermagnete. Hierzu streuen wir auf ein weißes Blatt Papier etwas Eisenpulver. Unter dem weißen Blatt befindet sich der jeweilige Dauermagnet. Wer kein Eisenpulver zur Hand hat, kann sich dieses aus einem Stück Eisen und einer Eisenpfeile auf die Schnelle selbst herstellen.

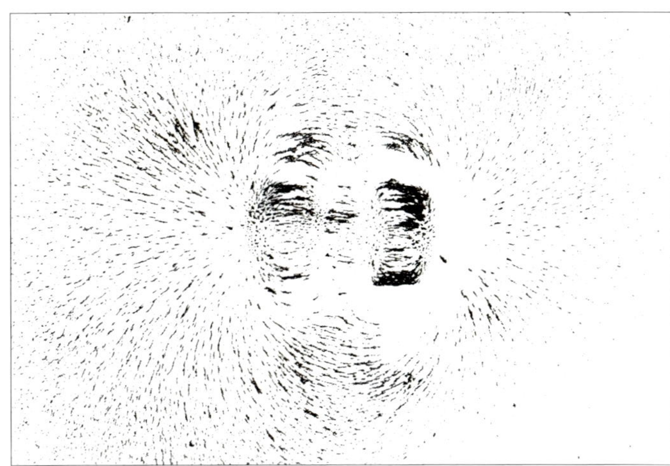

Abb. 4.1.13: Darstellung der Feldlinien bei der Anordnung der beiden Dauermagnete gemäß dem Drehstromgenerator Typ A

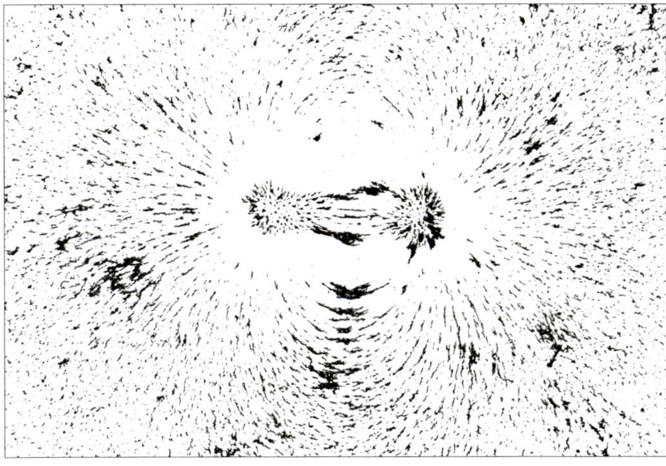

Abb. 4.1.14: Darstellung der Feldlinien eines Stabmagneten zum Vergleich

Abb. 4.1.13 zeigt die beim Typ A verwendete Anordnung, wie oben beschrieben sind hierbei zwei Dauermagnete in gleicher Nord-Süd-Orientierung mit 15 mm Abstand zueinander verbaut (siehe Abb. 4.1.8).

In Abb. 4.1.14 sind die Feldlinien eines einfachen Stabmagneten gezeigt. Grundsätzlich unterscheidet sich dieses Bild nicht besonders von Abb. 4.1.13. Wir werten dies als Anhaltspunkt dafür, dass die vereinfachte Konstruktion unter Verwendung von zwei Dauermagneten kein gänzlich anderes Verhalten zeigt.

Modellaufbau Typ B

Der Drehstromgenerator Typ B ist dem Typ A sehr ähnlich. Der einzige Unterschied ist im Grunde die Verwendung eines anderen Elektromagneten (vgl. Kapitel 1.2, Rotationstransformator). Dieser ist in Abb. 4.1.15 noch einmal gezeigt.

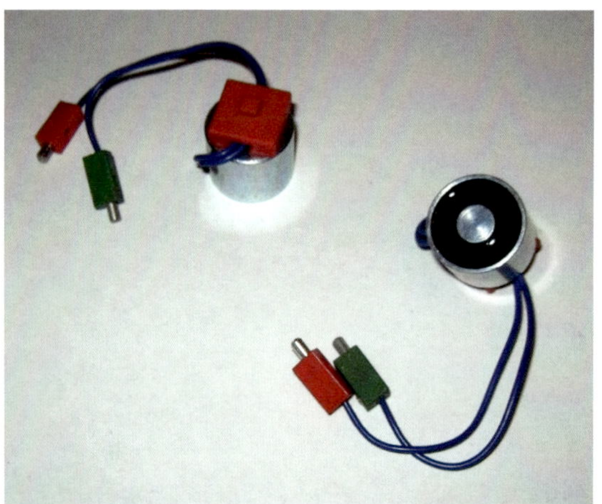

Abb. 4.1.15: Elektromagnete für Drehstromgenerator Typ B

Konstruktiv muss die Montageart des Elektromagneten geändert werden, wie in Abb. 4.1.16 gezeigt.

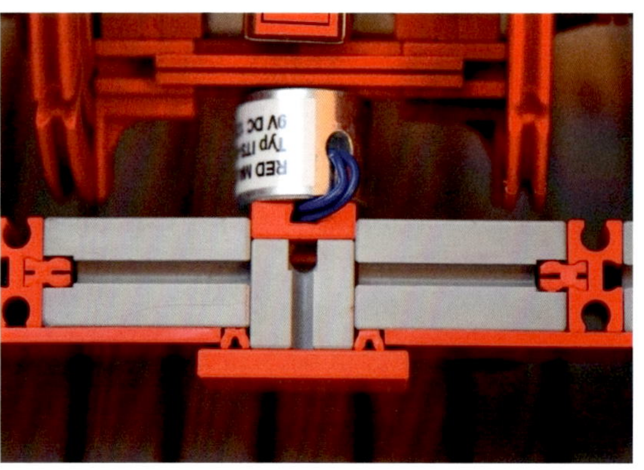

Abb. 4.1.16 Montage Elektromagnete für Drehstromgenerator Typ B

Weiterhin ist eine Änderung des Rotors erforderlich, wie in Abb. 4.1.17 gezeigt wird.

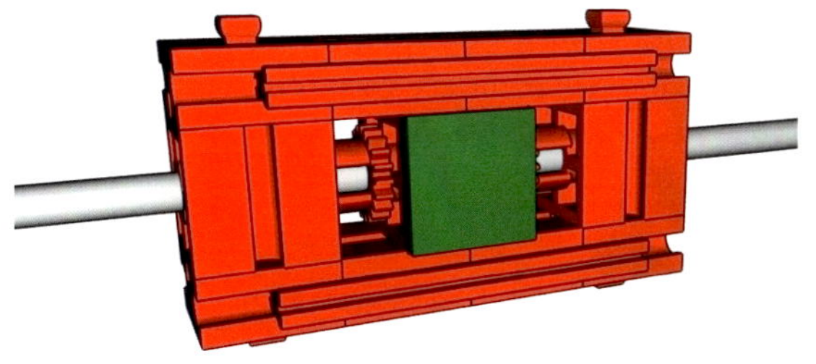

Abb. 4.1.17: Rotorkonstruktion für Drehstromgenerator Typ B

Werden für Spannung oder Kurzschlussstromstärke bei einer Phase die gleichen Messungen wie bei Typ A vorgenommen, ergeben sich mit einem digitalen Messgerät 2,3 V oder 29 mA, mit einem analogen Zeigerinstrument 2,2 V oder 15 mA. Alles bezogen auf die maximale Drehzahl. Wie bei Typ A gemäß Abb. 4.1.10 können Leuchtdioden flackernd betrieben werden.

Das bedeutet, Typ B hat schlechtere Leistungsdaten als Typ A.

Wird der Phasenverlauf mittel Oszilloskop betrachtet, ergibt sich ein ebenfalls nicht optimaler Kurvenverlauf, vgl. Abb. 4.1.16.

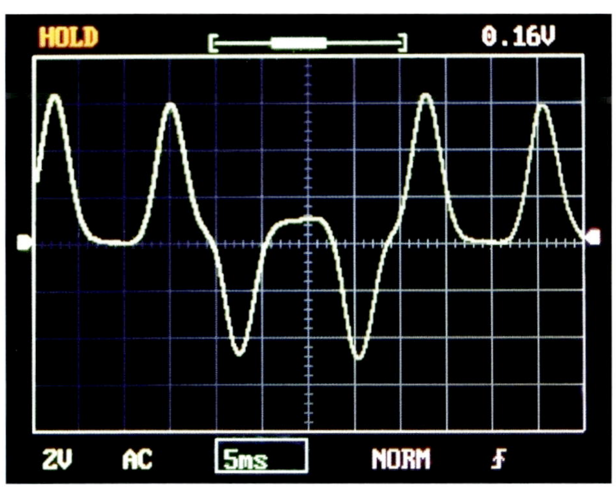

Abb. 4.1.18: Spannungsverlauf einer Phase des Drehstromgenerators Typ B

Ausblick

Die Kunst beim Bau eines Drehstromgenerators ist, durch Variation von Dauer- und Elektromagneten einen möglichst hohen Wirkungsgrad zu erreichen. Der Schlüssel liegt bei einem intensiven magnetischen Fluss durch die Spulen, ausgehend vom Dauermagneten. Ein geschlossenes eisernes Gehäuse ist dabei eine übliche Bauform. Neue Konstruktionen sind gefragt ...

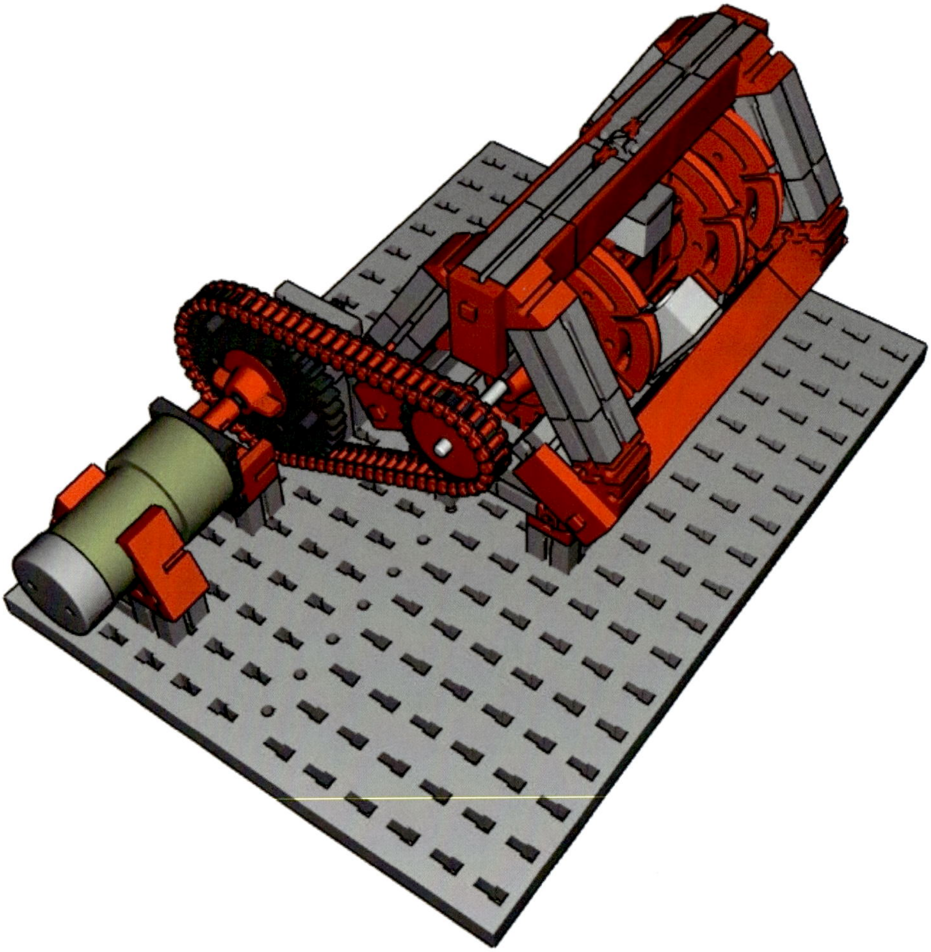

Abb. 4.1.19: Drehstromgenerator Typ A

4.2 Drehstromwandler (getastet)

In Kapitel 4.1 wurde gezeigt, wie Drehstrom aus einer vorhandenen Drehbewegung erzeugt werden kann. Um höhere Leistungen verwenden zu können, wird hier ein Verfahren vorgestellt, wie dieses auf mechanischem Weg möglich ist.

Drehstrom (ideal)

Der Phasenverlauf von Drehstrom wurde bereits im Kapitel 4.1 gezeigt, Abb. 4.2.1 stellt dieses noch einmal dar.

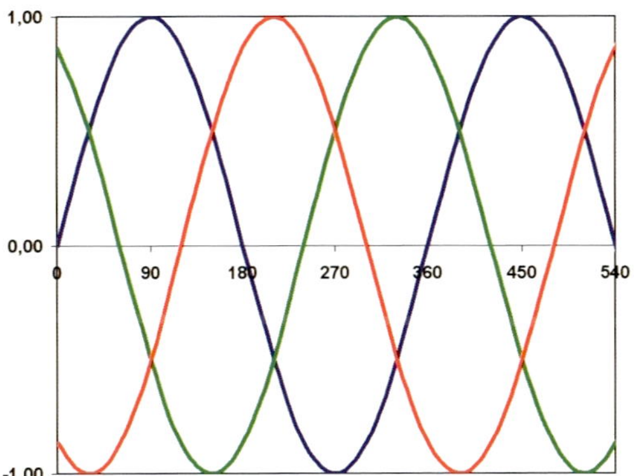

Abb. 4.2.1: Drehstrom (ideal)

Drehstrom (getastet)

Taster kennen nur zwei Zustände: an oder aus. Ein kontinuierlicher Kurvenverlauf gemäß Abb. 4.2.1 ist damit nicht möglich. Was jedoch geht, ist ein angenäherter Verlauf. Diesen zeigt Abb. 4.2.2. Betrachtet man die blaue Phase in Abb. 4.2.1 und definiert alle diese Kurvenwerte im Bereich –0,92 ... +0,92 als 0 und größer 0,92 als 1 sowie kleiner als –0,92 als –1, erhält man den Verlauf der blauen Kurve gemäß Abb. 4.2.2. Eine Maschine, die Derartiges kann, soll nachfolgend aufgebaut werden.

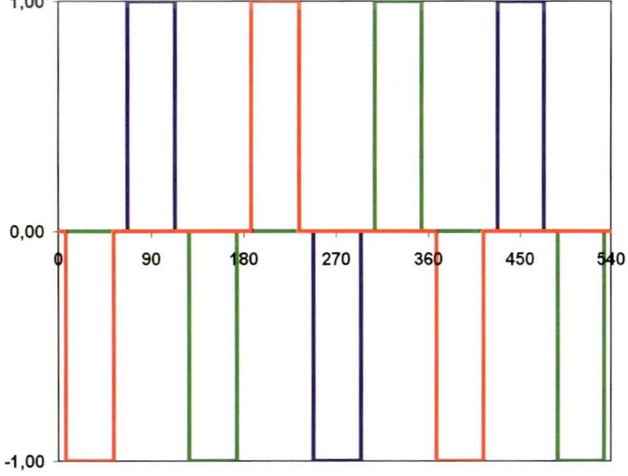

Abb. 4.2.2: Drehstrom (getastet)

Drehstromwandler

Der nachfolgend aufgebaute Drehstromwandler hat die Aufgabe, den Strom aus zwei Gleichstromquellen (U1 und U2) in einen dreiphasigen Drehstrom umzuwandeln. Eine der beiden Gleichstromquellen wird für die positive Halbwelle verwendet, d.h. die positiven Spannungen gemäß Abb. 4.2.2. Die andere Gleichstromquelle liefert den Strom der negativen Halbwelle. In Abb. 4.2.3 ist das Anschlussschema gezeigt. Werden die Taster von oben beginnen nacheinander gedrückt (T1, T2, T3 etc.), ergibt sich der dreiphasige Drehstrom gemäß Abb. 4.2.2. Der Drehstrom steht dann an den Lastwiderständen L1 bis L3 zur Verfügung. Die Farben der Darstellungen geben die Zugehörigkeit zu einer Phase an.

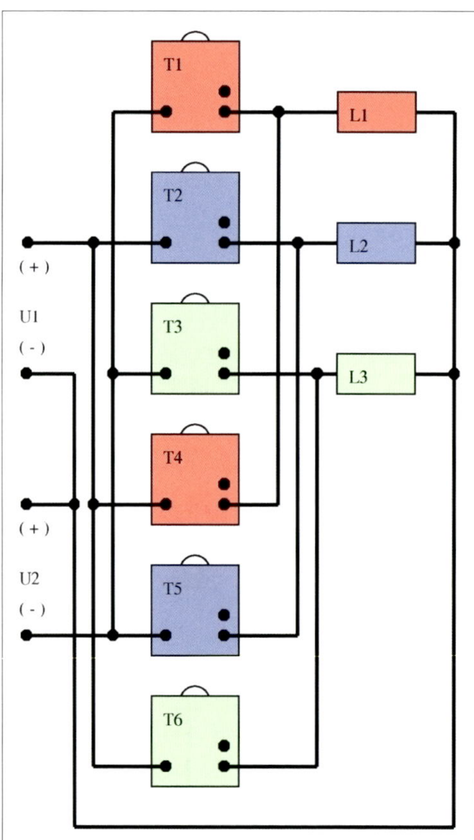

Abb. 4.2.3: Anschlussschema Drehstromwandler

Geräteaufbau

Der Aufbau eines Geräts, das die Taster T1 bis T6 nacheinander drückt, ist im Grunde sehr einfach. Sechs Taster sind kreisförmig angeordnet, im jeweiligen Winkel von 60°. Der mittige Rotor wird motorisch angetrieben und betätigt die Taster nacheinander.

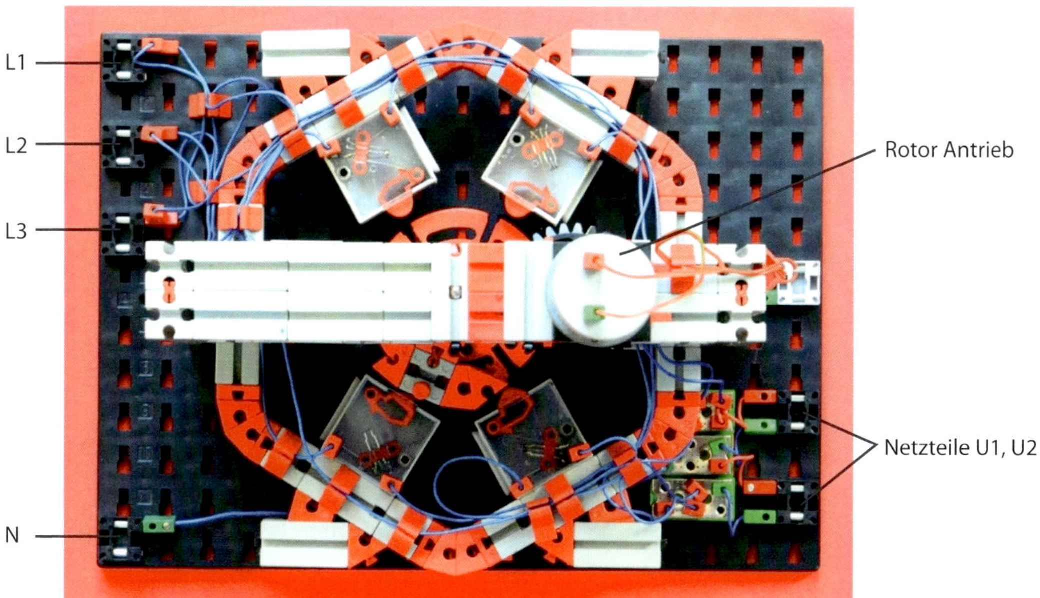

Abb. 4.2.4: Drehstromwandler Draufsicht

Abb. 4.2.5: Drehstromwandler Seitenansicht

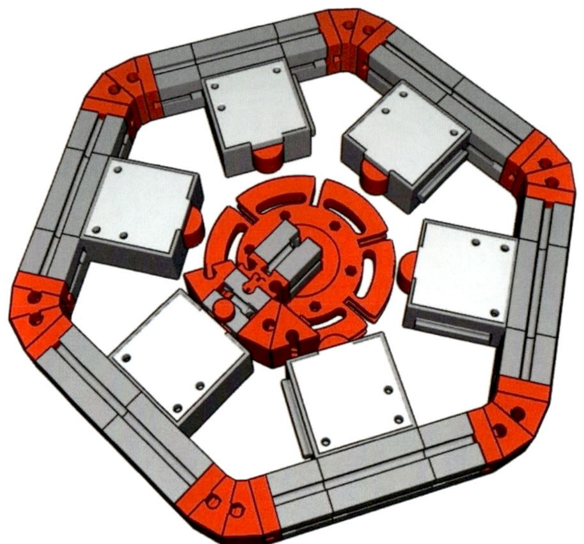

Abb. 4.2.6: Drehstromwandler Tastmechanismus

Anschlussprüfung

Wenn die Verkabelung abgeschlossen ist, müssen wir sie prüfen, damit es eine sichere Grundlage für die nachfolgende Verwendung gibt. Hierzu wird in Abb. 4.2.7 ein kleiner Hilfsaufbau mit Leuchtdioden (LEDs) gezeigt. Je zwei LEDs werden hierbei an eine Phase angeschlossen, die Anzeige für die obere Halbwelle leicht nach oben versetzt.

Abb. 4.2.7: Anschlussprüfung der drei Phasen und der Halbwellen

Abb. 4.2.8: Anschlussprüfung der drei Phasen und der Halbwellen, mit Farbzuordnung

Wird der Rotor von Hand langsam weitergedreht und werden dabei die Taster nacheinander betätigt, müssen die erwarteten Halbwellen gemäß Abb. 4.2.2 in der richtigen Reihenfolge am Hilfsaufbau gemäß Abb. 4.2.7 bzw. 4.2.8 angezeigt werden.

Drehstrommotor

Ein denkbar einfacher Drehstrommotor ist in Abb. 4.2.9 gezeigt. Durch Beaufschlagung der um 120° zueinander angeordneten Elektromagnete mit Drehstrom beginnt die Kompassnadel im Drehstromfeld zu rotieren. Ein Video mit dem Drehstromwandler steht auf Youtube bereit.[4]

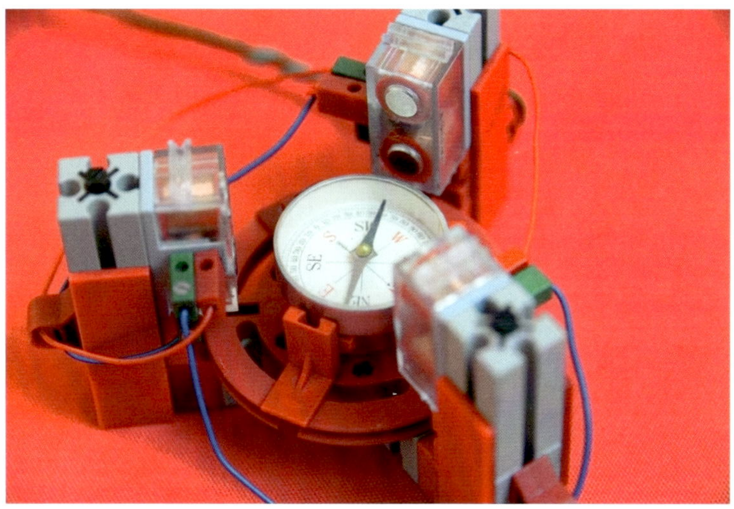

Abb. 4.2.9: Rotierender Antrieb der Kompassnadel im Drehstromfeld

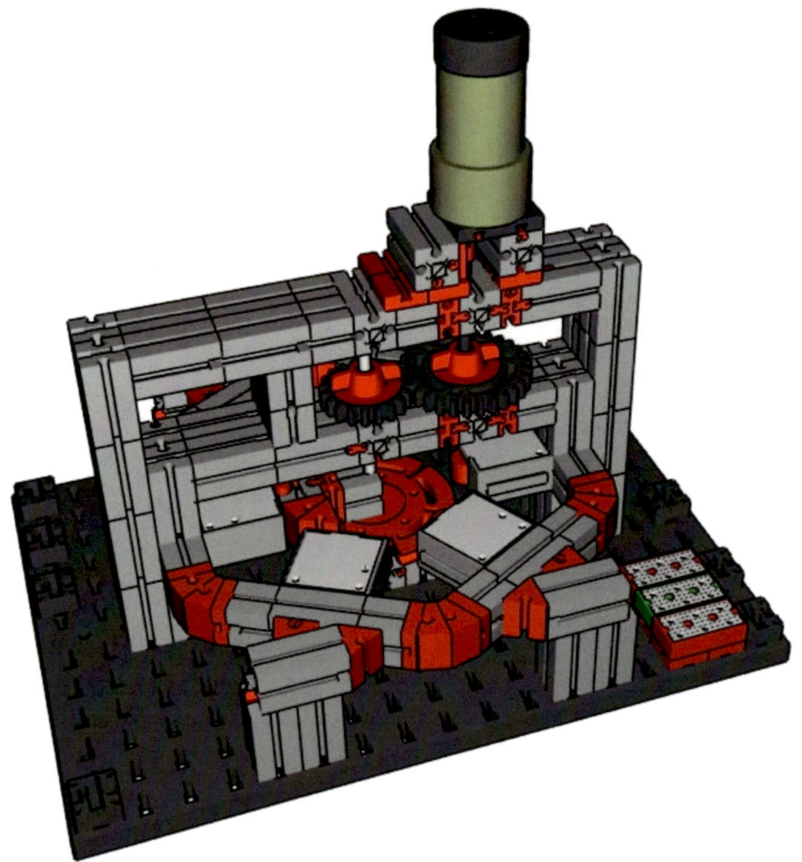

Abb. 4.2.10: Drehstromwandler, Gesamtansicht

Referenzen

1 Wikipedia, Drehstromgenerator: https://de.wikipedia.org/wiki/Drehstromgenerator.
2 DARC-Verlag, DSO 138 Oszilloskop: https://darcverlag.de/DSO-068-Oszilloskop-DIY-Kit-Bausatz.
3 Gail, Andreas: Drehstromgenerator. Youtube-Video: https://www.youtube.com/watch?v=cxxlhO4ESb4.
4 Gail, Andreas: Drehstromwandler. Youtube-Video: https://www.youtube.com/watch?v=vk0AHfkVDlM.

5 Messungen und Regelungen

Auch wenn die Digitalisierung immer weiter voranschreitet, bleibt die analoge Messwertanzeige weiterhin wichtig. Dieser Abschnitt stellt einige Beispiele für den Aufbau und die Funktionsweise von Mess- und Regelgeräten vor.

5.1 Zeigerinstrument

Wie ein mechanisches, analoges Messgerät aufgebaut werden kann und was dabei zu beachten ist, erfahren Sie mit diesem Zeigerinstrument.

Anforderungen

Es soll ein Zeigerinstrument aufgebaut werden, das mittels Magnetfeldern die Stärke einer Stromquelle anzeigen soll. Die Anzeige soll analog mit einer hinterlegten Skala erfolgen.

Grundprinzip

Abb. 5.1.1 und 5.1.8 zeigt den Gesamtaufbau. Darüber hinaus steht ein Demonstrationsfilm auf Youtube zur Verfügung, der Aufbau, Justage und Funktion des Instruments zeigt.[1]

Gemäß Abb. 5.1.2 gibt es eine blau markierte Drehachse, an der eine Baugruppe mit Zeiger frei pendeln kann. Der Schwerpunkt dieser Baugruppe liegt deutlich unterhalb der Drehachse, sodass diese Baugruppe stets senkrecht nach unten zeigt und somit der Zeiger oberhalb der Drehachse stets genau nach oben.

An der pendelnden Baugruppe sind links und rechts Dauermagnete (vgl. Kapitel 1.3: Magnetkupplungen und Magnetrührer) angebracht, einmal Norden und einmal Süden nach außen zeigend. Die ebenfalls rechts und links befindlichen Elektromagnete beeinflussen die Pendelbewegung im stromlosen Zustand nicht. Werden die Elektromagnete jedoch mit Strom beaufschlagt, kommt es zu Wechselwirkungen zwischen den Dauermagneten und den Elektromagneten, was letztendlich zu einem Pendelausschlag nach links oder rechts führt. Hierbei wird der oben befindliche Zeiger entsprechend mitbewegt. Da die Pendelbewegung vergleichsweise klein ist, wird ein langer Zeiger verwendet, was an seiner oberen Spitze zu einer deutlich größeren Bewegung führt. Die größere Bewegung der Zeigerspitze führt zu einer verbesserten Ablesbarkeit.

Abb. 5.1.1: Ansicht des Gesamtaufbaus

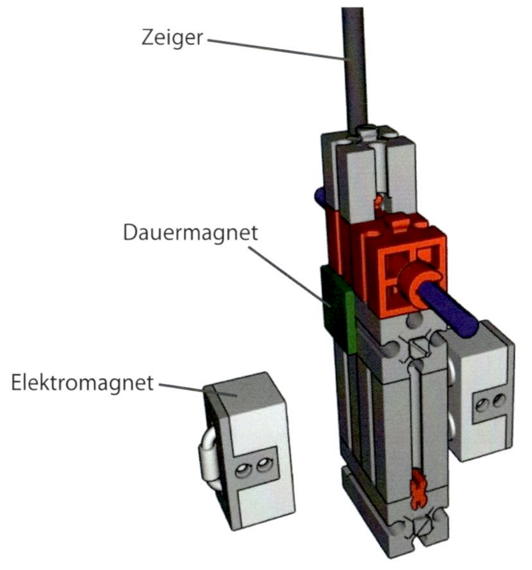

Abb. 5.1.2: Frei pendelnde Baugruppe mit Zeiger

Zur Auslenkung der pendelnden Baugruppe muss die Arbeit entgegen der Schwerkraft verrichtet werden, damit sich die Baugruppe aus ihrer Ruhelage nach oben bewegt. Dieses zeigt Abb. 5.1.3. Wenn keine Energie mehr zugeführt wird, kann der Schwerkraft keine Kraft mehr entgegengesetzt werden, und die pendelnde Baugruppe geht wieder in ihre senkrechte Ruhelage zurück.

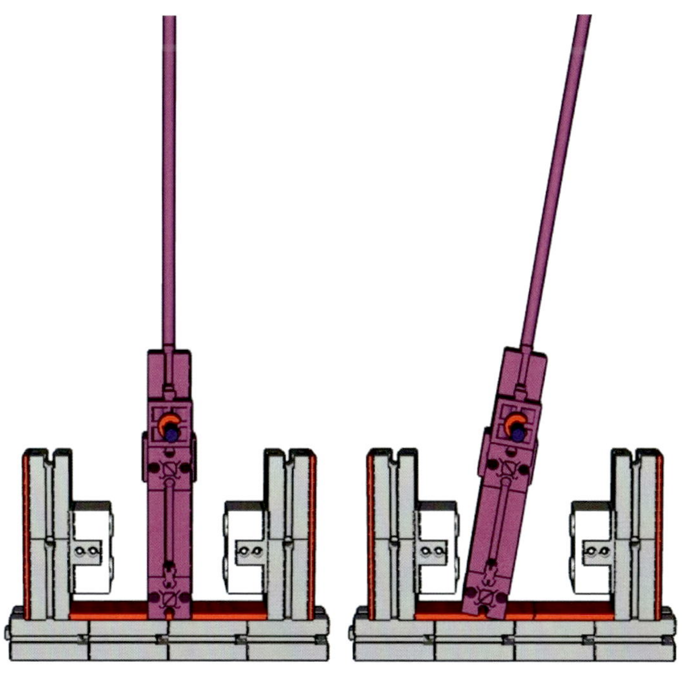

Abb. 5.1.3: Frei pendelnde Baugruppe mit Zeiger, links in Ruhelage, rechts mit Strombeaufschlagung

Lagerung der pendelnden Baugruppe

Besondere Bedeutung kommt der Lagerung der pendelnden Baugruppe zu. Diese darf nicht zu schwergängig sein, sonst geht letztendlich der Zeiger ohne Strombeaufschlagung nicht wieder in seine senkrechte Stellung zurück. Aus diesem Grund wurde eine glatte Metallachse verwendet. Auch die hemmungsarme seitliche Fixierung ist von Bedeutung. Hier wurden Messing-Unterlegscheiben (M4) aus dem Baumarkt eingesetzt, siehe Abb. 5.1.4. Bei richtigem Zusammenbau muss die Baugruppe frei auf der Achse pendeln.

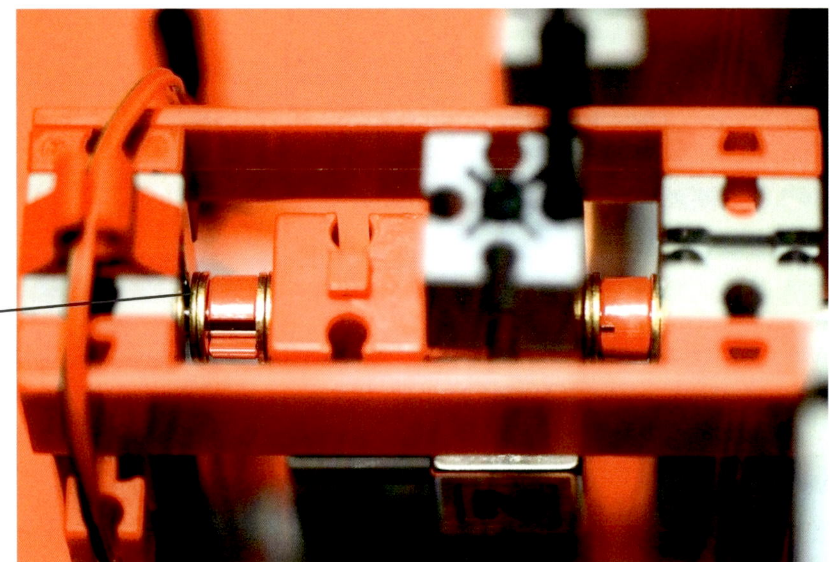

Abb. 5.1.4: Achsmontage der pendelnden Baugruppe

Justage

Waagrechte Positionierung

Da die Schwerkraft bei der Messung in das Messergebnis mit eingeht, ist es wichtig, dass das Messgerät immer eben und zu Beginn der Zeiger auf der Nullposition steht. Deshalb sind auf der Geräterückseite zwei Justageschrauben vorhanden, mit denen die ggf. erforderliche Einstellung vorgenommen werden kann. Abb. 5.1.5 zeigt die Einstellmöglichkeiten.

Abb. 5.1.5: Justageschrauben zur Gerätehöhenverstellung und Ausrichtung

Erstmontage der Elektromagnete

Vor der ersten Messung müssen die Elektromagnete in ihrer Position justiert werden. Dieses muss so erfolgen, dass unter stromloser Bedingung eine ungestörte Bewegung der pendelnden Baugruppe sichergestellt ist, das gilt auch für die beiden Extremlagen. Die Dauermagnete dürfen keine erkennbaren Kräfte auf die Eisenkerne der Elektromagnete ausüben. Um das zu erreichen, müssen die Elektromagnete individuell in ihrer Höhe und ihrem Abstand zur Mittelachse eingestellt werden, gemäß den grünen Pfeilen in Abb. 5.1.6. Bei perfekter Justage befindet sich der Zeiger genau in Mittelstellung auf der 0.

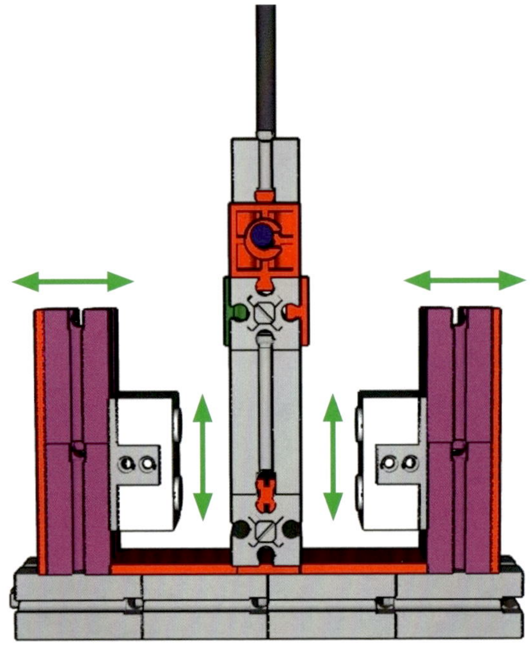

Abb. 5.1.6: Erstjustage der Elektromagnete

Anmerkung zu den Elektromagneten

Auch wenn die hier verwendeten Original-fischertechnik-Elektromagnete gleiche Bauform haben, bedeutet das noch lange nicht, dass sie auch gleiche elektrische und damit auch magnetische Eigenschaften haben. Bei der Fertigung hat man damals offenbar höhere Fertigungstoleranzen gehabt oder aber in der Baureihe immer wieder Änderungen vorgenommen. Diese Toleranz zeigt sich, wenn man an mehreren dieser Elektromagnete den ohmschen Gleichstromwiderstand misst. Wer also die Auswahl hat, sollte Elektromagnete mit möglichst ähnlichem Widerstand einsetzen.

Elektrischer Anschluss der Elektromagnete

Die sich gegenüber befindlichen Elektromagnete sind so angeschlossen, dass sie sich bei Strombeaufschlagung gegenseitig abstoßen.

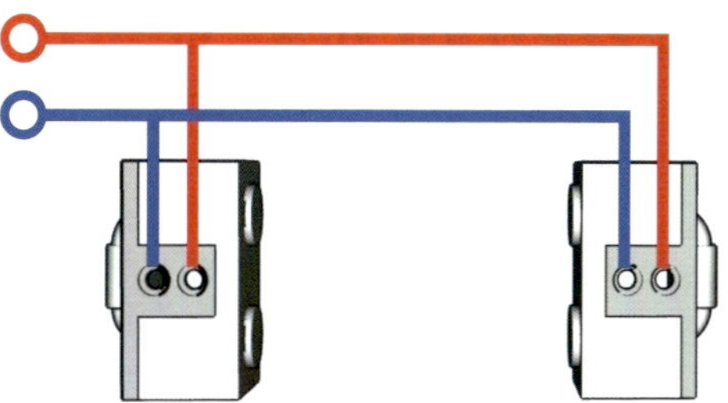

Abb. 5.1.7: Elektrischer Anschluss der Elektromagnete

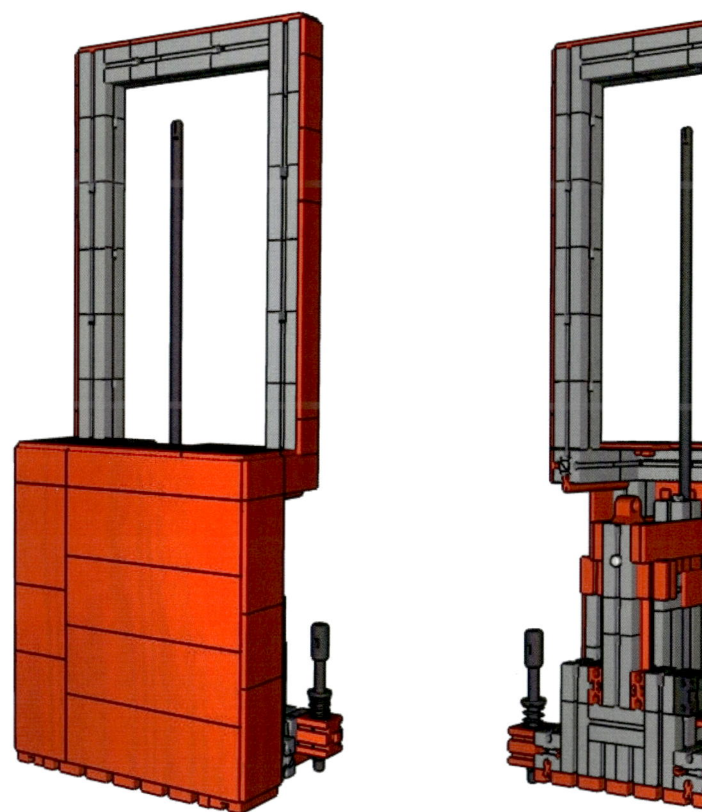

Abb. 5.1.8: Ansicht des Gesamtaufbaus von vorn und hinten

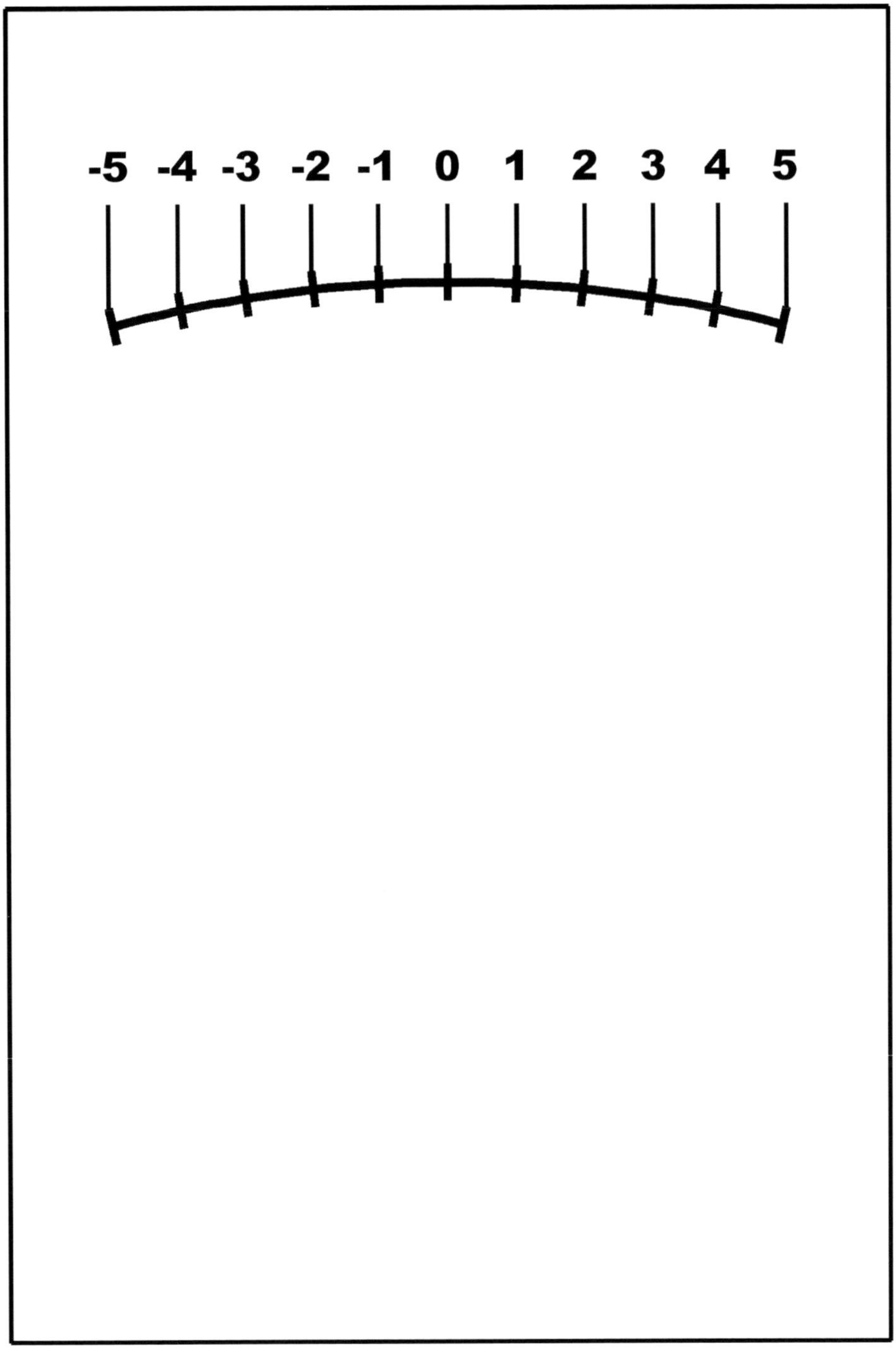

-5 -4 -3 -2 -1 0 1 2 3 4 5

Abb. 5.1.9: Geräteskala, Originalgröße 18,0 x 12,4 cm

5.2 Druckmessung mit Robotics TX Controller

Seit der Einführung von Pneumatik-Bauelementen durch fischertechnik ist die Druckmessung des Betriebsdrucks in den Pufferbehältern eine bislang nur bedingt gelöste Aufgabenstellung. Mit der Kenntnis des Betriebsdrucks kann beispielsweise das Ein- und Ausschalten des Kompressors geregelt werden (Zweipunktregler) oder die Bewegungskraft der Pneumatikzylinder bei konstantem Druck reproduzierbar eingestellt werden. Für alle diese Funktionen ist eine einfache und verlässliche Druckmessung die gemeinsame Grundlage.

Druckmesszelle und Messumformer

Die Grundlage der Druckmessung ist eine Druckmesszelle, in der der anliegende Druck in ein elektrisches Signal umgewandelt wird, das anschließend weiterverarbeitet werden kann. Der Gesamtaufbau wird als Messumformer bezeichnet. Hierzu wird ein fertiges Bauteil (Motorola, Senseon, MPX5100) verwendet.

Für weitere Detailinformationen zum Bauteil empfehlen wir, sich das zugehörige Datenblatt von der Internetseite des Herstellers oder Händlers zu beschaffen.

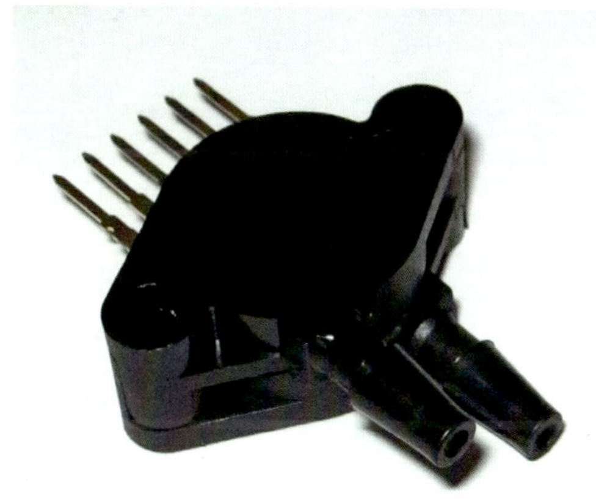

Abb. 5.2.1: Druckmessumformer Motorola MPX5100

Systemintegration

Um den o. g. Druckmessumformer einschließlich Spannungsversorgung für fischertechnik verwendbar zu machen, benötigen wir gemäß den Datenblättern des Herstellers[2] [3] folgende Schaltung:

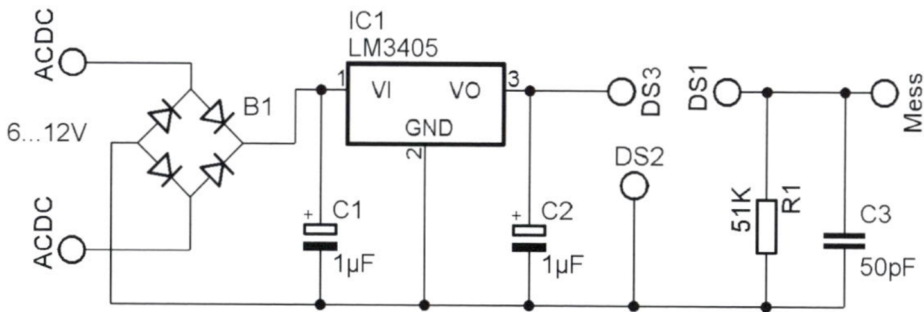

Abb. 5.2.2: Schaltung zum Betrieb des Druckmessumformers Motorola MPX5100

Der Brückengleichrichter B1 hat die Aufgabe, die versehentliche falsche Polung der Versorgungsspannung an die beiden Anschlüsse ACDC zu verhindern. IC1 erzeugt eine geregelte Gleichspannung von 5 V, die für eine genaue Messung erforderlich ist. Die Anschlüsse DS1 bis DS3 schließen wir entsprechend 1 bis 3 an den Druckmessumformer an. Die Anschlüsse 4 bis 6 des Druckmessumformers werden nicht beschaltet. Das eigentliche elektrische Messsignal wird am Ausgang *Mess* bereitgestellt. Die Bauteile R1 und C1 sind zur Stabilisierung des Messsignals vorgesehen. Mit diesen Informationen beginnen wir nun den Aufbau.

Schaltungsaufbau

Für den Schaltungsaufbau eignet sich eine fertige Lochrasterplatine, die nur auf die passende Größe zurechtgesägt werden muss. Die etwas eigenartige Bestückung dieser Platine wurde so vorgenommen, um den Gesamtaufbau in den roten fischertechnik-Batteriekästen zu ermöglichen.

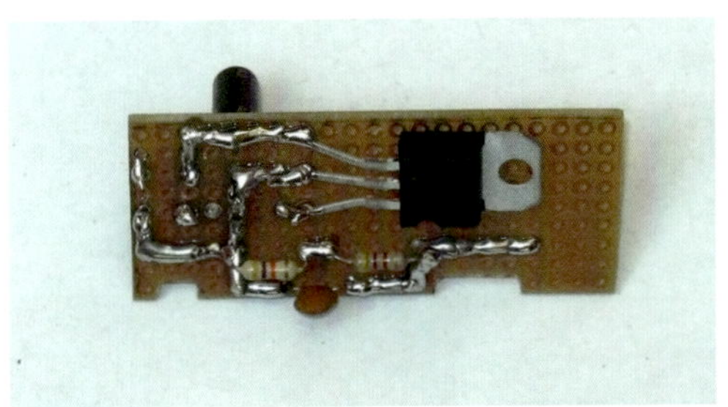

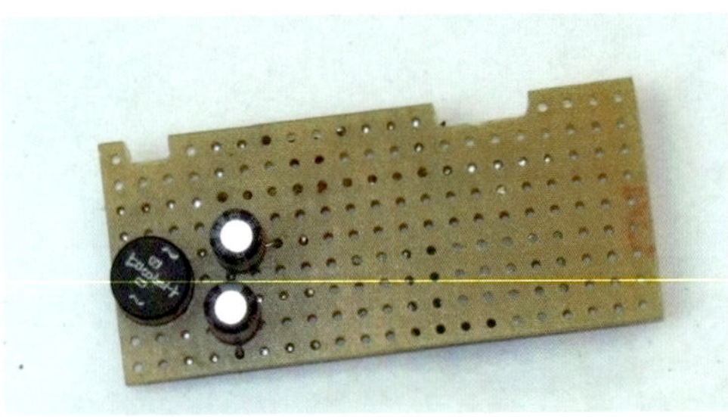

Abb. 5.2.3: Schaltungsaufbau zum Betrieb des Druckmessumformers Motorola MPX5100; Ansicht a) von unten, b) von oben, c) seitlich

Die vorgefertigte Platine wird in folgender Art und Weise in das Gehäuse eingebaut, in dem sich bereits der Druckmessumformer befindet (Abb. 5.2.4):

Für den Einbau in das Gehäuse verkleinern wir die beiden Druckluftanschlüsse des Druckmessumformers mit einer Schlüsselfeile, sodass je eine M5-Mutter aufgeschraubt werden kann.

Abb. 5.2.4: Gehäuse mit Druckmessumformer Motorola MPX5100 und Steckanschlüssen

Den fertigen Aufbau zeigt Abb. 5.2.5.

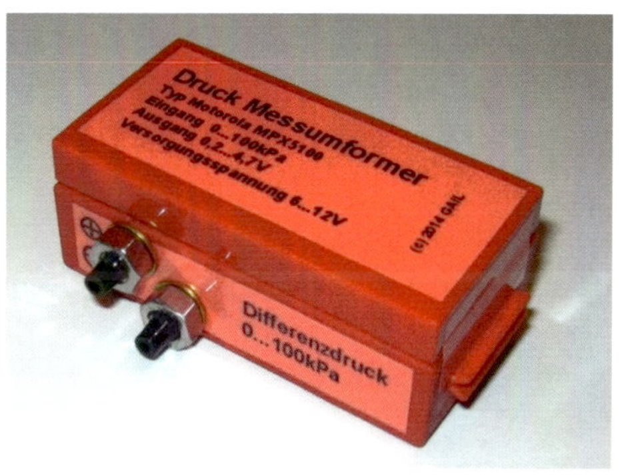

Abb. 5.2.5: Gesamtaufbau des Druckmessumformers im Gehäuse einschließlich eingebauter Zusatzschaltung aus Abb. 5.2.3

Software

Zur Verarbeitung des vom Druckmessumformer bereitgestellten Spannungssignals soll der Robotics TX(T) Controller (RTXC bzw. RTXTC) verwendet werden, als Programmierumgebung die Robo-Pro-Software (sofern mit Robo-Pro gearbeitet wird, ist es gleich, ob das frühere oder aktuelle Controller-Modell verwendet wird). Zum Anschluss kann ein beliebiger Eingang am Controller genutzt werden.

Dieser Eingang muss zur analogen Spannungsmessung konfiguriert sein. Der eingestellte Sensortyp ist dabei unerheblich; diese Einstellung beeinflusst nur die bildliche Darstellung (Abb. 5.2.6).

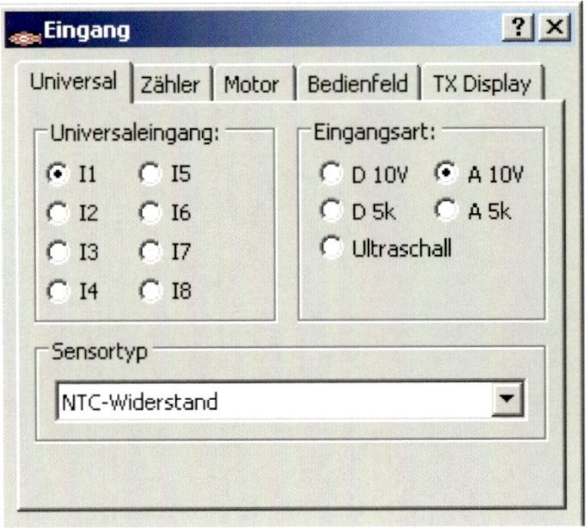

Abb. 5.2.6: Konfiguration des elektrischen Eingangs am Robotics TX Controller mithilfe der Robo-Pro-Programmierumgebung

Die Software zur Messung ist recht einfach aufgebaut und zeigt nur den jeweiligen Istwert der Druckmessung an. Zunächst soll sie periodisch das Messsignal des Druckmessumformers erfassen (siehe Abb. 5.2.7). Dieses Messsignal ist in mV angegeben (1000 mV = 1 V) und wird in der Variablen *Spannung* gespeichert. Nachfolgend erfolgt die Umrechnung ausgehend vom Messsignal in mV in eine Druckeinheit in kPa (100 kPa = 1000 mbar = 1 bar). Das Rechenergebnis wird unter der Variablen *Druck_kPa* ausgegeben. Schließlich rechnet die Software den Druckwert in mbar um und gibt ihn unter der Variablen *Druck_mbar* aus (rot markiert).

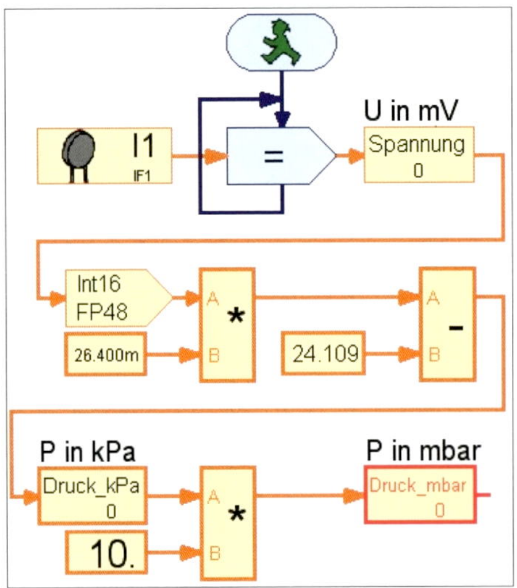

Abb. 5.2.7: Robo-Pro-Konfiguration zur Umrechnung eines Spannungseingangssignals in eine Druckmessgröße in kPa bzw. mbar (rot markiert)

Kalibrierung/Justierung

Laut Datenblatt des Herstellers liefert der Druckmessumformer folgende Spannungen in Abhängigkeit vom angelegten Druck:

0 ... 100 kPa entsprechen 200 ... 4700 mV

Bei der Betrachtung des Druckwerts wird im Grunde immer der Differenzdruck der beiden Druckeingänge registriert. Da der untere Druckeingang stets offen bleibt, beschreibt die Angabe des Druckwerts immer den Überdruck in Bezug auf den Umgebungsdruck. Beim vorliegenden Druckmessumformer zeigt sich bei 0 kPa eine Spannung von 913 mV statt der spezifizierten 200 mV. Die Kalibrierung (Überprüfung) dieses Druckwerts ergab demnach einen erheblichen Messfehler. Zur Kalibrierung eines weiteren Messpunkts müssten ein höherer Druck angelegt (möglichst am oberen Messbereichsende) und mit einem geeigneten Messmittel (also einem möglichst genauen Druckmessgerät) der angelegte Druck und der gemessene Spannungswert notiert werden. Da kein weiteres Druckmessgerät zur Verfügung steht, verwenden wir am oberen Grenzwert die Herstellerspezifikation, also 4700 mV. Das führt sicherlich zu einer recht ungenauen Messung, für die weiteren Erläuterungen sollte es jedoch ausreichend sein.

Die zuvor bei einer Kalibrierung gewonnene Erkenntnis setzen wir nun zur Verbesserung des Messergebnisses ein. Dieses wird als Justierung der Messeinrichtung bezeichnet. Stellen wir uns vor, wir hätten bei einer Zweipunktkalibrierung folgende Messpunkte erhalten:

P [kPa]	*U* [mV]
0	913
100	4700

Tab. 5.2.1: Zwei Kalibrierwertepaare des Druckmessumformers

Jetzt folgt ein Beispiel für alle, die in der Schule nie etwas mit Koordinatensystemen und Geradengleichungen anfangen konnten: Aus den beiden Punkten gemäß Tab. 5.2.1 kann mithilfe einer Tabellenkalkulation einfach die zugehörige Geradengleichung berechnet werden. Im klassischen Koordinatensystem wird dabei der Druck P auf der y-Achse aufgetragen und die Spannung U auf der x-Achse. Dieses ergibt folgendes Bild (Abb. 5.2.8):

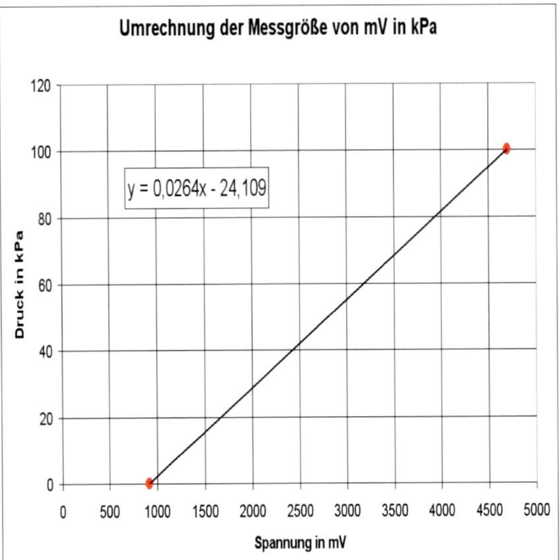

Abb. 5.2.8: Berechnung einer Geradengleichung mithilfe einer Tabellenkalkulation

Werden die beiden rot markierten Punkte gemäß Abb. 5.2.8 mit einer linearen Trendlinie verbunden, ergibt sich folgende Geradengleichung: $y = 0{,}0264 \cdot x - 24{,}109$ (allgemeine Geradengleichung: $y = m \cdot x + b$). Das bedeutet eine Steigung der Geraden $m = 0{,}0264$ und einen y-Achsenabschnitt $b = -24{,}109$. Diese beiden Werte wurden zuvor in die Robo-Pro-Konfiguration gemäß Abb. 5.2.7 eingetragen (Robo-Pro schreibt statt 0,0264 die Zahl 26.400m, was technisch recht ungebräuchlich ist). Wer mehr über nichtlineare Kalibrierungen wissen will, der werfe einen Blick in den (frei zugänglichen) ft:pedia-Beitrag zum Thema.[4]

Kalibrierung vs. Eichung

Oft werden oben genannte Tätigkeiten auch als Eichung bezeichnet. Fachlich gibt es dabei keinen Unterschied. Es ist jedoch zu beachten, dass eine offizielle Eichung nur vom Eichamt oder einer zugelassenen Einrichtung durchgeführt werden darf.

Wie geht es weiter?

Mit dem erhaltenen Druckmesswert können Sie nun kräftig experimentieren. Neben den bereits genannten Zweipunkt-Druckreglern können auch PI- und PID-Regler aufgebaut werden oder auch nur einfache Messwertvisualisierungen im zeitlichen Verlauf. Mit einem geregelten Druck wäre auch eine Fahrzeugstabilisierung denkbar, die sich an die Untergrundverhältnisse anpassen könnte.

Viel Spaß bei weiteren Experimenten!

5.3 Druckregler

Mit Einführung der Pneumatikzylinder hat fischertechnik den Weg geebnet, diese Technik in Modelle mit einzubauen. In der Regel werden hiermit pneumatische Antriebe realisiert. Dieses mag auf den ersten Blick alles ganz einfach aussehen, die Technik bietet aber eine ganze Menge Platz für verschiedene Experimente.

Warum Pneumatik?

Drucklufttechnik (bzw. Pneumatik) hat insbesondere in der Industrie und im Maschinenbau auch heute noch erhebliche Vorteile. In der Erdölindustrie z.B. wird mit hochentzündlichen Substanzen umgegangen. Bei derartigen Handhabungen besteht Brand- und Explosionsgefahr. Um solche Anlagen sicher betreiben zu können, werden diese so ausgestattet, dass beim regulären Betrieb keine Funken entstehen. Hierbei sind kleine Automatisierungsaufgaben, die rein mit Druckluft betrieben werden, klar im Vorteil.

Druckregler, Druckminderer

Grundsätzlich soll ein Druckminderer Druckluft von einem höheren Druck auf einen geringeren reduzieren. Der reduzierte Druck soll dabei frei wählbar sein. Bei variablen Luftentnahmemengen soll der Druckminderer in der Lage sein, die dadurch im ersten Moment auftretende Druckschwankung auf der reduzierten Seite auszugleichen. Ideal sind hierbei selbsttätig arbeitende mechanische Druckminderer. Zum Beispiel für die Bereitstellung von Schweißgasen gemäß Abb. 5.3.1 sind diese sehr verbreitet.

Abb. 5.3.1: Druckminderer an einer Gasstahlflasche

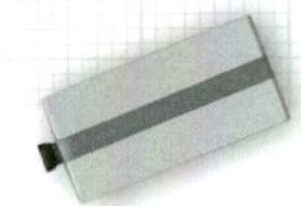

Die bislang unternommenen Versuche, einen solchen kontinuierlich arbeitenden Druckminderer unter Verwendung von Pneumatikzylindern mit fischertechnik-Standardteilen aufzubauen, waren nur wenig erfolgreich. Die Wiederholgenauigkeit war sehr schlecht, insbesondere wenn derselbe Druckwert einmal von oben kommend angefahren wird und einmal von unten. Die vorhandenen Pneumatikzylinder zeigten sich nicht leichtgängig genug, und auch die Schmierung und Verwindung der Dichtlippen an den Pneumatik-Kolben bewirken unverwertbare Messergebnisse. Es gibt durchaus erfolgreiche rein mechanische Aufbauten.[5]

Wie auf andere Art trotzdem ein einigermaßen konstanter Druckwert erreicht werden kann, wird nachfolgend gezeigt.

Druckregler mit Robotics TX(T) Controller

Der Gesamtaufbau ist in Abb. 5.3.2 ersichtlich. Es sind vier Lufttanks verbaut, zwei Kompressoren, ein Druckmessmodul (vgl. Kapitel 5.2: Druckmessung mit Robotics TX(T) Controller), ein Luftauslassventil und ein Robotics TXT Controller (RTXTC).

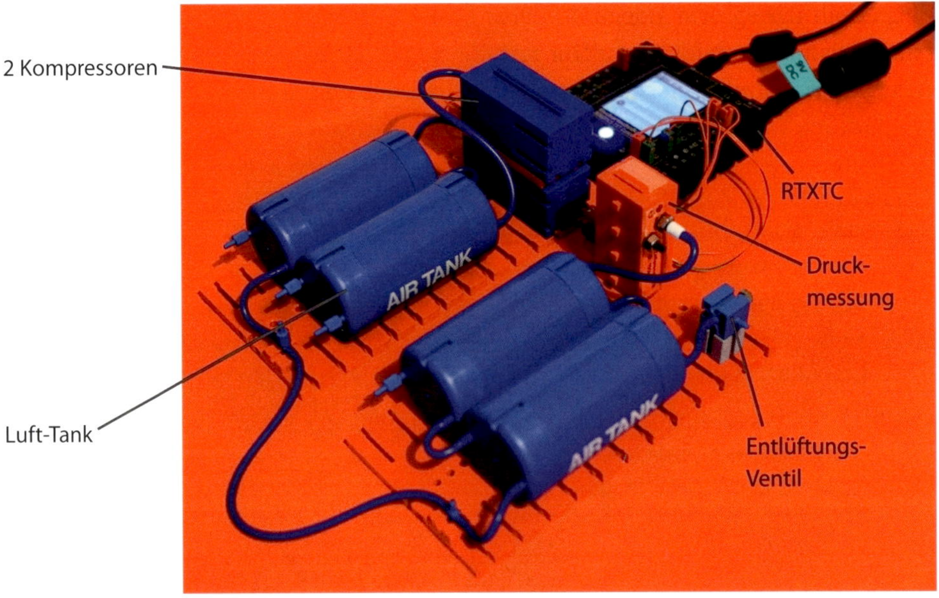

Abb. 5.3.2: Druckerzeugung, Druckmessung mit Robotics TXT Controller (RTXTC)

Die Regelaufgabe besteht darin, einen einstellbaren Druck in den Lufttanks bereitzustellen, unabhängig davon, wie viel Luft über das Luftauslassventil gerade entnommen wird. Die Kompressoren sollen dabei bedarfsorientiert ein- und ausgeschaltet werden. Es sollen nicht immer beide Kompressoren gleichzeitig laufen,

sondern der Kompressor 1 soll bei einer kleineren Regelabweichung versuchen, den Soll-Druck wieder allein herzustellen. Erst bei einer größeren Regelabweichung soll der Kompressor 2 zusätzlich mit zugeschaltet werden. Durch dieses Vorgehen wird die Schalthäufigkeit der Kompressoren vermindert, was sicherlich deren Lebensdauer erhöht.

Schalthysterese

Unter Schalthyterese versteht man allgemein die Differenz der Ein- und Ausschaltpunkte. Wenn der Druck in den Lufttanks fällt, muss z.B. bei einem 2-Punkt-Regler ein Kompressor eingeschaltet werden. Wenn es dann wieder zum Anstieg des Drucks kommt, ist eine Abschaltung des Kompressors erforderlich. Das Ein- und Abschalten findet nicht bei identischem Druckniveau statt. Vielmehr wird der Kompressor eingeschaltet, wenn der Ist-Druck unter dem Soll-Druck liegt. Abgeschaltet wird der Kompressor, wenn der Ist-Druck über dem Soll-Druck liegt. Je größer die Druckdifferenz zwischen dem Ein- und Ausschalten ist, desto ungenauer wird der Soll-Wert eingehalten. Allerdings ist die Schalthäufigkeit des Kompressors minimiert, was letztendlich schonender für das Aggregat ist. Deshalb sollte man sich bei der Festlegung der Schalthysterese zuvor gut überlegen, wie nahe der Druck am Soll-Wert gehalten werden muss.

Entwicklungsumgebung und Beobachtung des Regelverhaltens

Als Entwicklungsumgebung für die Umsetzung der Regelaufgabe wird Robo-Pro 4.2.4 verwendet. Ab dieser Version steht eine Funktion zur Beobachtung des zeitlichen Verhaltens zur Verfügung, in grafischer Trenddarstellung (Oszillograph, Scope). Allerdings wird dieser Verlauf nicht gespeichert und kann auch nicht exportiert werden.

Um eine Speicherung des Messwertverlaufs zu erreichen, wird die Funktion *Liste* verwendet, die die Verlaufsdaten nach Programmabschluss automatisch exportiert.

Software-Komponenten

Die Software besteht aus drei einzelnen kontinuierlich ablaufenden Schrittketten.

Schrittkette 1: Druckmessung

Die Druckmessung entspricht exakt den Ergebnissen, die bereits ein Artikel zur Druckminderung aufführt (siehe Kapitel 5.2, Druckmessung mit Robotics TX(T) Controller). Mit maximaler Geschwindigkeit wird unter der Variablen *Druck_mbar* der aktuell gemessene Druck abgelegt. Abb. 5.3.3 zeigt den Ablauf. Hierbei wird nur ein analoger Messwerteingang in die Druckeinheit mbar umgerechnet.

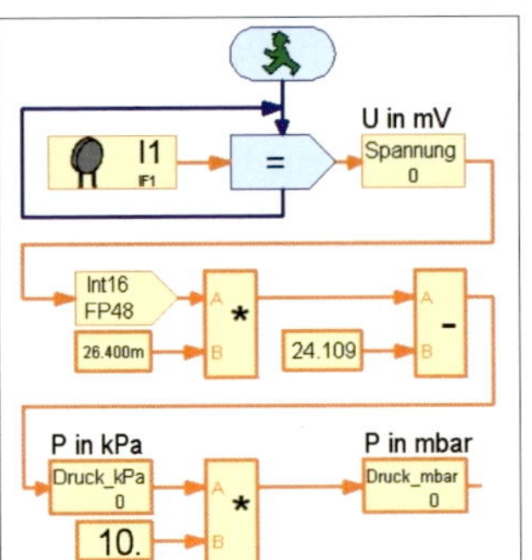

Abb. 5.3.3: Robo-Pro-Programm, Druckmessung

Schrittkette 2: Druckregelung

Der Ablauf der eigentlichen Druckregelung ist in Abb. 5.3.4 gezeigt.

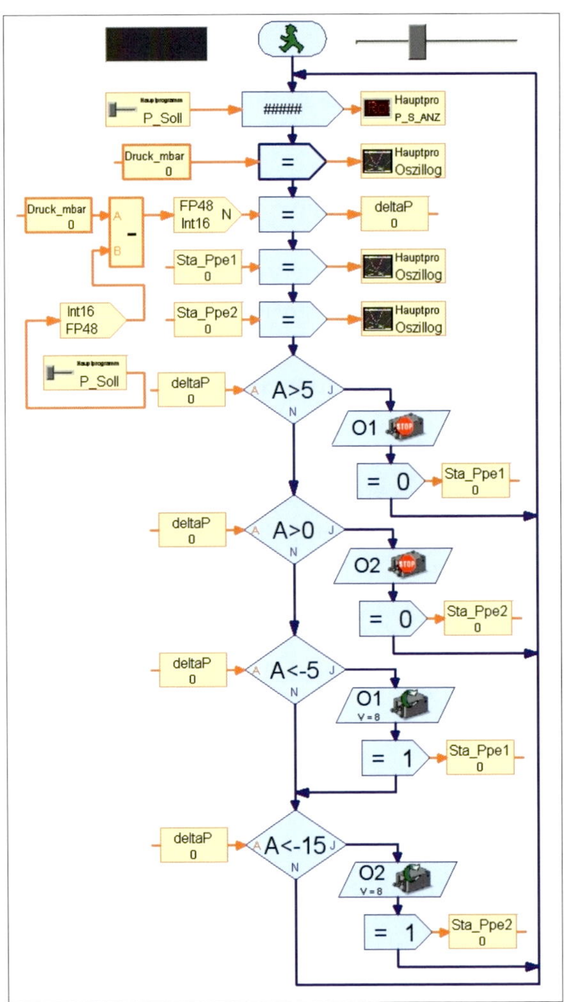

Abb. 5.3.4: Robo-Pro-Programm, Druckregelung und Anzeige-Regelverhalten

Hierbei werden zwei Kompressoren angesteuert, geschaltet als 3-Punkt-Regler. Wenn auf die Anzeige des Regelverhaltens verzichtet werden soll, können alle Programmteile mit *Oszilog*, *Sta_Ppe1* und *Sta_Ppe2* entfernt werden. Am Schieberegler kann zur Programmlaufzeit der gewünschte Druck *P_Soll* eingestellt werden, im Bereich 0 bis 1000 mbar.

Schrittkette 3: Datenaufzeichnung

Mit der Schrittkette 3 erfolgt eine Datenaufzeichnung im Sekundentakt.

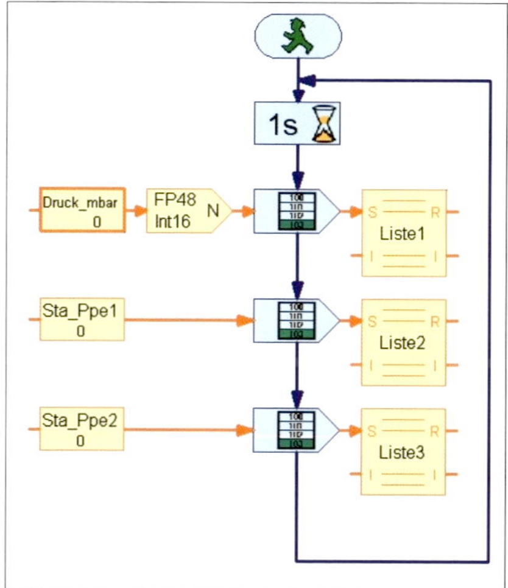

Abb. 5.3.5: Robo-Pro-Programm, Datenaufzeichnung

Betrachtung der Regeltätigkeit

In der Startphase steigt der Druck (violett) an, bis er im Soll-Bereich ist, der Luftverbrauch ist allerdings so hoch, dass Kompressor 1 dauernd eingeschaltet bleibt und die Regelungstätigkeiten von Kompressor 2 (grün) durchgeführt wird (vgl. Abb. 5.3.6).

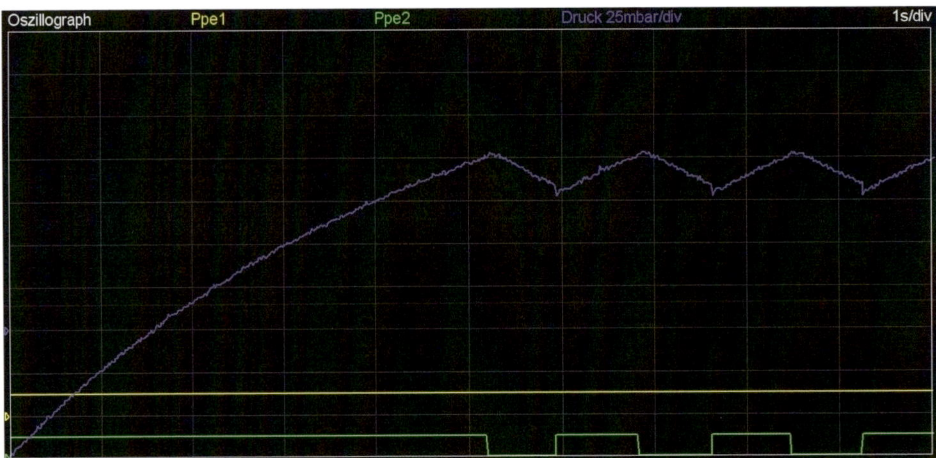

Abb. 5.3.6: Robo-Pro-Oszillograph; Startphase; Druck = violett,Kompressor1 = gelb, Kompressor2 = grün

Die nachfolgende Abb. 5.3.7 zeigt einen Regelzustand mit geringem Verbrauch. Kompressor 1 regelt, und Kompressor 2 steht.

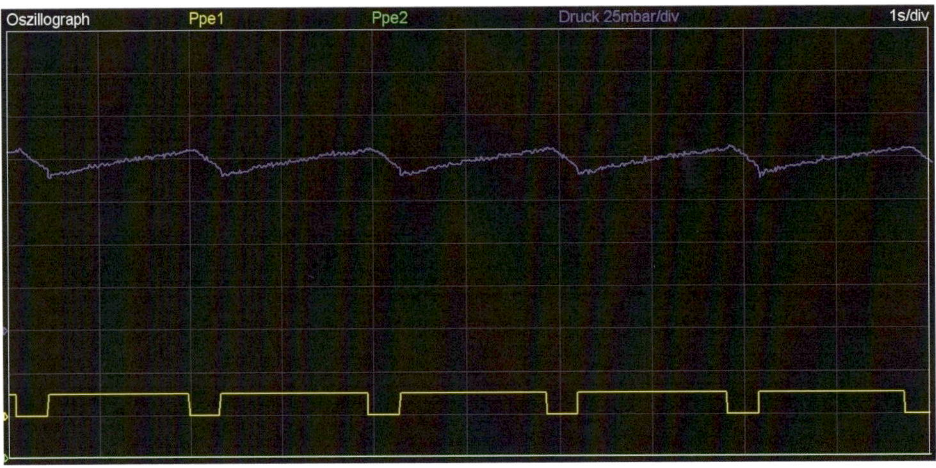

Abb. 5.3.7: Robo-Pro-Oszillograph, geringer Verbrauch; Druck = violett, Kompressor1 = gelb, Kompressor2 = grün

Wie bereits oben erwähnt, können wir eine Betrachtung über einen längeren Zeitraum nur über einen Datenexport erreichen, zur Darstellung wurde eine Tabellenkalkulation verwendet.

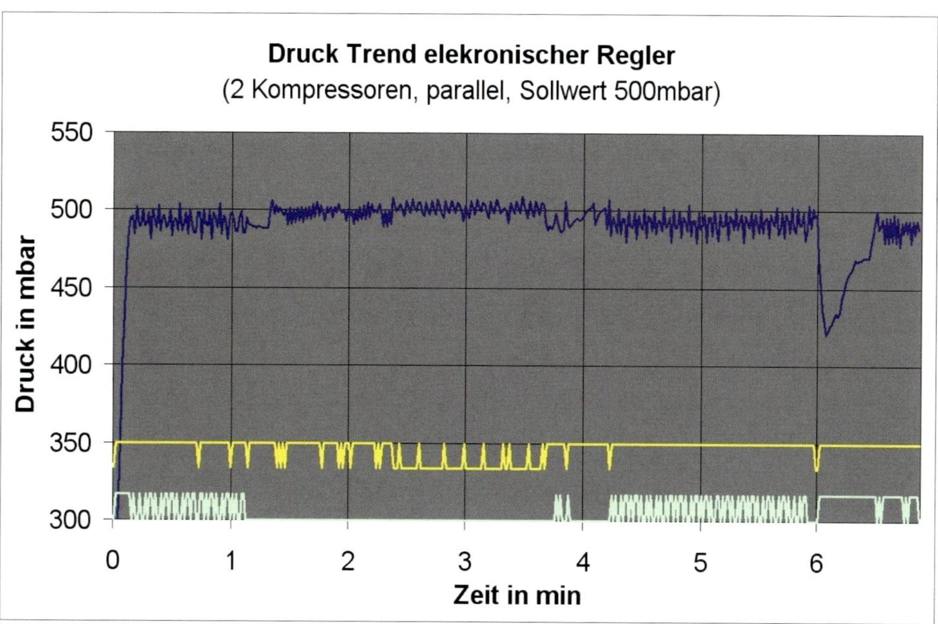

Abb. 5.3.8: Tabellenkalkulation, Druckverlauf; Druck = violett,Kompressor1 = gelb, Kompressor2 = grün

Bewertung der Regelgüte

Die obigen Versuche haben gezeigt, dass bei etwa 500 mbar Soll-Wert eine Regelgenauigkeit von etwa ±15 mbar erreichbar ist. Das ist ein relativer Fehler von ±3 %, d.h. ein erstaunlich guter Wert. Der Wert würde sich noch verbessern lassen, wenn die beiden Kompressoren immer parallel geschaltet würden und nicht versetzt. Der Mehrverschleiß bei den Kompressoren müsste dafür in Kauf genommen werden.

Wie so oft gilt: Man muss wissen was man will oder braucht.

Ausblick

Grundsätzlich könnte man auch auf die Idee kommen, die Kompressoren mit weniger als 100 % Strom aus dem RTXTC zu betreiben und so einen PID-Regler aufzubauen. Prinzipiell sollte das klappen. Allerdings ist zu befürchten, dass es zu einem Zustand kommt, bei dem der Kompressor zwar mit Strom angesteuert wird, dieser aber nicht ausreicht, um den Kompressor zu drehen. Die Motorwicklungen könnten dabei überlastet werden. Wie viel Strom ausreichend zur Drehbewegung ist, ist weiterhin noch abhängig vom aktuellen Druck. Benötigte Strommenge und Druck wären also vorab experimentell zu ermitteln.

5.4 Druckregler PID

Zuletzt wurde beschrieben, wie mit einem 2- oder 3-Punkt-Regler Druckluft mit einem gewünschten Druck erzeugt werden kann. In diesem Kapitel wird gezeigt, wie ein deutlich genauerer PID-Regler mithilfe der fischertechnik-Programmierumgebung Robo-Pro erstellt und ausprobiert werden kann. Änderungen der Reglerparametrierungen können iterativ probiert werden, die Auswirkungen werden sofort sichtbar.

Was ist Regelung?

In diesem Kapitel wird die Funktion der Regelung beispielhaft anhand einer Druckregelung beschrieben. Grundsätzlich gibt es jedoch eine nahezu unüberschaubare Anzahl an Regelungsaufgaben. Eine weitere weit verbreitete Regelaufgabe ist z. B. die Temperaturregelung in einem Wohnraum. Allgemein findet eine Regelung in einem Regelkreis statt.[6]

Auf unser Beispiel der Druckregelung zurückkommend besteht die Druck-Regelstrecke aus den Lufttanks und den Kompressoren sowie der Druckmessung (vgl. Kapitel 5.2: Druckmessung mit Robotics TX(T) Controller).

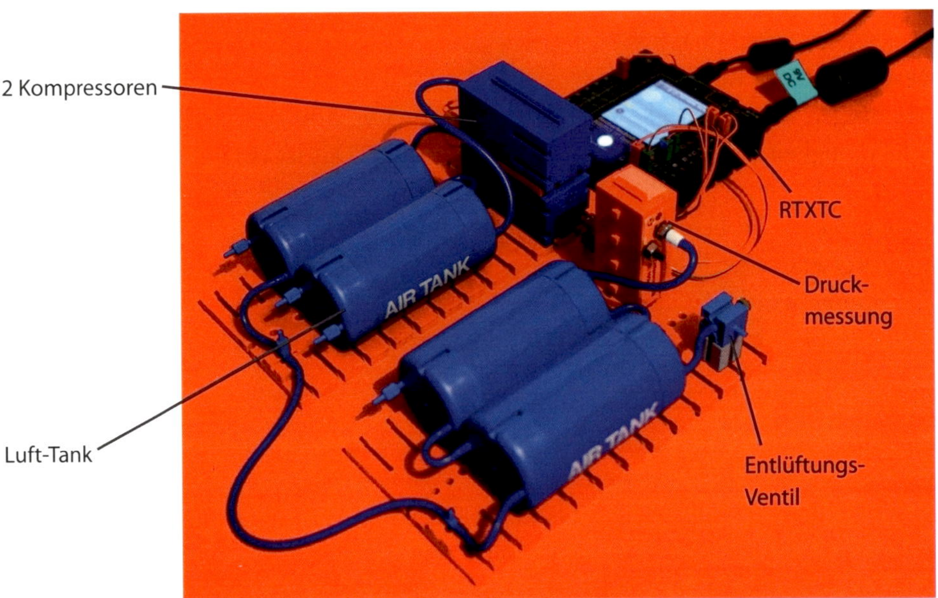

Abb. 5.4.1: Druckregelkreis

Nimmt man noch den Robotics TXT Controller (RTXTC) als Regler hinzu und das Entlüftungsventil als eine Störgröße, so erhält man den vollständigen Re-

gelkreis. In diesem Regelkreis analysiert der Regler fortlaufend den gemessenen Druckwert (Ist-Wert) und entscheidet über die Ansteuerung der beiden vorhandenen Kompressoren. Wenn der Soll-Wert höher liegt als der Ist-Wert, werden ein oder beide Kompressoren mit angepasster Leistung eingeschaltet. Durch den Kompressorenbetrieb steigt wieder der gemessene Druckwert, wodurch sich die Bezeichnung des Regelkreises erklärt. Bei diesem Aufbau gemäß Abb. 5.4.1 hat der Regler keine Einflussmöglichkeit, wenn der Ist-Wert über dem Soll-Wert liegt. In diesem Fall muss der Regler einfach nur untätig warten.

Die Störgröße

Das Luftauslassventil in Abb. 5.4.1 wird als *Störgröße* bezeichnet. Hier kann ein variabler Luftverbrauch eingestellt werden, der die Regelung und die permanente Sicherstellung des gewünschten Soll-Werts stört. Dieser Luftverbrauch soll die Verwendung der druckgeregelten Druckluft an anderer Stelle simulieren. Dieses ist also ganz normal, wenn die Drucklufterzeugung für eine andere Stelle eine Aufgabe erfüllen soll. Eine weitere Störgröße ist ein unerwünschter Leckage-Luftstrom an verschiedenen Stellen des Systems.

Begriffsbestimmungen und Formelzeichen

Die nachfolgenden Begiffsbestimmungen und Formelzeichen sind die Grundlage zur Betrachtung des Gesamtzusammenhangs der Regelungstätigkeiten und für die nachfolgenden Versuche mit dem fischertechnik-Aufbau.

Die Parameter für den PID-Regler sind nachfolgend zur Übersicht gleich mit aufgeführt, werden später jedoch nochmals erläutert.

Soll-Wert (= Führungsgröße), w

Aktuell eingestellter Druckwert in mbar, der im System vorherrschen soll.

Ist-Wert (= Regelgröße), y

Aktuell gemessener Druckwert in mbar.

Regelabweichung, e

Differenz von Soll-Wert und Ist-Wert in mbar, die Regelabweichung ist also der Wert, die die Regelung aktuell fehlerhaft läuft (e wie engl. error).

Regler-Berechnungszyklus, t

Der Regler hat eine Reihe von Aufgaben, die eine gewisse Bearbeitungszeit brauchen. Diese Aufgaben werden in einem festgelegten Zeitintervall vom RTXTC immer wiederholt. Das Zeitintervall sollte dabei möglichst schnell bemessen sein, aber keinesfalls schneller als das System eine geordnete Abarbeitung sicherstellen

kann. Im vorliegenden Beispiel läuft das Robo-Pro-Programm auf dem PC mit einer USB-Kabelverbindung. Hierbei ist t = 0,03 s (= 30 ms) eingestellt.

Stellgröße, u

Die Stellgröße ist das Ausgangssignal des Reglers, zur Ansteuerung der Kompressoren. Der für die Regeltätigkeit wirksame Bereich liegt dabei im Intervall 0,0 bis 1,0. Durch nachfolgend beschriebene Reglerparameter können jedoch jeweils deutlich größere Stellgrößen als Rechenergebnis auftreten. Um Rechenfehler aufgrund zu hoher Zahlen zu vermeiden, werden diese auf den Zahlenbereich –10 … +10 begrenzt (so etwas hatte man bei der Software der neuen europäischen Weltraumrakete Ariane 5 vergessen, wodurch sie gleich nach dem ersten Start abstürzte).

PID-Regler, P-Anteil, Parameter Kp

Der Parameter des Proportional-Anteils des PID-Reglers wird als *Verstärkung* bezeichnet.

PID-Regler, I-Anteil, Parameter TN

Der Parameter des Integral-Anteils des PID-Reglers wird als *Nachstellzeit* bezeichnet.

PID-Regler, D-Anteil, Parameter TV

Der Parameter des Differenzial-Anteils des PID-Reglers wird als *Vorhaltezeit* bezeichnet.

Der PID-Regler

Der PID-Regler[7] bearbeitet eine Regelaufgabe und gibt als Ergebnis die Stellgröße u oder auch u(ges) aus. Diese Stellgröße errechnet sich aus der Summe der einzelnen Regler-Anteile, dem Proportional-Anteil uP, dem Integral-Anteil uI und dem Differenzial-Anteil uD. Einzelne dieser Anteile können auch null sein. Daraus ergeben sich dann die gebräuchlichen P-, PI- und PID-Regler. Die Regelsituation wird im vorliegenden Fall zyklisch alle 30 ms mit folgenden Vorgängen wiederholt:

1. Messung des *Ist-Werts, y*

Der aktuelle Druckwert wird gemessen und unter y gespeichert.

2. Berechnung der Regelabweichung, et0

Die aktuelle Regelabweichung zum Zeitpunkt t0 wird wie folgt aus Soll-Wert und Ist-Wert berechnet:

et0 = w - y

3. Berechnung des P-Anteils, uPt0

uPt0 = Kp · et0

Der Faktor Kp hat konstante Auswirkungen auf die proportionale Stellgrößenkomponente uPt0. Die Regelabweichung et0 beeinflusst variabel uPt0, bei größeren Regelabweichungen mehr, bei geringeren Regelabweichungen weniger.

Wenn das Rechenergebnis außerhalb des Intervalls –10 ... +10 liegt, wird es darauf begrenzt.

3. Berechnung des I-Anteils, uIt0

Die integrale Stellgrößenkomponente uIt0 wird berechnet aus aktuellen Daten und aus Daten des vorherigen *Regler*-Berechnungszyklus uIt-1. Hierbei wird im Grunde eine Fläche berechnet zwischen Soll- und Ist-Kurve in den letzten beiden Regler-Berechnungszyklen. Daher kommt die Bezeichnung der Integration in diesem Zusammenhang.

uIt0 = 1/TN · (uI-1 + et0 · t)

Aus der Formel ist ersichtlich, dass die Nachstellzeit TN umso wirksamer wird, je kleiner der Zahlenwert ist.

Anschließend wird für den nächsten Regler-Berechnungszyklus das Ergebnis zum Zeitpunkt t-1 gespeichert.

uIt-1 = uIt0

Wenn das Rechenergebnis außerhalb des Intervalls –10 ... +10 liegt, wird es darauf begrenzt.

4. Berechnung des D-Anteils, uDt0

Die differenzielle Stellgrößenkomponente uDt0 betrachtet die aktuelle Regelabweichung et0 mit der Regelabweichung im vorherigen Regler-Berechnungszyklus. Je größer diese Differenz ist, desto stärker ist die Auswirkung. Daher stammt die Bezeichnung differenziell.

uDt0 = TV · (et0 - et-1) / t

Die größer der Vorhaltezeit TN hat hierbei direkten Einfluss auf das Ergebnis.

Anschließend wird für den nächsten Regler-Berechnungszyklus das Ergebnis zum Zeitpunkt t-1 gespeichert.

et-1 = et0

Wenn das Rechenergebnis außerhalb des Intervalls –10 ... +10 liegt, wird es darauf begrenzt.

5. Berechnung der gemeinsamen Stellgröße u

Der Rest ist eine einfache Addition:

u = uPt0 + uIt0 + uDt0

Der PID-Regler unter Robo-Pro

Die Software des PID-Reglers besteht aus einem Hauptprogramm und fünf Unterprogrammen. Zur Einstellung der Regelparameter und zur Visualisierung des Regelverhaltens gibt es noch zwei zusätzliche Hauptprogramme, die hier nicht weiter besprochen werden. Das Gesamtprojekt kann aus dem Internet heruntergeladen werden.[8]

Hauptprogramm

Das Hauptprogramm des PID-Reglers ist in Abb. 5.4.2 gezeigt. Die verwendeten Unterprogramme heißen *Kompressor*, *Messung*, *Regler_P*, *Regler_I* und *Regler_D* und werden nachfolgend erläutert. Auf dem Bedienfeld des Hauptprogramms gibt es drei Tasten (gemäß Abb. 5.4.8), diese heißen *P_AN*, *I_AN* und *D_AN*. Sind diese aktiviert, so ist ihr Tasten-Variableninhalt = 1, andernfalls = 0. Wenn der Tasten-Variableninhalt = 0 ist, so bewirkt dieses die Nichtbeachtung der jeweiligen Teilkomponente.

Unterprogramm Kompressor

In diesem Unterprogramm wird die Stellgröße u ausgewertet. Für einen größeren Stellbereich und eine größere Luftmenge werden zwei Kompressoren eingesetzt. Wenn möglich, sollen nicht beide Kompressoren immer gleichzeitig laufen. Auch werden die Kompressoren mit einer Auflösung von 180 bis 511 Schritten angesprochen. In Versuchen wurde zuvor ermittelt, dass beide Kompressoren bei einer Ansteuerung mit mindestens 180 Schritten auch bei maximalem Systemdruck noch sicher anlaufen. Abb. 5.4.3 zeigt das zugehörige Unterprogramm.

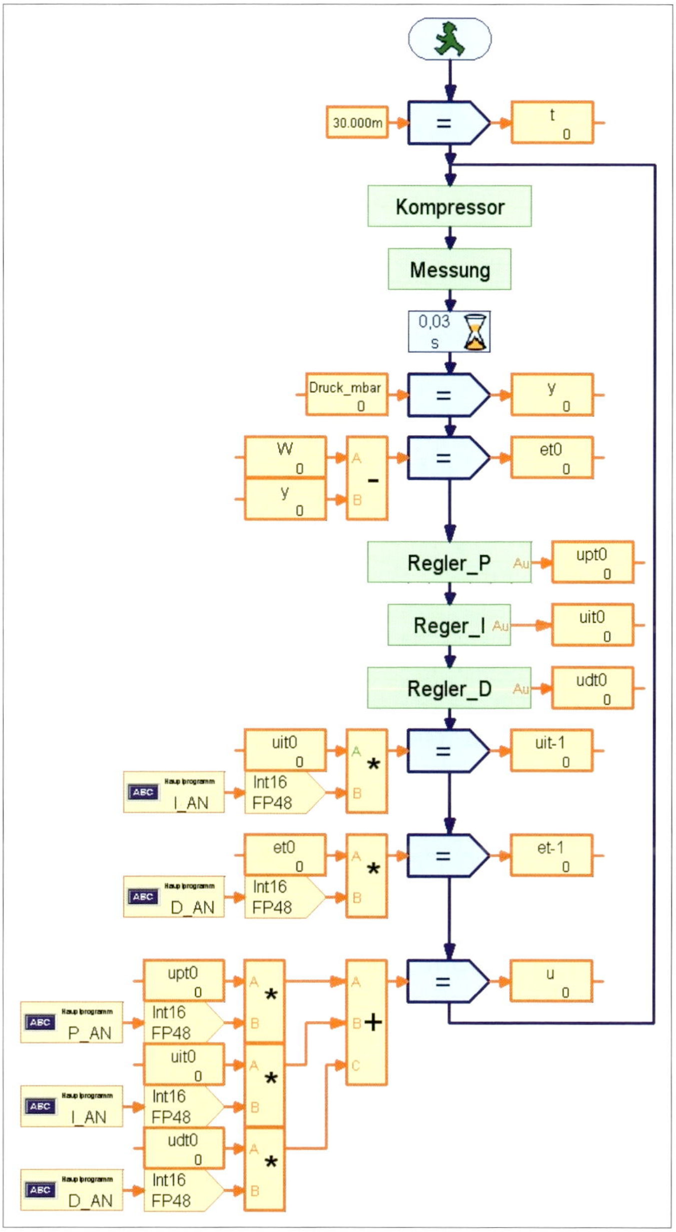

Abb. 5.4.2: Hauptprogramm PID-Regler

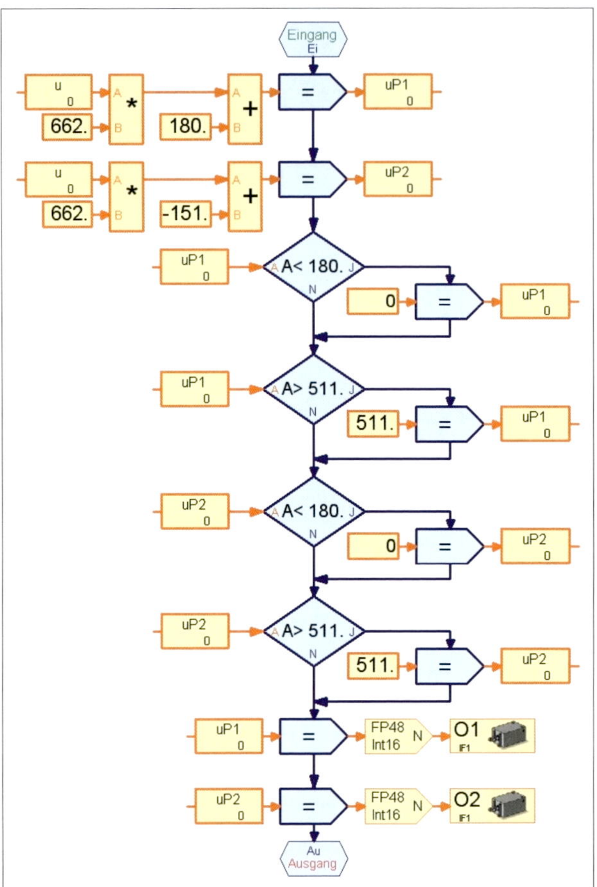

Abb. 5.4.3: Unterprogramm Kompressor

Die Funktion des Unterprogramms gliedert sich in drei Teile. Zunächst wird die bereitgestellte Stellgröße u verwendet, um eine Umrechnung in die entsprechende Schrittzahl vorzunehmen. Die Ergebnisse werden unter uP1 und uP2 gespeichert. Anschließend überprüft das Programm im zweiten Teil für beide Variablen, ob der jeweilige Wert im festgelegten Bereich von 180 bis 511 liegt. Liegen die Werte außerhalb dieses Bereichs, ändert das Programm sie entsprechend ab.

Schließlich wird im dritten Teil der jeweilige berechnete Wert dem passenden Kompressor zugewiesen.

Besonders erwähnen möchten wir die Funktionen. Sie heißen für Kompressor 1 und 2 wie folgt:

$uP1 = 662 \cdot u + 180$ (Kompressor 1)

$uP2 = 662 \cdot u - 151$ (Kompressor 2)

Werden diese beiden Funktionen in einem Koordinatensystem dargestellt, ergibt sich Abb. 5.4.4. Auf der horizontalen Achse ist die Stellgröße u aufgetragen, auf der vertikalen Achse die Anzahl der Schritte für die Ansteuerung.

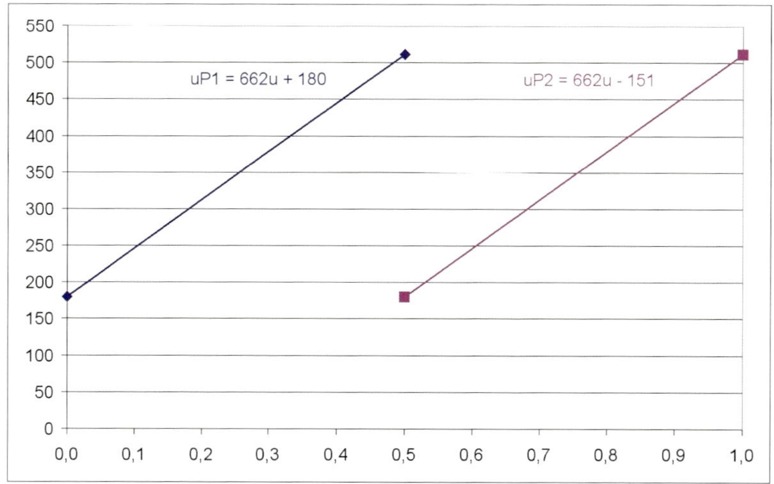

Abb. 5.4.4: Funktionen zur Ansteuerung der Kompressoren

Es zeigt sich, dass der Kompressor 1 (blau) im Stellgrößenbereich 0,0 bis 0,5 der Funktion folgend angesteuert wird. Bei Werten von u, die größer als 0,5 sind, läuft der Kompressor 1 mit maximaler Leistung. Wenn die Werte von u kleiner als 0 sind, stehen die Kompressoren 1 und 2. Kompressor 2 beginnt zu laufen, wenn die Stellgröße u 0,5 und größer ist. Bei kleineren Stellgrößen als 0,5 steht der Kompressor 2. Bei Stellgrößen im Bereich von 0,5 bis 1,0 wird der Kompressor 2 der Funktion folgend eingestellt, bei noch größeren Stellgrößen laufen beide Kompressoren mit maximaler Leistung.

Unterprogramm Messung

Im Unterprogramm *Messung* erfolgt die Umrechnung des gemessenen Druckwerts in mbar. Das Ergebnis wird unter der Variablen Druck_mbar abgelegt. Das genaue Verfahren wurde bereits in Kapitel 5.2 vorgestellt.

Unterprogramm Regler_P

Das Unterprogramm *Regler_P* berechnet den P-Anteil der Stellgröße und weitere Details s. o.

Abb. 5.4.5: Unterprogramm Regler_P

Unterprogramm Regler_I

Funktionsbeschreibung s. o.

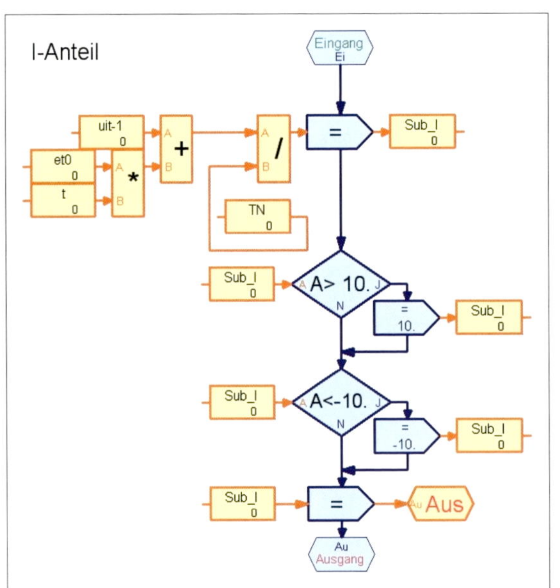

Abb. 5.4.6: Unterprogramm Regler_I

Unterprogramm ***Regler_D***
Funktionsbeschreibung s. o.

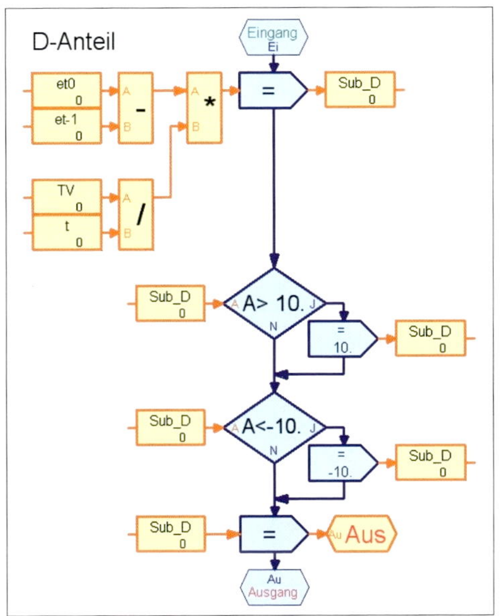

Abb. 5.4.7: Unterprogramm Regler_D

Bedienung des Programms

Bedienfelder
Das Bedienfeld des Hauptprogramms ist in Abb. 5.4.8 gezeigt. Hier gibt es verschiedene Einstellmöglichkeiten, rechts davon sehen Sie den jeweils eingestellten Wert:

a) Schieberegler P
Einstellung der *Verstärkung* Kp (P-Anteil)

b) Schieberegler I
Einstellung der *Nachstellzeit* TN (I-Anteil)

c) Schieberegler D
Einstellung der *Vorhaltezeit* TV (D-Anteil)

d) Tastschalter P, Tastschalter I, Tastschalter D
Aktivierung bzw. Deaktivierung der Regler-Anteile P, I, D

e) Taster w
Einstellung des Druck-Soll-Werts in mbar, dieses erfolgt über Taster, um plötzliche Wertänderung zu ermöglichen, dadurch kann die Sprungantwort des Reglers besser beobachtet werden.

Anzeigefelder

In Abb. 5.4.8 sind weiterhin folgende Anzeigefelder vorhanden, für berechnete oder ermittelte Werte:

a) Anzeigefeld e
aktuelle Regelabweichung in mbar, berechnet aus der Differenz von Soll-Wert und Ist-Wert

b) Anzeigefeld y
aktueller Ist-Wert in mbar

c) Anzeigefelder u(P), u(I), u(D), u(ges)
aktuelle proportionale, integrale und differenzielle Stellgrößenkomponente, diese Werte werden angezeigt, unabhängig davon, ob sie schließlich in die gemeinsame Stellgröße u(ges) eingehen

Trendlinien

Schließlich werden in Abb. 5.4.8 fünf Trendlinien angezeigt. Es findet gemäß Robo-Pro-Standard keine Aufzeichnung der Daten statt.

a) rot, Soll-Wert, w

b) blau, Ist-Wert, y

c) gelb, Ansteuerungsschritte
Kompressor 1, uP1

d) grün, Ansteuerungsschritte
Kompressor 2, uP2

e) violett, gemeinsame Stellgröße des Reglerausgangs, u = u(ges)

Beginn der Experimente

Wenn die Software im PC geladen und das Modell gemäß Abb. 5.4.1 aufgebaut ist, muss eine Verbindung über USB zum RTXTC hergestellt werden. Funkverbindungen können hier leicht zu Sondereffekten führen, die die experimentellen Ergebnisse stören. Die gebräuchlichsten Regler-Kombinationen werden nachfolgend aufgeführt.[6]

Viel Spaß beim Ausprobieren!

P-Regler

a) reagiert sofort

b) bleibende Regeldifferenz und damit oft ungenau

PI-Regler

a) reagiert sofort

b) neigt zu Schwingungen, wenn Nachstellzeit TN zu klein eingestellt ist

c) keine bleibende Regelabweichung und damit sehr genau

d) grundsätzlich für alle Regelstrecken geeignet

PID-Regler

a) reagiert sofort, im Idealfall schneller als alle anderen Regler

b) neigt zu Schwingungen, wenn Nachstellzeit TN zu klein eingestellt ist

c) keine bleibende Regelabweichung und damit sehr genau

d) sofortiger Reglereingriff auch bei vergleichsweise kleinen Regelabweichungsänderungen

e) nicht für alle Regelstrecken geeignet

Zum Schluss

Die PID-Regler wurden hier am Beispiel einer Druckregelstrecke erläutert. Die Berechnung erfolgte spezifisch in der gemessenen Druckeinheit mbar. Wenn andere Regelungen auf Basis der hier angestellten Betrachtungen erfolgen sollen, ist dieses zu berücksichtigen. Ansonsten gelten die gezeigten Zusammenhänge allgemein.

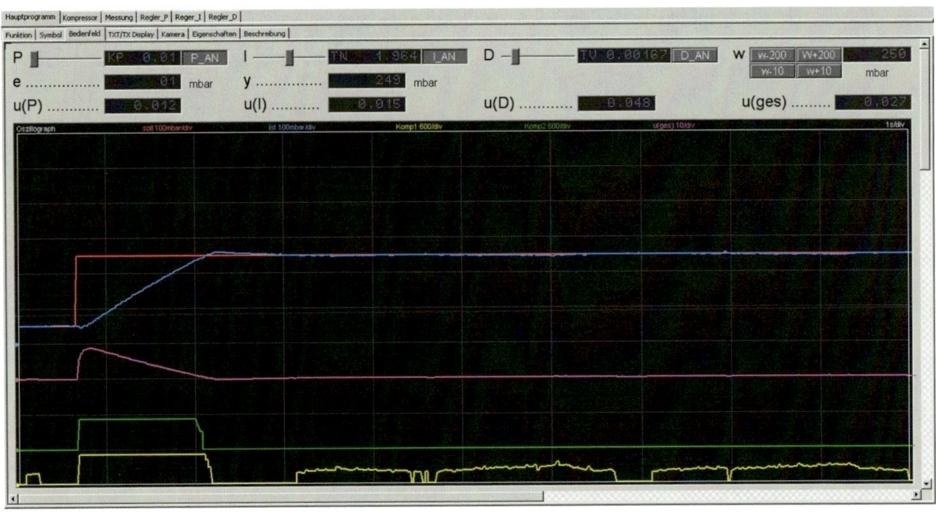

Abb. 5.4.8: Bedienfeld des Hauptprogramms

Referenzen

1 Gail, Andreas: Zeigerinstrument, Youtube-Video: https://www.youtube.com/watch?v=RETr-PNP1ZI.

2 Die Links zu den Datenblättern sind nicht angegeben, da sie sich leider häufig ändern.
STMicroelectronics, Spannungsregler Datenblatt L78Sxx, (Doc ID 2148 Rev 7), 2012.

3 Motorola, Inc, Druckmessumformer Datenblatt MPX5100 series (Doc ID MPX5100/D), 1997.

4 Dirk Fox: »Einmessen« eines digitalen Messgeräts. ft:pedia 1/2013, S. 39–48 (http://www.ftcommunity.de/ftpedia_ausgaben/ftpedia-2013-1.pdf).

5 Stefan Falk, Druckminderer, ft:pedia 1/2015, S. 44-49: https://ftcommunity.de/ftpedia_ausgaben/ftpedia-2015-1.pdf.

6 E. Samal/W. Becker: Grundriß der praktischen Regelungstechnik, 1996, Oldenburg Verlag, München, ISBN 3-486-23635-0.

7 Werner Zimmermann, FHT Esslingen, Regelungstechnik Versuch 4. (Vorlesung Sommersemester 2002): https://www.yumpu.com/de/document/view/2238260/versuch-4-programmieren-von-regelalgorithmen/21.

8 Andreas Gail, PID-Regler: https://ftcommunity.de/data/downloads/robopro/pidreglerv008ftc.rpp.

6 Fotografie und Modellabbildungen

Was hat dieses Thema mit fischertechnik zu tun? Mit den folgenden Modellen gelingt es, Aufnahmen mit Mitteln der fischertechnik-Welt auszulösen. Außerdem zeigen wir, wie hochauflösende dreidimensionale Modellzeichnungen erzeugt werden.

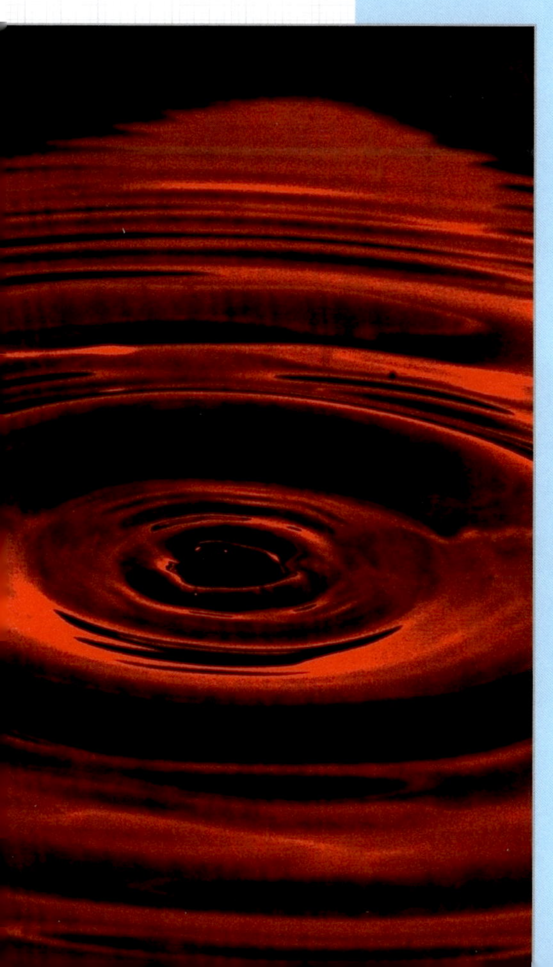

6.1 Nikon-Kamera-Ansteuerung über IR

Der folgende Aufbau stellt sich der Aufgabe, eine hochauflösende Kamera in das fischertechnik-System einzubinden.

Die Kamera darf nicht zerstört werden

Bei aller Experimentierfreude ist es nach der persönlichen Sicherheit oberstes Gebot, dass die vergleichsweise teure Kameraausrüstung nicht durch irrtümliche Verschaltungen zerstört wird. Deshalb wurde zur Ansteuerung die durch Nikon bereitgestellte Infrarot-Fernbedienung (IR) als Grundlage verwendet; siehe Abb. 6.1.1. Diese Fernbedienung arbeitet gemäß Hersteller mit einer ganzen Reihe von Nikon-Kameras zusammen.

Abb. 6.1.1: Nikon-IR-Fernbedienung Typ ML-L3

Wenn es im Rahmen der Verwendung zu einem Fehler kommen sollte, wird höchstens die Fernbedienung zerstört. Wegen der fehlenden Kabelverbindung ist die Kamera selbst jedoch geschützt. Es soll nicht verschwiegen werden, dass die Möglichkeiten über die IR-Fernbedienung recht bescheiden sind: Damit kann nur ein Bild ausgelöst werden, solange die Kamera selbst in Bereitschaft ist. Parametereinstellungen oder Sonstiges sind nicht möglich.

Die IR-Fernbedienung

Die Fernbedienung kann recht einfach geöffnet werden. Hierzu entfernen wir die obere Verschlussfolie:

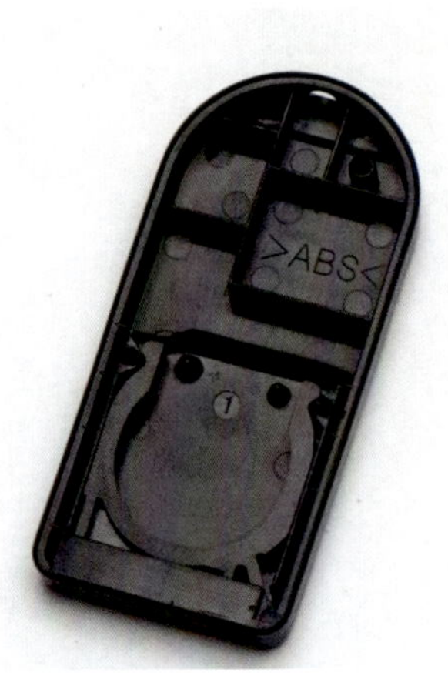

Abb. 6.1.2: Geöffnetes Gehäuse der Fernbedienung

Das eigentliche Innenleben der IR-Fernbedienung besteht aus einer kleinen Platine und einer 3-V-Knopfzelle zur Stromversorgung. An die Platine der IR-Fernbedienung müssen drei Kabel angelötet werden: ein Anschluss als Eingangssignal (gelb) zur Kameraansteuerung und zwei Anschlüsse zur Stromversorgung (+3 V = rot; Masse = blau). Abb. 6.1.3 und 6.1.4 zeigen das. Der Hinweis zum Anlöten des Signaleingangs wurde bereits zuvor im Internet in abgewandelter Form veröffentlicht[1].

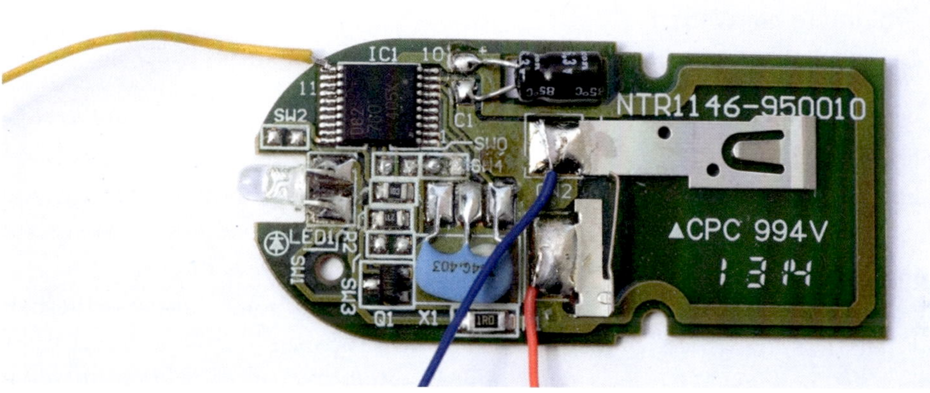

Abb. 6.1.3: Platine der Fernbedienung mit angelöteten Kabeln

Abb. 6.1.4: Platine mit angelötetem Signalkabel zur externen Ansteuerung

Diese Lötarbeit gemäß Abb. 6.1.4 bedarf neben einer ruhigen Hand auch gute Sicht auf die Dinge. Gelötet wurde mit einem 8-W-Lötkolben.

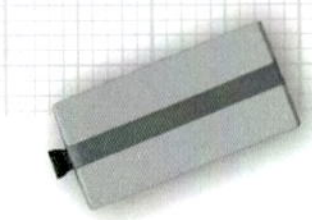

Anforderungen an das zu erstellende IR-Modul

- Die Verwendung soll einfach sein.
- Ein fehlerhafter Anschluss z.B. an den Robotics TX Controller (RTXC) darf das Modul nicht zerstören.
- Die Spannungsversorgung soll mithilfe von 9 V möglich sein.
- Das Modul soll in einem eigenen Gehäuse eingebaut sein.

Verbindung der Welten

Mit dem Anlöten von drei Kabeln an die Fernbedienung ist es leider noch nicht getan, denn die IR-Fernbedienung arbeitet mit 3 V und fischertechnik mit 9 V.

Stromversorgung

Um die Handhabung des späteren IR-Moduls möglichst einfach zu gestalten, soll die 3-V-Stromversorgung aus fischertechnik heraus erfolgen. Nun könnte man auf die Idee kommen, dass hierzu ein Motorenausgang eines Robotics TX Controllers einfach so parametriert wird, dass hier eine Spannung von 3 V dauerhaft ansteht. Das klappt jedoch leider nicht! Bei Mikrocontrollern ist es üblich, dass die Leistungseinstellung an »analogen« Ausgängen über das PWM-Verfahren (Pulsweitenmodulation) erfolgt. Hierbei wird die volle bereitstehende Spannung (9 V) in sehr schneller Folge als Rechtecksignal ein- und ausgeschaltet. Die variable Leistungseinstellung ergibt sich dabei aus dem Verhältnis der ein- bzw. ausgeschalteten Pulslänge.

Um eine Gleichspannung von 3 V zu erzeugen, wird in der Schaltung gemäß Abb. 6.1.5 ein Spannungsregel-IC verwendet, Typ Texas Instruments LP2950. Die Spannungsstabilisierung erfolgt mit zwei Elektrolytkondensatoren. Als Verpolungsschutz wird zusätzlich ein Brückengleichrichter eingesetzt.

Signalweitergabe

Das Signal aus der fischertechnik-Welt, das an die IR-Fernbedienung weitergegeben werden soll, hat wiederum eine Spannung von 9 V. Zur Verbindung dieser beiden Systeme wird ein Optokoppler eingesetzt, Typ Everlight EL817. Die im Optokoppler befindliche IR-Diode wird durch einen 510-Ω-Vorwiderstand strombegrenzt.

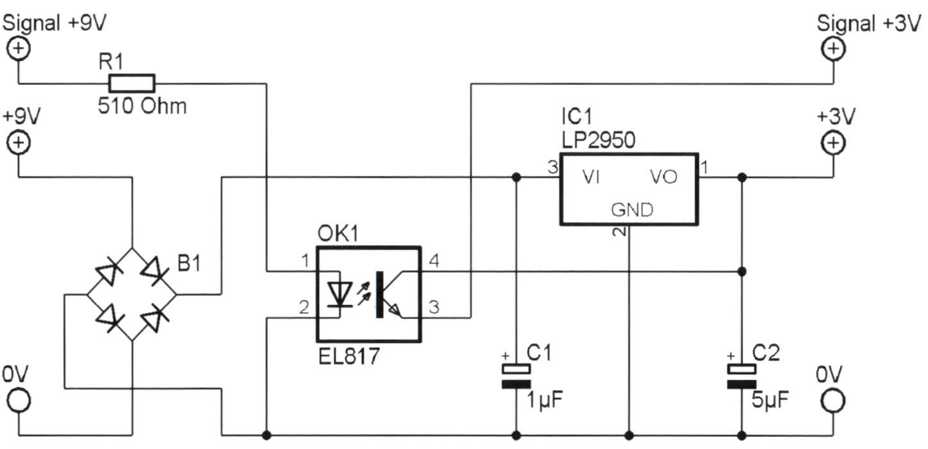

Abb. 6.1.5: Schaltplan zur Verbindung von fischertechnik mit der Nikon-IR-Fernbedienung Typ ML-L3

Schaltungsaufbau

Schaltplan

Die oben beschriebene Schaltung ist in Abb. 6.1.5 zur Übersicht grafisch dargestellt.

Erster Test auf dem Steckbrett

Abb. 6.1.6: Testaufbau zur Verbindung von fischertechnik mit der Nikon-Fernbedienung

Bei allen Schaltungsplanungen kann die Überlegung so gut sein, wie sie will: Ob am Ende wirklich alles zusammen wunschgemäß funktioniert, zeigt nur der Versuch. Derartiges lässt sich vergleichsweise einfach auf einem Steckbrett gemäß Abb. 6.1.6 durchführen.

Fertiger Aufbau des IR-Moduls

In Abb. 6.1.7 und Abb. 6.1.8 ist der vollständige Aufbau des neuen IR-Moduls gezeigt. Alles zusammen passt in ein fischertechnik-Batteriegehäuse.

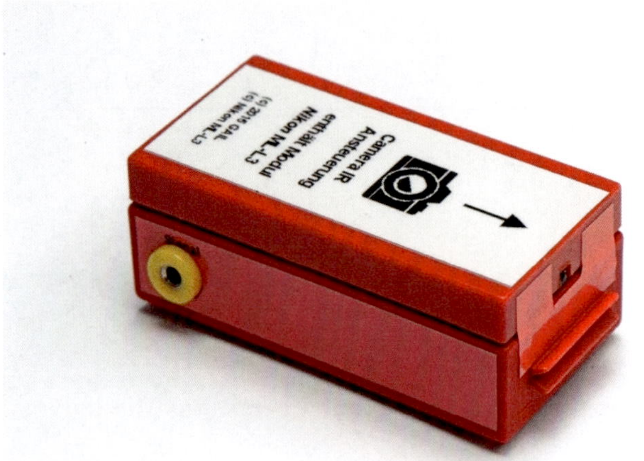

Abb. 6.1.7: Fertiges IR-Modul

Abb. 6.1.8: Geöffnetes IR-Modul

Hinweis zur Bewaffnung der Augen

Als sehr hilfreich bei kleinsten Lötarbeiten hat sich die Verwendung einer Lupenbrille (Abb. 6.1.9) erwiesen: vierfache Vergrößerung, Arbeitsabstand 25 cm.

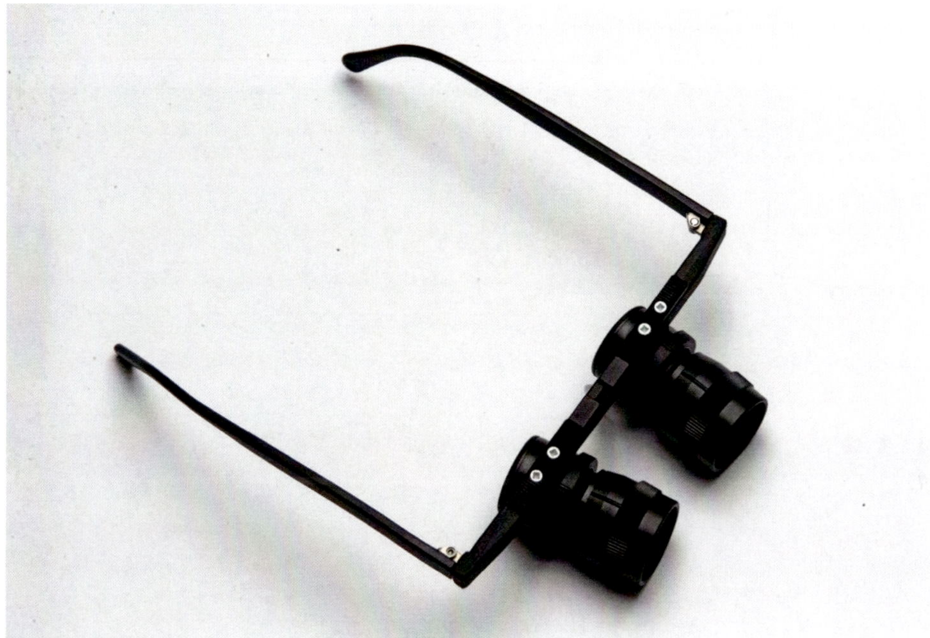

Abb. 6.1.9: Lupenbrille mit vierfacher Vergrößerung, Eschenbach Typ rido-med 16364

6.2 Tropfen-Fotografie

Man glaubt es kaum, aber auch beim Fotografieren von Wassertropfen kann fischertechnik eine wichtige Rolle spielen. Im vorliegenden Beitrag werden einzelne Baugruppen aus anderen Kapiteln kombiniert.

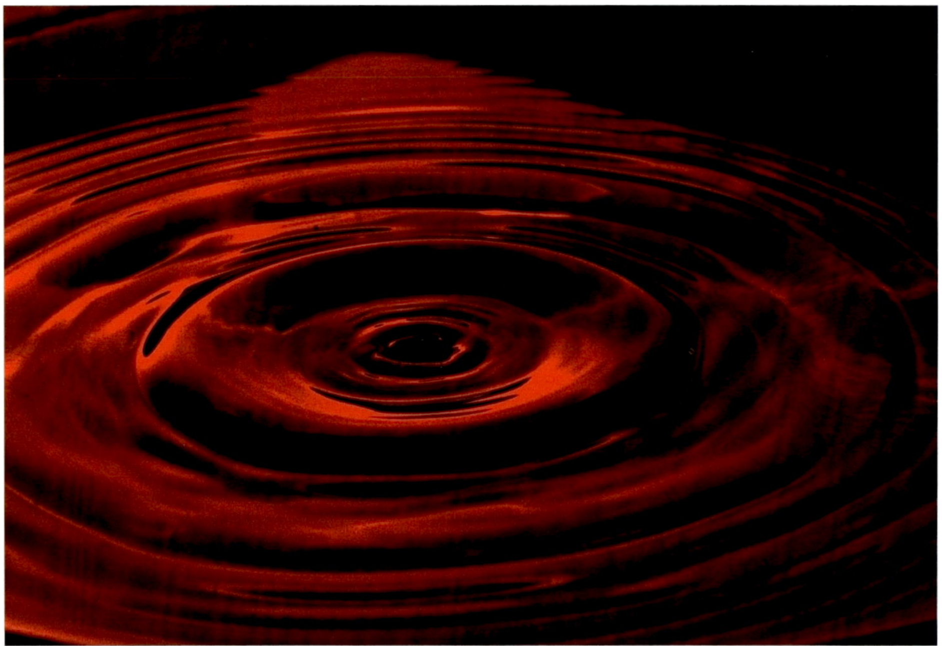

Abb. 6.2.1: Bearbeitetes Foto einer Flüssigkeitsoberfläche, aufgenommen nach dem Eintauchen eines Tropfens

Was wird benötigt?

Neben diversen fischertechnik-Teilen werden folgende Hauptkomponenten benötigt:

- eine Schlauchquetschpumpe (Kapitel 7.1) zur Erzeugung von aufeinanderfolgenden Wassertropfen
- ein Punktlaser (Kapitel 2.1) für eine Lichtschranke zur Wassertropfenerkennung
- ein Modul (Kapitel 6.1) zur Kameraansteuerung über IR
- eine Kamera mit einem Objektiv zur Aufnahme kleiner Objekte
- ein Blitzgerät, passend zur Kamera

- eine Glasschüssel mit Wasser
- ein Bildbearbeitungsprogramm

Gesamtaufbau

Abb. 6.2.2 zeigt den Gesamtaufbau, der für die Aufnahme von Wassertropfen verwendet wurde. Die Aufnahme selbst erfolgte jedoch bei deutlich reduzierter Umgebungshelligkeit. Sowohl die Kamera als auch der Blitz können bei der späteren Aufnahme notfalls auch in der Hand gehalten werden. Mindestens ein Blitz wird benötigt, wobei ein Kamera-integrierter Blitz ausreichend ist.

Die Wasserschale steht unten im Turm. Auf dem etwa 70 cm hohen oberen Aufbau befinden sich gemäß Abb. 6.2.3 die Schlauchquetschpumpe und die Laserlichtschranke.

Wasser (ohne Zusätze) wird dabei durch den Wasserschlauch (Silikon, Außendurchmesser 4 mm) gepumpt. Etwa alle acht Sekunden bildet sich ein Tropfen, der sich ablöst und herunterfällt. Dieser Wassertropfen wird von der Laserlichtschranke detektiert (siehe Abb. 6.2.4).

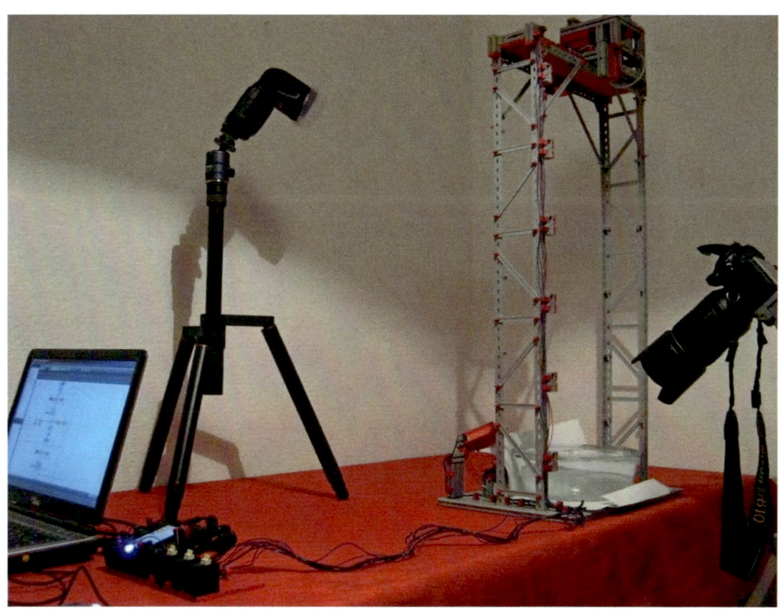

Abb. 6.2.2: Gesamtaufbau zur Aufnahme von Tropfen, die in eine mit Wasser gefüllte Schale fallen

Das Signal der Fotodiode wird von einem Robotics TXT Controller (RTXTC) ausgewertet und akustisch signalisiert. Wenn eine Aufnahme erfolgen soll, leitet der RTXTC einen Impuls an das Modul zur Kameraansteuerung (Abb. 6.2.5). Aufbau und Ergebnisse zeigt ein im Internet abrufbares Video.[2]

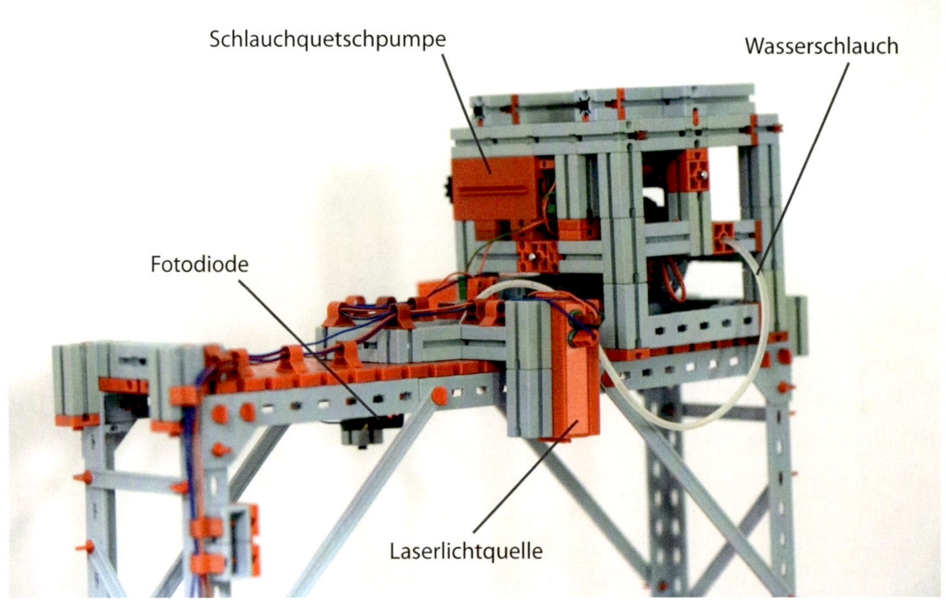

Abb. 6.2.3: Oberer Aufbau zur Erzeugung und Erkennung von Wassertropfen

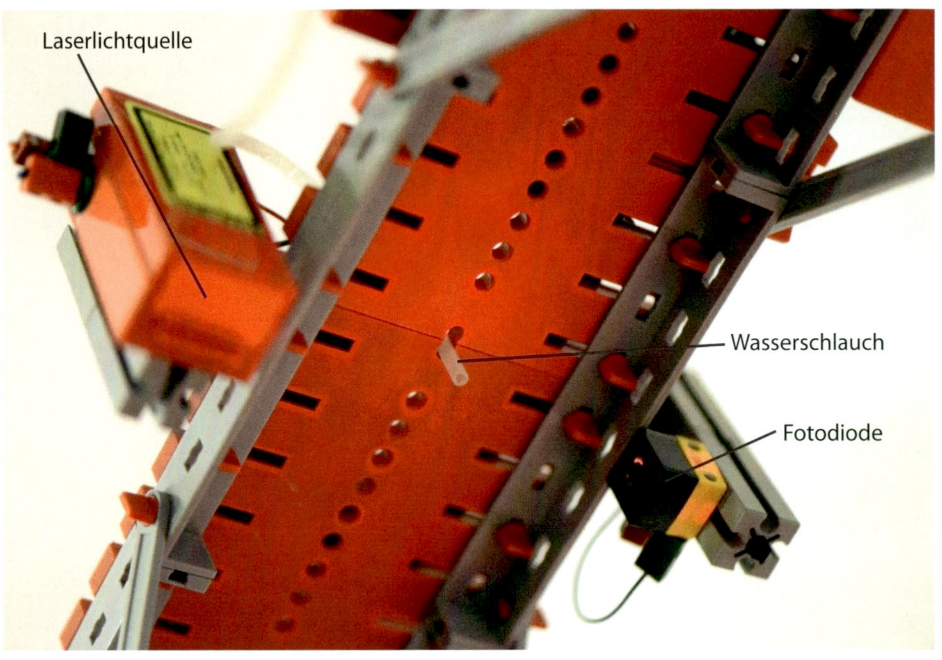

Abb. 6.2.4: Laserlichtschranke und Schlauchende zur Erkennung der erzeugten Wassertropfen

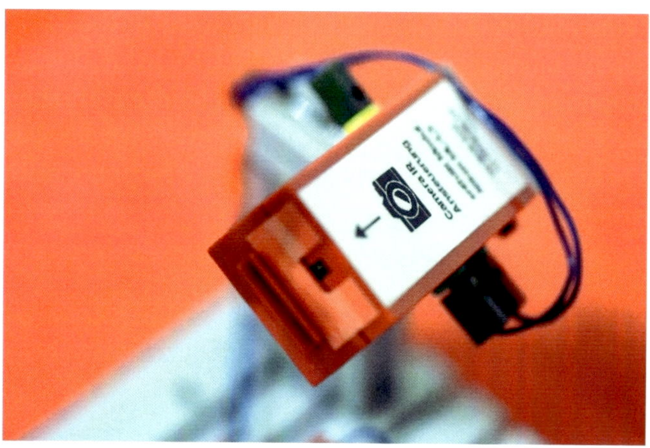

Abb. 6.2.5: IR-Modul zur Kameraansteuerung

Geschwindigkeitsproblem

Die Zeitspanne, in der ein Wassertropfen 70 cm tief vom oberen Aufbau in die darunter befindliche wassergefüllte Schale fällt, ist bei der verwendeten Kamera deutlich zu kurz, um eine Aufnahme vorzubereiten und durchzuführen. Deshalb muss zunächst das Zeitintervall zwischen den einzelnen Tropfen gemessen werden. Ist damit bekannt, wann der nachfolgende Tropfen kommen wird, haben wir nach einem erkannten Tropfen genügend Zeit, die Aufnahme für den folgenden Tropfen zu starten. Zur Zeitmessung der Tropfenabstände wurde das folgende Robo-Pro-Programm verwendet:

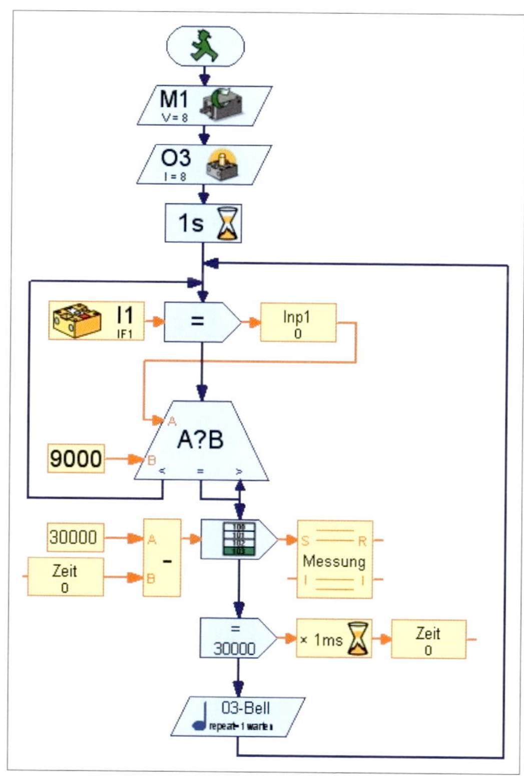

Abb. 6.2.6: Robo-Pro-Programm zur Messung und Aufzeichnung der Zeitabstände zwischen einzelnen Tropfen

M1 im Programm steht für die Schlauchquetschpumpe und O3 für den Laser. Am Eingang I1 ist die Fotodiode angeschlossen, wobei dieser Eingang als »A 5k«, d.h. analoge Widerstandsmessung, eingestellt wurde. Die zeitlichen Messergebnisse werden in die Liste *Messung* eingetragen und nach Programmende in eine externe Datei im CSV-Format exportiert. Aus mindes-

tens 20 Messungen sollte eine mittlere Zeitspanne errechnet werden. Die dabei auftretenden Ungenauigkeiten kommen einerseits durch die Gleichlaufschwankungen der Schlauchquetschpumpe und andererseits durch das Laufzeitverhalten des RTXTC zustande. Diese Ungenauigkeiten haben jedoch Vorteile bei der späteren Aufnahmeserie, weil so automatisch verschiedene zeitliche Abschnitte beim Eintropfen fotografiert werden.

Einstellung der Kamera

Verwendet wurde eine Vollformat-Kamera (Sensorgröße 24 mm × 36 mm) mit einem 105-mm-Makro-Objektiv (Lichtstärke 2,8). Folgende Einstellungen wurden vorgenommen:

- M (manuelle Belichtungseinstellung, Autofokus aus)
- Verschlusszeit 1/200 s
- Blende 36 (minimale Einstellung)
- Empfindlichkeit ISO 6400
- interner Blitz abgeschaltet, externer Blitz manuell (1/128)
- Bildstabilisator aus

Wir empfehlen den Einsatz eines Stativs, obwohl es wie bereits oben erwähnt nicht unbedingt erforderlich ist. Zunächst muss eine manuelle Scharfeinstellung vorgenommen werden. Das geht leicht, indem ein beschriebenes Stück Papier kurzzeitig in der Wasserschale auf die Wasseroberfläche aufgelegt und dann auf seine Beschriftung scharfgestellt wird. Der Fokus sollte auf der Stelle liegen, an der der Tropfen ins Wasser eintaucht. Danach wird das Papier wieder entfernt. Bevor Sie mit den Aufnahmen beginnen, sollten Sie sicherstellen, dass das Wasser in der Schale sauber ist, also keine Trübstoffe oder Fasern enthält. Nun kann mit den ersten Testaufnahmen begonnen werden. Dabei sind die Vorlaufzeit zur Aufnahmeauslösung auszuprobieren und die Belichtung zu überprüfen. Zur Korrektur passen Sie ggf. die ISO-Empfindlichkeit, Blende oder Blitzleistung an.

Einfluss der ISO-Empfindlichkeit

Grundsätzlich bewirkt die Einstellung eines kleineren ISO-Werts eine bessere Bildqualität hinsichtlich des Bildrauschens.

Einfluss der Blendenzahl

Die maximale Blendenzahl ist gleichbedeutend mit einer minimalen Blendenöffnung. Das hat den Vorteil, dass das aufgenommene Bild eine große Tiefenschärfe hat. Somit ist der aufgenommene Tropfen nicht nur an der Stelle scharf

abgebildet, an dem zuvor manuell die Fokussierung vorgenommen wurde, sondern auch in näher oder weiter entfernt liegenden Bereichen. So können auch kreisförmige Wellenbewegungen um die Eintauchstelle des Tropfens scharf abgebildet werden.

Einfluss der Verschlusszeit
Dieser Einstellwert ist vergleichsweise unbedeutend. Wichtig ist nur, dass die Kamera die Verschlussöffnung und die Blitzauslösung synchronisieren kann.

Einfluss der Blitzleistung
Dieser Einstellung kommt eine besondere Bedeutung zu. Die Bewegung des Wassertropfens verläuft sehr schnell; trotzdem soll möglichst alles scharf abgebildet werden. Deshalb wird die Blitzleistung möglichst klein eingestellt. Eine kleine Blitzleistung ist dabei gleichbedeutend mit einem sehr kurzen Blitz. Die oben genannte Einstellung (1/128 der Leistung) hat somit zur Folge, dass bei dem verwendeten Blitz die Blitzdauer nur 1/38500 s beträgt. Länger als 1/20000 s sollte der Blitz für scharfe Abbildungen möglichst nicht aktiv sein.

Aufnahmen

Wenn alles eingestellt ist, kann mit der mehr oder weniger automatischen Aufnahmeserie begonnen werden. Die Position des Blitzgeräts sollte dabei immer wieder einmal verändert werden. Einstellungen in Richtung der Kamera, gegen die Kamera, von oben, von unten, seitlich, in die Schale hinein etc. ergeben unterschiedliche Effekte. Dabei können Sie das Blitzgerät durchaus in der Hand halten. Auch die Kameraposition sollte immer wieder mal verändert werden. Nach 200 bis 300 Aufnahmen sollten Sie alles, was es prinzipiell zu sehen gibt, im Kasten haben.

Bildoptimierung

Wenn man die aufgenommenen Bilder betrachtet, sehen diese mitunter recht öde aus. Jetzt kommt ein passendes Bildbearbeitungsprogramm zum Einsatz. Aus meiner Sicht sehr empfehlenswert ist das frei zugängliche Bildbearbeitungsprogramm GIMP.[3] Die nachfolgenden Beispiele wurden mit der Version 2.8.14 bearbeitet. Ein unbearbeitetes Bild zeigt Abb. 6.2.7:

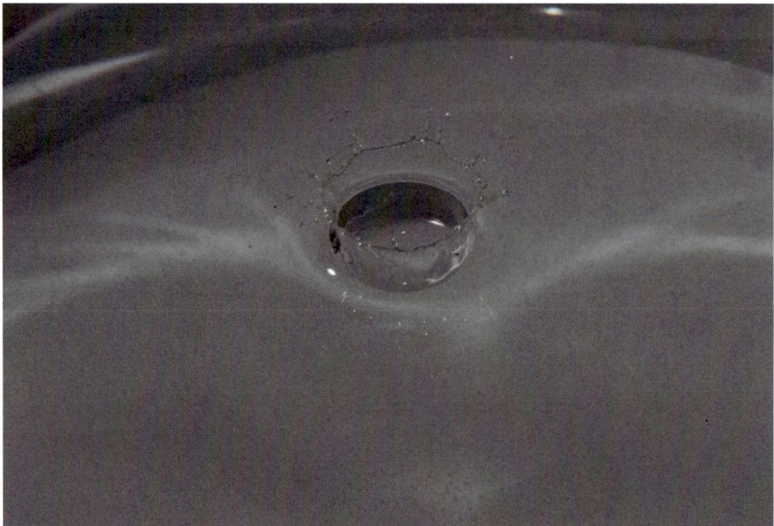

Abb. 6.2.7: Rohaufnahme

Nachdem die Darstellung so verändert wurde, dass der volle zur Verfügung stehende Farbraum ausgenutzt wird, hat das Bild bereits deutlich klarere Strukturen, wie in Abb. 6.2.8 deutlich wird. Im Bildbearbeitungsprogramm wird dazu die Funktion *Farben* | *Werte...* | *Automatisch* | *OK* verwendet. Wenn ein Farbstich entfernt werden soll, ist dieses über *Bild* | *Modus* | *Graustufen* und anschließend mit *Bild* | *Modus* | *RGB* möglich.

Abb. 6.2.8: Aufnahme nach Farbraumanpassung

Durch Zoomen auf einen Bildausschnitt der Gesamtaufnahme kommt man zu Abb. 6.2.9. Hierzu verwendet man die Funktion *Bild | Leinwandgröße*.

Abb. 6.2.9: Aufnahme nach Farbraumanpassung und Ausschnittvergrößerung

Um die Sache noch interessanter aussehen zu lassen, kann man alles noch etwas einfärben.

Abb. 6.2.10: Aufnahme nach Farbraumanpassung, Ausschnittvergrößerung und Einfärbung

Hier sind alle erdenklichen Farben, Helligkeiten und Kontraste möglich. Dazu stehen die Funktionen *Farben | Einfärben* oder auch *Farben | Helligkeit/Kontrast* bereit. Weitere Beispiele zeigen Abb. 6.2.11 und 6.1.12:

Abb. 6.2.11

Abb. 6.2.12

6.3 Hochauflösende 3-D-Modellzeichnung auf Basis des fischertechnik Designer

Der fischertechnik Designer ist ein sehr gelungenes Werkzeug, um die Konstruktionsdetails von fischertechnik-Modellen zu zeigen. Aber auch Abbildungen von ganzen Modellen bringen bemerkenswerte Ergebnisse. Mit dem Programm allein ist die Auflösung der Darstellungen recht begrenzt. Diese Auflösung reicht für kleinformatige Veröffentlichungen. Wenn jedoch Abbildungen in Plakatgröße gewünscht werden (z. B. Werbeplakate für die nächste fischertechnik convention), müssen weitere Schritte unternommen werden. Wie das geht, wird nachfolgend gezeigt.

fischertechnik Designer

Der fischertechnik Designer[4] ist ein kommerzielles Programm für MS Windows, mit dem Modelle im Computer dreidimensional aufgebaut werden. Der fischertechnik Designer ist leider keine Freeware. Als Beispielmodell wird der R2D3 (siehe Kapitel 9.1 zum Detail Engineering des R2D2-Modells) verwendet. Dieses Modell wird in Abb. 6.3.1 nochmals in der Gesamtansicht gezeigt.

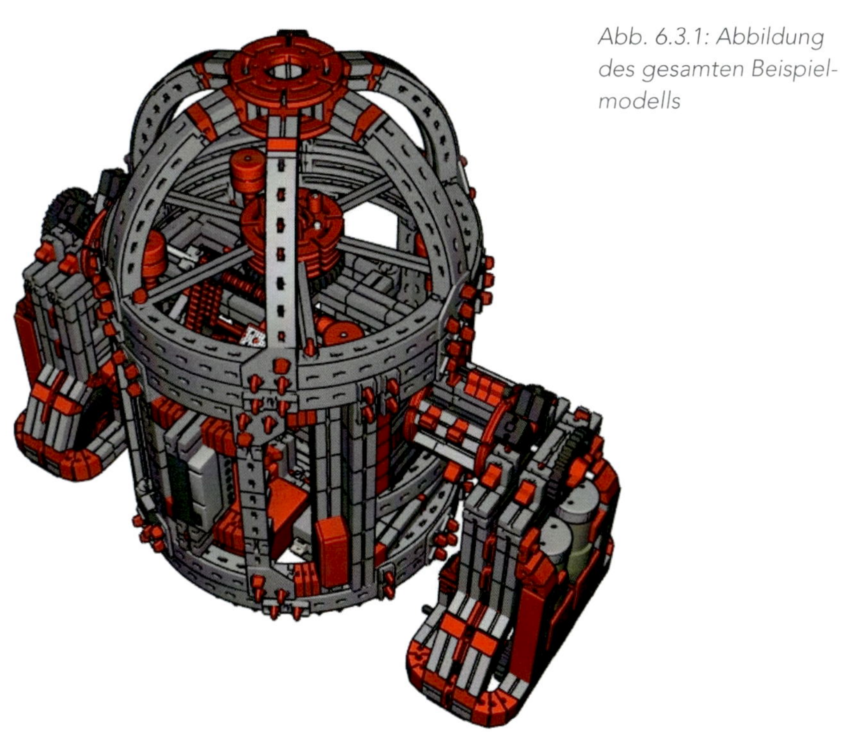

Abb. 6.3.1: Abbildung des gesamten Beispielmodells

Wie das Programm bedient wird, geht in anschaulicher Weise aus der beigefügten Hilfe hervor. Weitere Bedienungsanleitungen finden Sie im Internet.[5] Die Erstellung von Modellen im fischertechnik Designer soll hier nicht weiter betrachtet werden, sondern die hochauflösende Ausgabe bereits fertiger Modelle.

Auflösungsproblem

Betrachtet man Abb. 6.3.1, ist die Auflösung (etwa 1400 × 1400 Bildpunkte) in dieser Größendarstellung völlig ausreichend. Derartige Abbildungen werden ganz einfach unter Verwendung der *Print Screen*-Taste in die Zwischenablage kopiert und z.B. mit MS Paint ausgeschnitten.

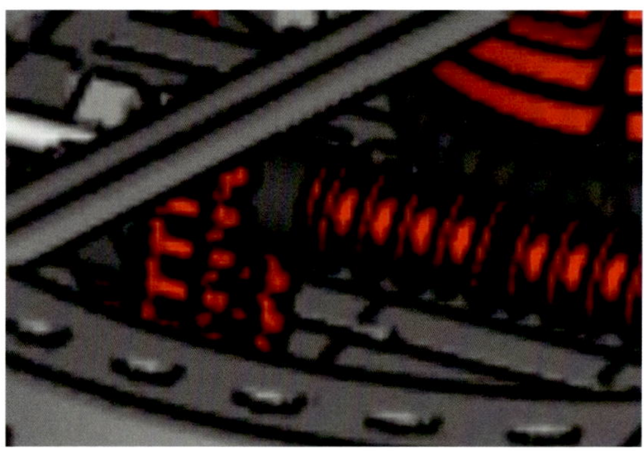

Abb. 6.3.2: Geringe Detailauflösung durch Erzeugung mithilfe der Print Screen-Taste

Wenn man jedoch genauer hinsieht bzw. eine größere Gesamtdarstellung haben möchte, ist diese Methode nicht mehr zu empfehlen, vgl. Abb. 6.3.2.

Was mit der in diesem Kapitel gezeigten Methode möglich ist, zeigt Abb. 6.3.3. Diese Detailgenauigkeit bezieht sich nicht nur auf den in Abb. 6.3.3 gezeigten Ausschnitt, sondern gilt für eine Darstellung des gesamten Modells gemäß Abb. 6.3.1 in einer einzigen Bilddatei.

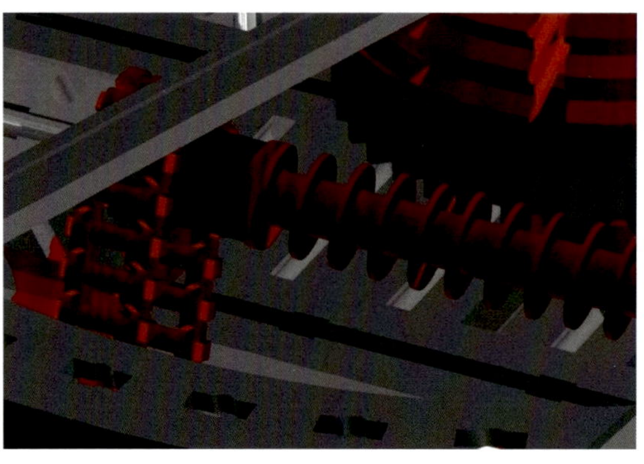

Abb. 6.3.3: Hohe Detailauflösung durch Nutzung weiterer Programme

Grenzen der Auflösung

Die hier beschriebene Methode konnte unter Windows XP SP3 Bitmap-Dateien bis zu einer Auflösung von 10000 × 7500 Punkten in 24-Bit-Farbtiefe erzeugen (75 Megapixel). Eine solche Bitmap-Datei hat eine Größe von etwa 220 MB, als JPG-Datei schrumpft die Dateigröße in diesem Beispiel wieder auf etwa 4 MB. Es ist davon auszugehen, dass auf aktuellen Rechnern und Systemen durchaus noch einiges mehr machbar ist.

Durchführung

Schritt 1, Erzeugung der POV-Datei

Das fertige Modell wird im fischertechnik Designer geöffnet, gemäß Abb. 6.3.5. Anschließend ist über den Menüpunkt *Ansicht/Bildgröße einstellen* die Bildgröße auf 800 × 600 einzustellen, sodass das gesamte Modellfenster im Zeichenfenster gezeigt wird. Nachfolgend richten Sie das Modell so aus, wie es später gezeigt werden soll. Über den Menüpunkt *Datei/Export/POV-Ray-Dateiformat (*.pov)* wird das Modell in dreidimensionaler Darstellung exportiert. Hierbei werden nur die sichtbaren Oberflächen exportiert, mit den entsprechenden Farben und Oberflächen einschließlich der Lichtführung. Im vorliegenden Beispiel war die erzeugte POV-Datei 294 MB groß.

Schritt 2, Erzeugung der Bilddatei

Aus der POV-Datei muss nun eine möglichst hochauflösende Bilddatei erzeugt werden, die mit den üblichen Bildbetrachtungsprogrammen bearbeitet werden kann. Hierzu wird das Bildsynthese-Programm POV-Ray[6] verwendet, das unter Beachtung der Lizenzbestimmungen frei aus dem Internet geladen werden kann. Die Bildsynthese wird auch als *rendern* oder *ray tracing* bezeichnet. Dieses Programm muss installiert werden. Im vorliegenden Beispiel wird die Version 3.6 verwendet.

Als ersten Schritt öffnen wir die erzeugte POV-Datei, dieses erfolgt wie üblich mithilfe des Menübefehls *File/Open file*. Das Programmfenster sieht dann aus wie in Abb. 6.3.6 gezeigt, die Registerkarte der geöffneten POV-Datei muss sichtbar sein.

Über den Menüpunkt *Render/Edit Settings/Render* öffnet sich ein Fenster, hier klicken Sie unter der Überschrift *INI File* die Befehlsschaltfläche *Edit* an. Das Programmfenster sieht dann aus wie in Abb. 6.3.7 gezeigt. Dieses Fenster ist im Grunde ein Textprogramm mit geöffneter Datei *QUICKRES.INI*. Hier müssen Sie die schwarz markierten Zeilen ergänzen:

```
[10000x7500, AA 0.3]
Width=10000
Height=7500
Antialias=On
Antialias_Threshold=0.3
```

Die Änderung ist zu speichern. Diese Ergänzung ist wichtig, um eine maximale Auflösung und eine Darstellung im richtigen Seitenverhältnis zu erhalten. Dieses Seitenverhältnis ist hier mit 10000 × 7500 Punkten angegeben und muss exakt dem Seitenverhältnis entsprechen, das zu Beginn im fischertechnik Designer mit 800 × 600 Punkten eingestellt wurde. Wenn unterschiedliche Seitenverhältnisse verwendet werden, ist die spätere Bilddarstellung verzerrt.

Anschließend gehen Sie wieder auf die Registerkarte der POV-Datei zurück und wählen erneut den Menüpunkt *Render/Edit Settings/Render* an. Diesmal wählen Sie jedoch zunächst unter der Überschrift *INI File* die neue Auflösungsdefinition *[10000×7500, AA 0.3]* aus und klicken schließlich die Befehlsschaltfläche *Render* an. Der Erstellungsprozess der Bilddatei beginnt. Die Bilddatei wird im selben Verzeichnis unter gleichem Namen wie die POV-Datei abgelegt, allerdings mit der Endung *.bmp*. Die erzeugte Bitmap-Datei ist im vorliegenden Beispiel 220 MB groß. Je nach Rechengeschwindigkeit ist dieser Vorgang nach einigen Minuten abgeschlossen.

Schritt 3, Modifikation der Bilddatei

Zur Bearbeitung der sehr großen Bilddatei eignet sich das ebenfalls frei aus dem Internet erhältliche Bildbearbeitungsprogramm GIMP[3], auch hier sind die Lizenzbestimmungen zu beachten. Im vorliegenden Fall wurde die Version 2.8.14 verwendet. Auch dieses Programm muss installiert werden.

Zunächst muss die Bilddatei geöffnet werden, vgl. Abb. 6.3.8. Über die Menüfunktion *Bild/Transformation/Um 180° drehen* kann das Bild gedreht werden, mithilfe der Funktion *Bild/Automatisch zuschneiden* wird der unnötige weiße Rand auf ein Minimum reduziert. Der weiße Hintergrund kann leicht über die Funktion *Werkzeuge/Auswahlwerkzeuge/Nach Farbe auswählen* markiert und anschließend über *Werkzeuge/Malwerkzeuge/Farbverlauf* angepasst werden. Schnell erzielbare Varianten sind in Abb. 6.3.4 und Abb. 6.3.9 zu sehen.

Das fertige Bild kann nun unter Verwendung der Menüpunkte *Datei/Export als* als JPG-Datei gespeichert werden. Jetzt ist die Datei mit einer Auflösung von etwa 3700 × 3700 Bildpunkten bei 100 % Qualität nur noch 4 MB groß.

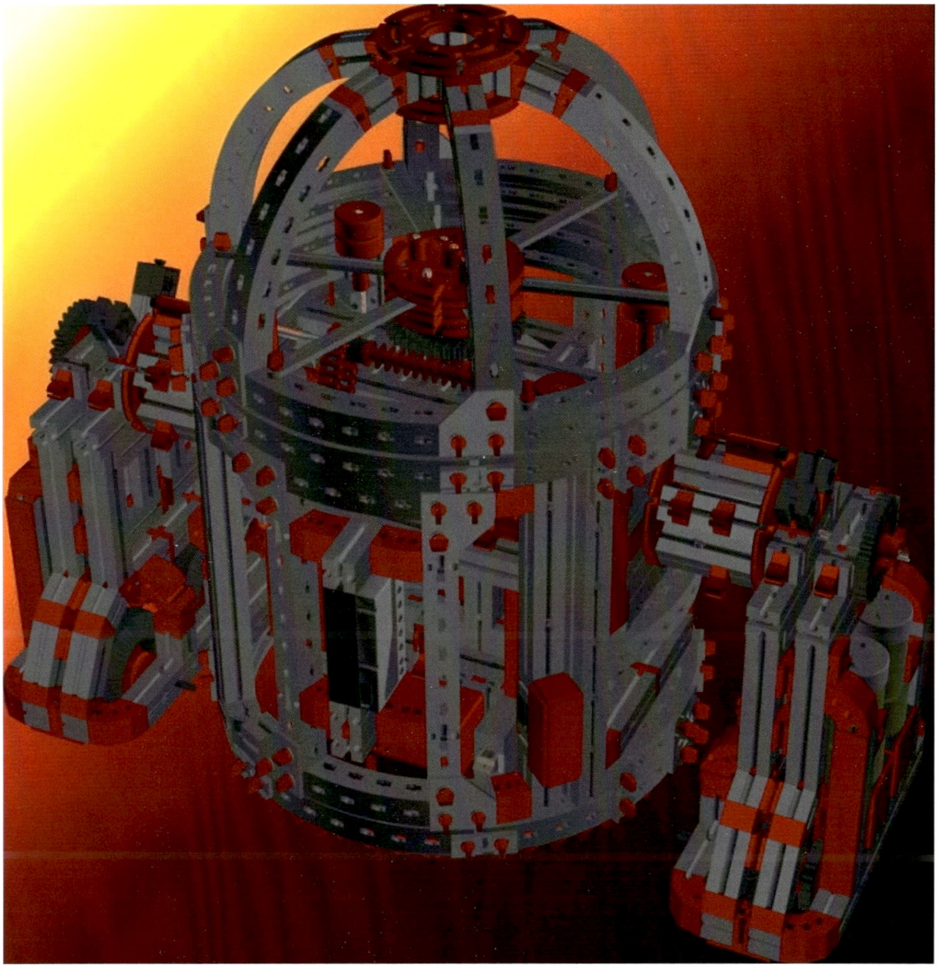

Abb. 6.3.4: Fertiges Ergebnis mit 3700 x 3700 Bildpunkten

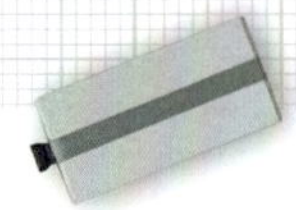

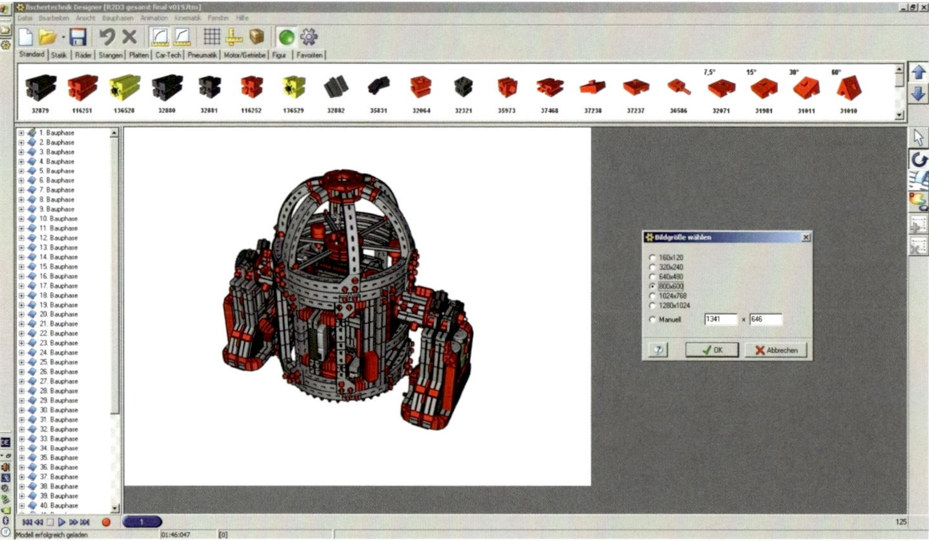

Abb. 6.3.5: fischertechnik Designer, fertiges Modell, Einstellung der Auflösung

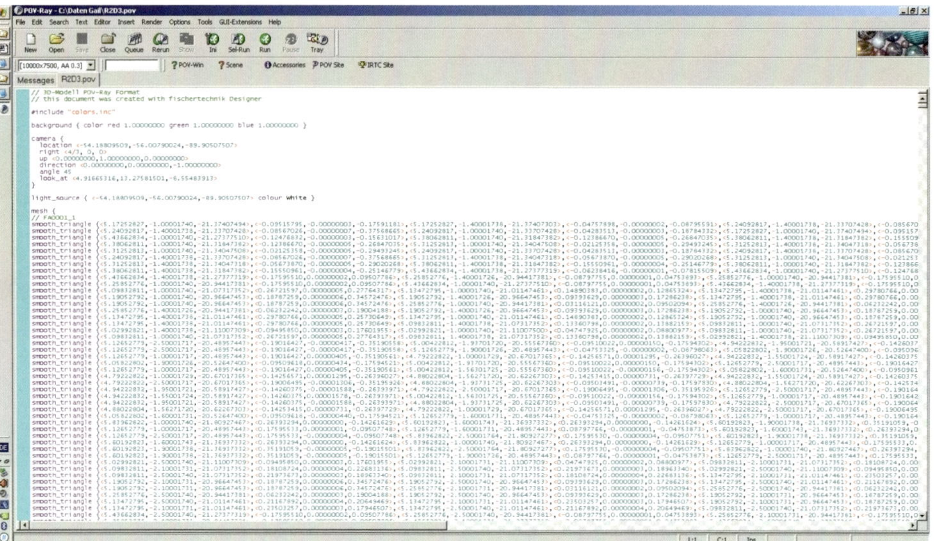

Abb. 6.3.6: POV-Ray, Bildsynthese-Programm (Renderer), mit geladener POV-Datei

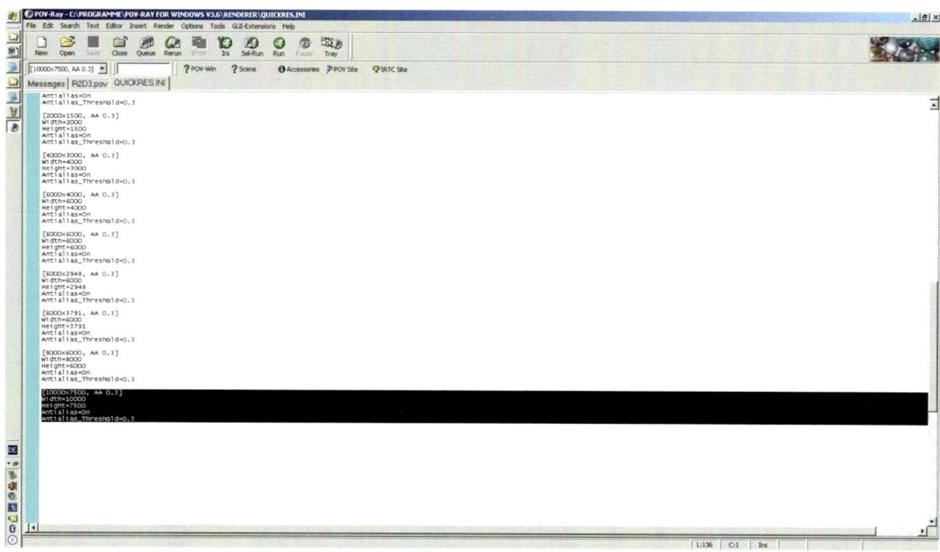

Abb. 6.3.7: POV-Ray, Bildsynthese-Programm (Renderer), Definition der Auflösung

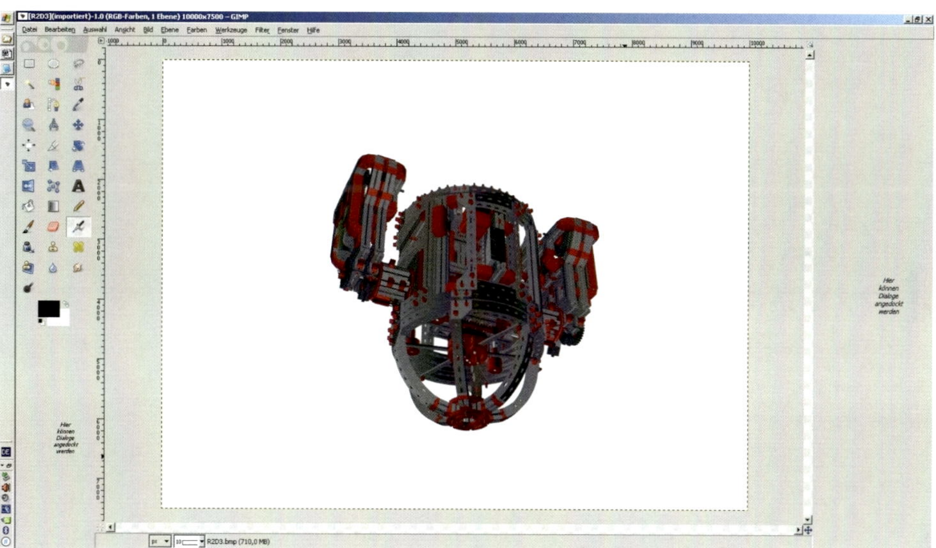

Abb. 6.3.8: GIMP, Bildbearbeitungsprogramm

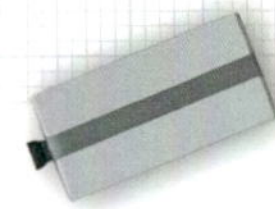

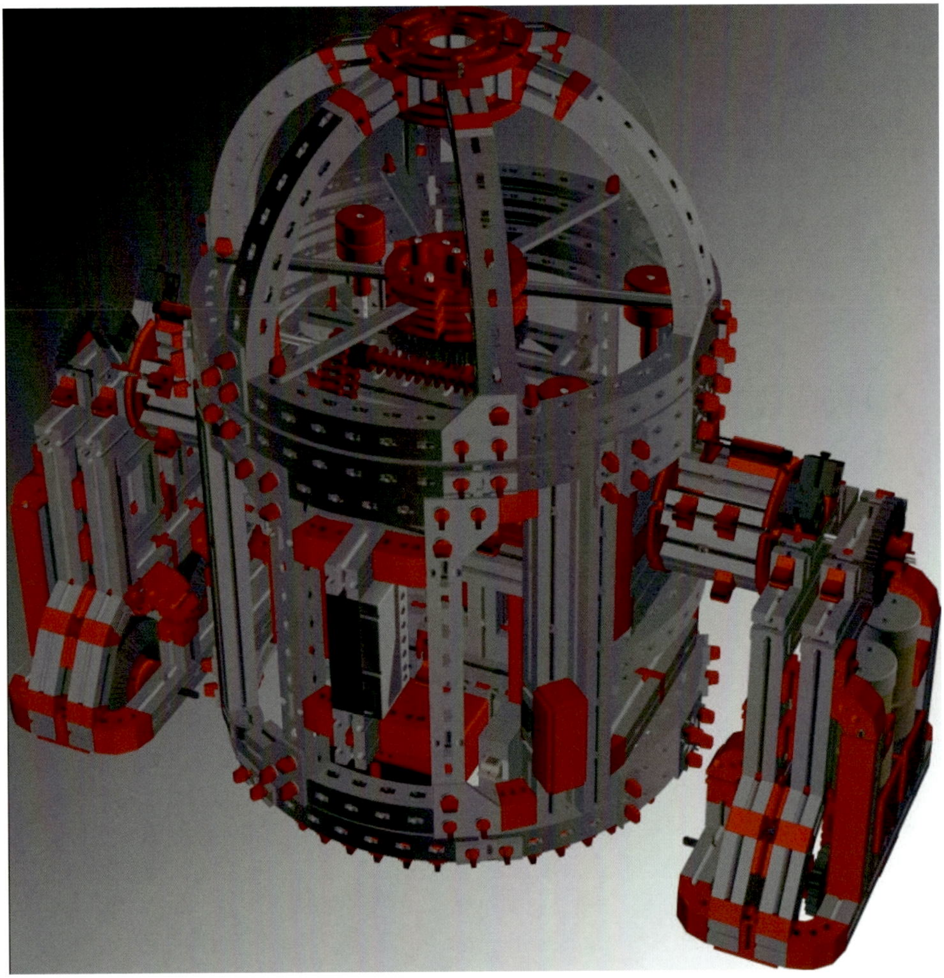

Abb. 6.3.9: Fertiges Ergebnis mit 3700 x 3700 Bildpunkten

Referenzen

1 Modifikation Nikon ML-L3, Variante 1: http://thehowzone.com/how/d70-remote/3; Variante 2: http://www.pbase.com/miljenko/mll3_wired.

2 Gail, Andreas: fischertechnik: Wassertropfen Fotographie mit Nikon. Youtube-Video, 2016: https://www.youtube.com/watch?v=ErKag7v0H7I.

3 Bildbearbeitungsprogramm GIMP: https://www.gimp.org.

4 fischertechnik Designer: http://www.3dprofi.de/de/.

5 Andreas Gürten, fischertechnik-Designer-Tutorial: https://forum.ftcommunity.de/viewtopic.php?f=8&t=1987.

6 POV-Ray 3D Bildsynthese/Renderer: http://www.povray.org.

7 Förderung von Flüssigkeiten

In der Welt der Chemie- und Bioverfahrenstechnik sind Rohrleitungen das wichtigste Transportmittel. Die dazu erforderliche treibende Kraft wird häufig von Pumpen aufgebracht.

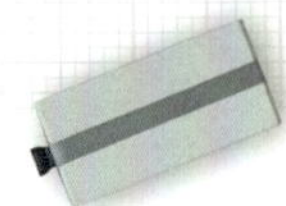

7.1 Schlauchquetschpumpe

Schlauchquetschpumpen sind beispielsweise in Labor und Krankenhaus gängig. Dieser Pumpentyp eignet sich besonders zum Aufbau mit fischertechnik.[1]

Vorteile von Schlauchquetschpumpen

Eine Schlauchquetschpumpe[2] lässt sich vergleichsweise einfach aufbauen. Der besondere Vorteil dieses Pumpentyps ist, dass die geförderten Flüssigkeiten keinen Kontakt zu den verbauten fischertechnik-Teilen haben (solange der Pumpschlauch nicht defekt ist). Die Pumpleistung einer Schlauchquetschpumpe, angegeben z.B. in Liter pro Stunde (L/h), ist eher gering. Stattdessen wird dieser Pumpentyp häufiger für Dosiervorgänge verwendet, bei denen es auf genaue Fördermengen ankommt. Flüssigkeiten in einem Zwangsförderer wie der Schlauchquetschpumpe können nicht zurücklaufen, auch wenn der Pumpenantrieb abgestellt ist. Zwangsförderer können sehr hohe Drücke erzeugen.

Aufbau mit fischertechnik

Das Kernstück der Schlauchquetschpumpe verdeutlicht Abb. 7.1.1, ein Video[3] zeigt seine Funktion. Hier sehen Sie einen Schlauch (Silikon, Außendurchmesser 4 mm), der stets durch mindestens eines von drei kleinen Rädchenpaaren gegen das Schlauchgehäuse gequetscht wird. Die Rädchen sind drehbar zwischen zwei schwarzen Zahnrädern befestigt. Dieses Bauteil wird auch als Pumpenrotor bezeichnet und in Abb. 7.1.3 gesondert gezeigt. Die schwarzen Zahnräder wiederum werden motorisch angetrieben. Durch drehendes Vorwärtsrollen auf dem gequetschten Schlauch wird die davor befindliche Flüssigkeitsmenge vorangetrieben. Insgesamt wird Wasser aus dem Wasserbehälter gemäß Abb. 7.1.2 über die Saugseite des Schlauchs angesaugt und über die Druckseite ausgestoßen.

Abb. 7.1.1: Pumpenkopf mit Pumpenrotor, Kernstück einer Schlauchquetschpumpe; Lagerhalterung zur besseren Ansicht entfernt

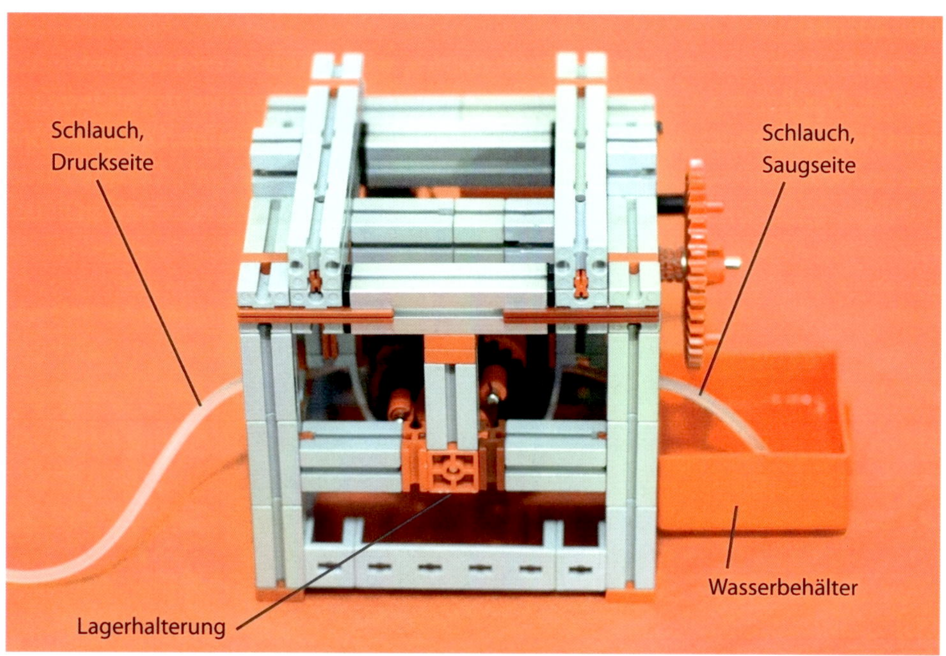

Abb. 7.1.2: Schlauchquetschpumpe Gesamtansicht

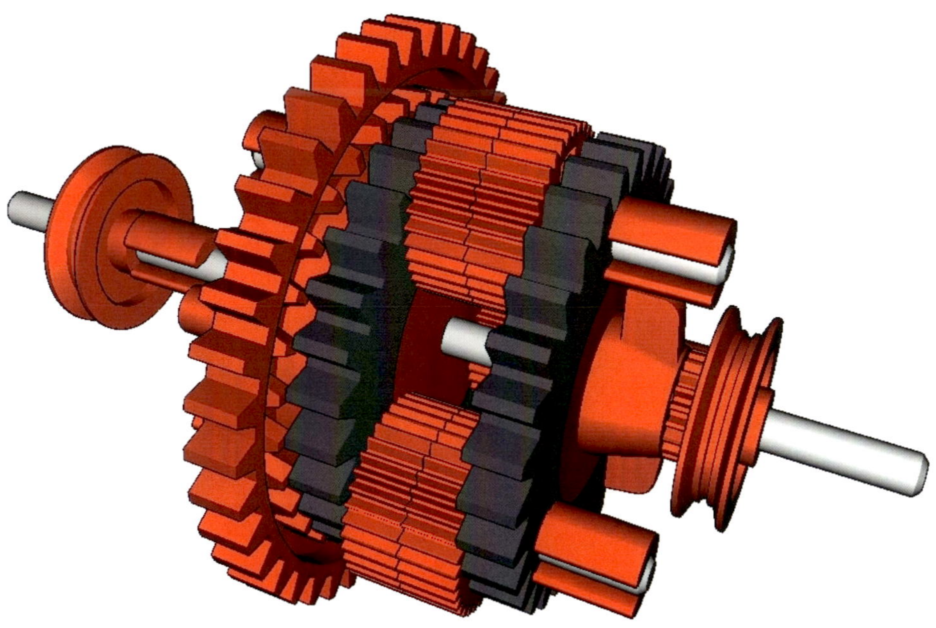

Abb. 7.1.3: Pumpenrotor

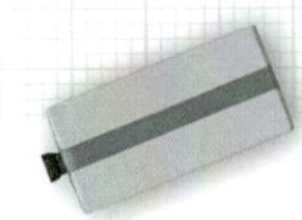

Der Antrieb

Der Antrieb erfolgt über einen Encodermotor, wie in Abb. 7.1.4 und Abb. 7.1.5 gezeigt. Das hat den Vorteil, dass eine Volumendosierung im Bedarfsfall möglich wird. Um das zu realisieren, muss die Pumpe eine Zeit lang laufen. Dabei werden die Encodermotorschritte gezählt und gleichzeitig das dabei geförderte Wasservolumen gemessen. Je größer das geförderte Wasservolumen ist, desto genauer erfolgt die spätere Dosierung.

Abb. 7.1.4: Antrieb der Schlauchquetschpumpe

Da die Quetschung des Silikonschlauchs an mindestens einer Stelle für eine fischertechnik-Konstruktion schon eine merkliche Belastung darstellt, ist das Pumpengehäuse stark versteift aufgebaut. Zudem wird mit einer starken Untersetzung gearbeitet, um den Motor nicht zu sehr zu belasten. Das bedeutet entsprechend eine geringere Pumpleistung. Für eine höhere Pumpleistung muss ein anderer Motorentyp eingesetzt werden, z.B. ein oder mehrere Power-Motoren. Weiterhin ist auch denkbar, den Pumpenrotor so zu verbreitern, dass durch mehrere Schläuche gleichzeitig parallel gepumpt wird.

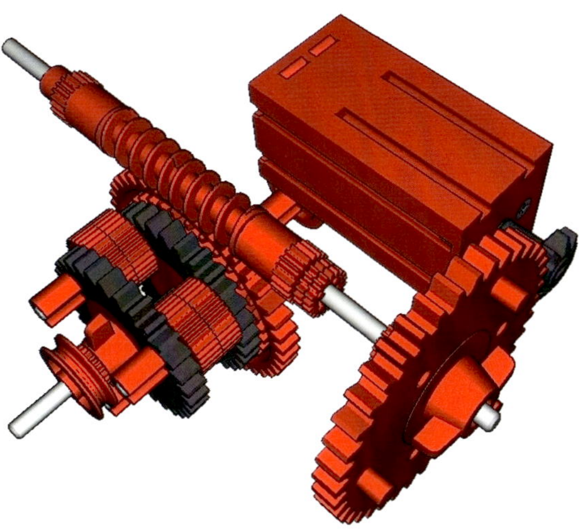

Abb. 7.1.5: Antrieb des Pumpenrotors

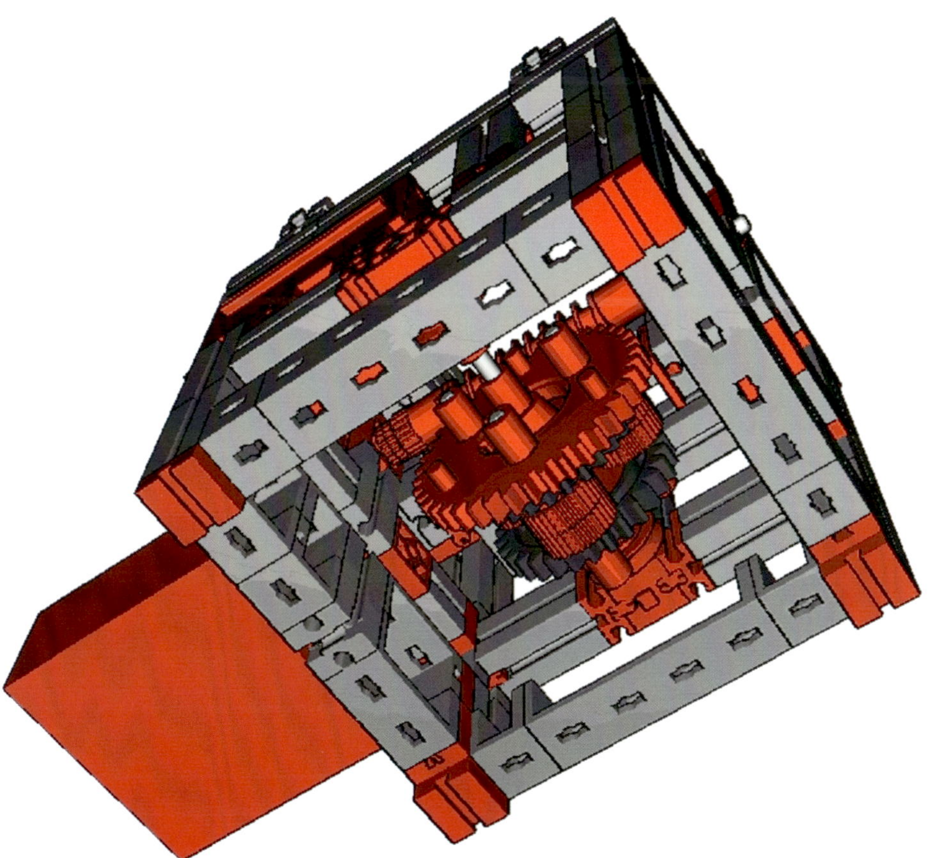

Abb. 7.1.6: Ansicht von unten, Darstellung ohne Schlauchgehäuse

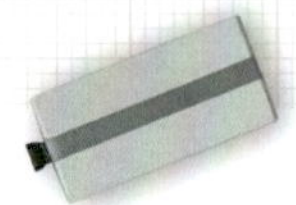

7.2 Mammutpumpe

Mit der Vorstellung der sogenannten Mammutpumpe (auch Druckluftheberpumpe genannt) wird eine weitere Möglichkeit gezeigt, eine Pumpe mit fischertechnik aufzubauen.

Das Grundprinzip

Nachfolgend wird ein Pumpentyp beschrieben, der sich leicht mit fischertechnik aufbauen lässt. Im Gegensatz zu der im vorausgehenden Kapitel gezeigten Schlauchquetschpumpe handelt es sich bei der Mammutpumpe[4] nicht um einen Zwangsförderer (Flüssigkeiten in einem Zwangsförderer können nicht zurücklaufen, auch wenn der Pumpenantrieb abgestellt ist. Zwangsförderer können einen sehr hohen Druck erzeugen.). Den prinzipiellen Aufbau zeigt Abb. 7.2.1:

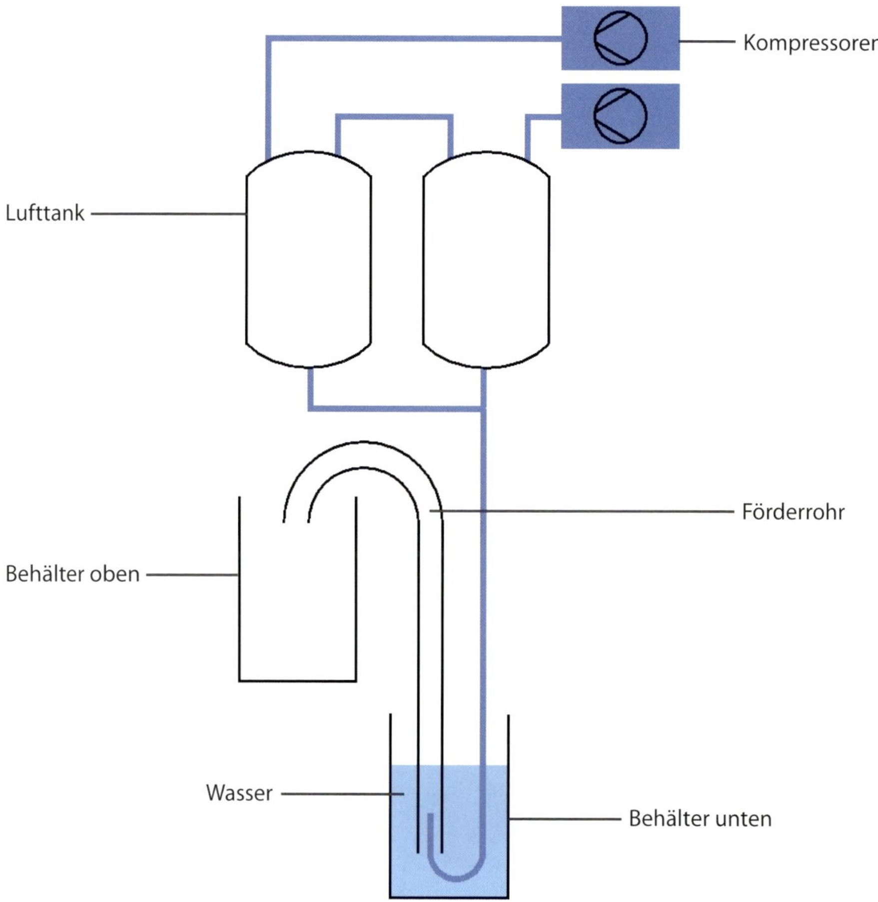

Abb. 7.2.1: Grundprinzip der Mammutpumpe

Mit den Kompressoren wird zunächst Druckluft erzeugt. Durch zwei Lufttanks hindurch gelangt diese Druckluft unterhalb der Wasseroberfläche in das Förderrohr. Dort tritt die Druckluft in Form von Luftblasen aus. Die dabei entstehende Blasensäule steigt im Förderrohr auf und reißt Flüssigkeitsanteile mit, die schließlich in den oberen Behälter laufen.

Beim Aufbau wurden zum Schutz der Kompressoren vor Wassereintritt drei Schutzmaßnahmen getroffen: Erstens sind die Kompressoren höher angeordnet als der höchste Punkt der Flüssigkeitshandhabung. Zweitens haben die beiden Lufttanks eine Art Speicherfunktion, um eventuell in den Luftschlauch eindringendes Wasser aufzunehmen, bevor dieses in die Pumpen gelangen kann. Drittens kann aufsteigendes Wasser im Luftschlauch visuell erkannt werden, weil hierzu ein ausreichend durchsichtiger weißer Silikonschlauch verwendet wird.

Modellaufbau

In Abb. 7.2.5 wird der Gesamtaufbau des Modells gezeigt, ein Video[5] verdeutlicht seine Funktion. Der prinzipielle Aufbau entspricht der Darstellung in Abb. 7.2.1. Statt der verwendeten chemielabortypischen Bechergläser können natürlich auch alte Marmeladengläser o. Ä. verwendet werden. Eine gewisse Besonderheit des Modells ist das Förderrohr. Hierzu wurde ein PVC-Schlauch aus dem Baumarkt mit 12 mm Außendurchmesser verwendet. Er ist recht widerspenstig, deshalb bedarf es einigen konstruktiven Aufwands, um ihn in der gewünschten Form zu halten. Abb. 7.2.2 bis 7.2.4 zeigen den Aufbau. Dabei wird der Schlauch unter Verwendung von Kabelbindern in die gewünschte Position gebracht. Insbesondere in Abb. 7.2.3 wird gezeigt, wie der Aufbau mechanisch stabilisiert wird, um die Gegenkraft des Schlauchs aufzunehmen. Abb. 7.2.4 zeigt die Stelle, an der die Druckluft in das Förderrohr eingespeist wird.

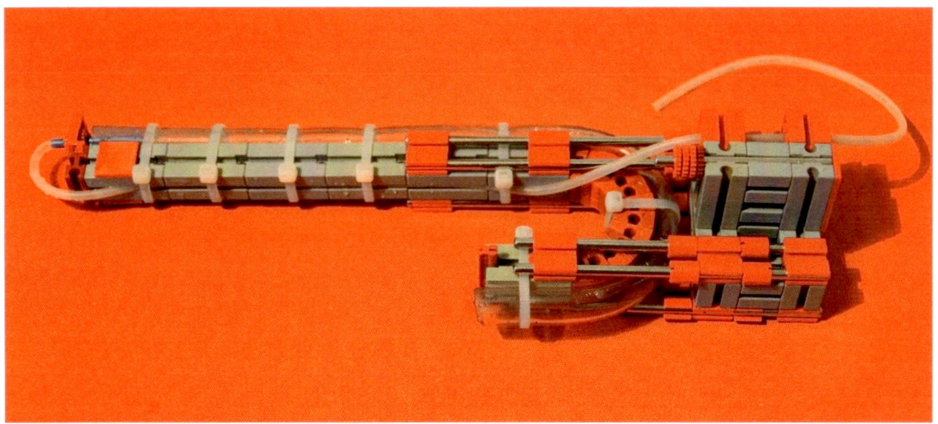

Abb. 7.2.2: Zwangsführung des Förderrohrs

Abb. 7.2.3: Zwangsführung des Förderrohrs, Rundhalterung im Detail

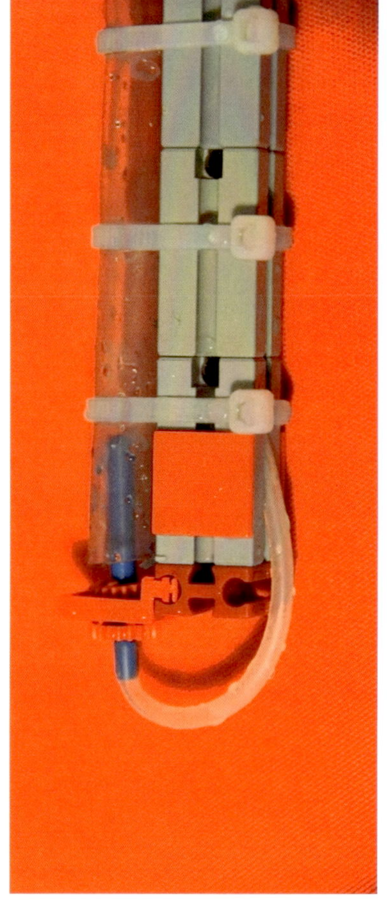

Abb. 7.2.4: Lufteinspeisestelle ins Förderrohr

Abb. 7.2.5: Modellaufbau der Mammutpumpe

Referenzen

1 Zwei weitere Modelle, die bereits früher mit fischertechnik gelöst wurden: 1) fischertechnik: Neues vom fischertechnik-Club. Clubheft 1973-2, S. 9–13. Fischer-Werke, 1973: http://ft-datenbank.de/details.php?ArticleVariantId=d9af5789-89ba-4628-ab4f-0b99573710f2;
2) fischertechnik: Niveauregelung bei bewegten Flüssigkeiten. Begleitbuch hobby 4 Band 5, S. 42-45. Fischer-Werke, 1975: http://ft-datenbank.de/details.php?ArticleVariantId=6cccdde1-9f1d-4b7b-b7ae-3b44cbcc00fa.

2 Wikipedia: Schlauchpumpe: https://de.wikipedia.org/wiki/Schlauchpumpe.

3 Gail, Andreas: Schlauchquetschpumpe- Youtube-Video: https://youtu.be/SPFc52auA44.

4 Wikipedia: Mammutpumpe; https://de.wikipedia.org/wiki/Mammutpumpe.

5 Gail, Andreas: fischertechnik: Mammutpumpe. Youtube-Video, 2017: https://youtu.be/ht_kigl5Y_g.

8 Spezialprojekte

Dieser Abschnitt widmet sich Modellen, die komplexe technische Geräte des Alltags mit fischertechnik nachbilden. Dabei gelangen auch Teile von Drittanbietern zum Einsatz.

8.1 Staubsauger

Ein Gerät, was wohl in jedem Haushalt zu finden ist. Alltäglich und trivial? Oder vielleicht doch nicht? Nachfolgend soll eine Variante gezeigt werden, die häufig auch als Industriestaubsauger bezeichnet wird. Und tatsächlich sind trotz eines solch relativ einfachen Aufbaus überraschende Geheimnisse zu entdecken.

Was macht ein Staubsauger?

Natürlich saugen! Man darf aber durchaus überrascht sein, was dabei alles Spannendes passiert. Dazu erläutern wir zunächst vier Detail-Hintergründe.

Detail 1: Aufbau einer Druckdifferenz und deren Bemühungen zum Ausgleich

Beim Saugen wird Energie (in diesem Fall elektrischer Strom) aufgewendet, um Luft aus dem Staubsaugerinnenraum heraus zu befördern. Dieses erfolgt mithilfe eines Ventilators. Im Ergebnis kommt es zu einem geringeren Druck im Staubsauger im Vergleich zum umgebenden Luftdruck des Raums. Dieser Druckunterschied wird fortlaufend teilweise ausgeglichen, indem umgebende Luft in den Staubsaugerinnenraum einströmt. Diese Bemühungen des Druckausgleichs ist ein Beispiel von vielen in der Natur. Grundsätzlich streben Vorgänge stets dem nächstgelegenen niedrigerem Energieniveau zu.

Detail 2: Kontinuität – wo was hinein will, muss etwas heraus

Der oben beschriebene Ventilator kann mit seinem relativ großen Durchmesser beim Aufbau des Staubsaugers nur einen recht kleinen Luftstrom aus dem Sauger heraus erzeugen. Diese vergleichsweise geringe Strömungsgeschwindigkeit wäre deutlich zu gering, um die gewünschte Saugwirkung auf Schmutzteilchen auszuüben. Da aber der Saugschlauch einen sehr viel geringeren Durchmesser als der Ventilator hat, muss die Luft durch den Saugschlauch deutlich schneller strömen, um dieselbe Luftmenge passieren zu lassen. Ersetzt man den Durchmesser durch die äquivalente Strömungsquerschnittsfläche, erhält man die Kontinuitätsgleichung. Diese gilt bei Luft (allgemein Gasen) im vorliegenden Fall jedoch nur für die Außenkanten des Ein- und Austritts:

$$\dot{V} = A \cdot v$$

- $\dot{V}$ ist der Volumenstrom (in m^3/s)
- A ist die Strömungs-Querschnittsfläche (in m^2).
- v ist die Strömungsgeschwindigkeit (in m/s).

Hieraus kann man die Strömungsgeschwindigkeit für Eingang und Ausgang umrechnen, weil der Volumenstrom an beiden Stellen stets gleich ist. Es gilt:

$$\dot{V}_{Eingang} = \dot{V}_{Ausgang}$$

$$A_{Eingang} \cdot v_{Eingang} = A_{Ausgang} \cdot v_{Ausgang}$$

Detail 3: Randgängige Ventilatoren erhöhen den Wirkungsgrad
Dieses Detail ist einfacher konstruktiver Art. Je enger die Außenkanten der Ventilatorflügel am zylindrischen Abluftrohr entlangstreichen, desto weniger Luft kann von der Abströmseite als »Kurzschluss« wieder zur Anströmseite gelangen.

Detail 4: Wirkungsweise eines Zyklonabscheiders
Hierbei handelt es sich um eine häufig eingesetzte Technik.

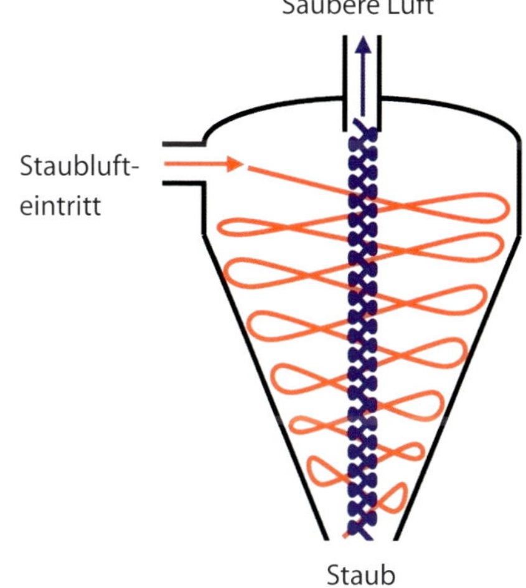

Abb. 8.1.1: Kontinuierlich arbeitender Zyklonabscheider zur Gasreinigung, rote Linie = Gasstrom mit Partikelfracht, blaue Linie = abgereicherter Gasstrom

Der mit Staub angereicherte Luftstrom wird oben in den zylindrischen Teil des Staubsaugerbehälters tangential eingeleitet und so zwangsweise der gekrümmten Wandung folgend in eine Drehbewegung versetzt. Dabei werden die Staubpartikel wie in einer Zentrifuge nach außen geschleudert und konzentrieren sich an der Innenwandung des Staubsaugerbehälters. Die gleichzeitig auf sie einwirkende Schwerkraft bewirkt, dass sich die Staubpartikel nach unten bewegen. Somit ist die Luft zunehmend von Staubpartikeln abgereichert, je weiter man ein Volumenelement in der oberen Mitte des Staubsaugerbehälters betrachtet. Genau dort ist dann der Filter positioniert, durch den der Ventilator die Luft aus dem Staubsaugerbehälter befördert.

Modellaufbau mit fischertechnik

Mit fischertechnik allein erschien es nicht möglich, einen runden Industriestaubsauger nachzubauen. Aus diesem Grund wurden einfache Pappe, ein flexibles Elektriker-Leerrohr, etwas Klebeband, durchsichtiger Tesafilm, selbstklebende Profildichtung (eigentlich zur Fensterabdichtung), breites Klebeband, Pattex als schnell trocknender Klebstoff, ein dünner Damenstrumpf zur Luftfiltration und ein paar Gummibänder hinzugenommen. Abb. 8.1.2 zeigt die Gesamtansicht. Einzelne Styroporkügelchen oder Staubflusen konnten damit eingesaugt werden.

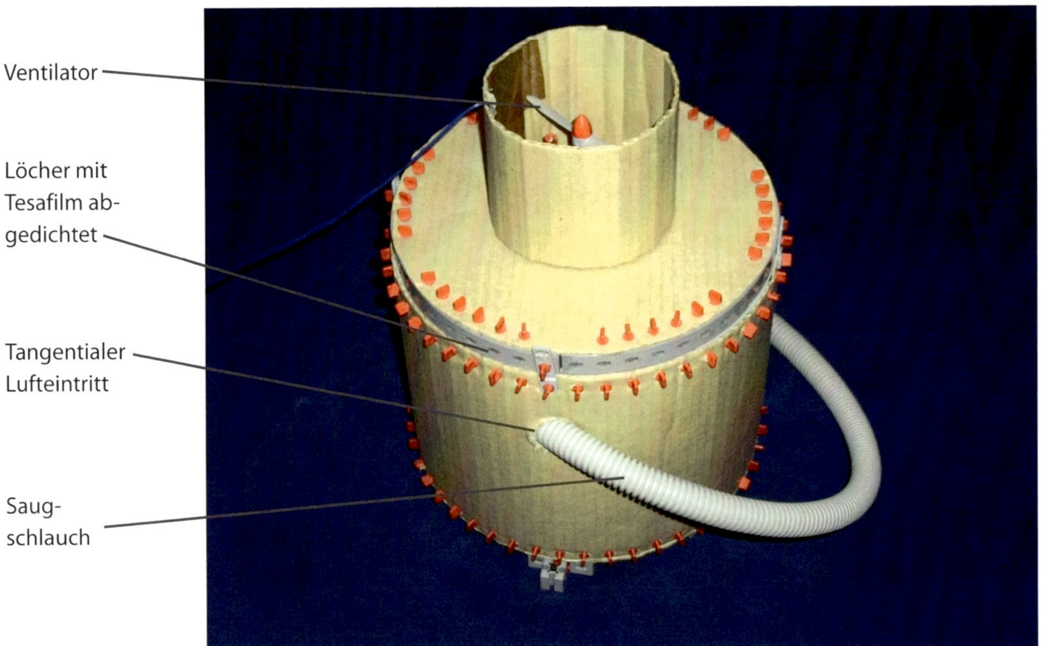

Abb. 8.1.2: Staubsauger-Gesamtansicht

Die Montage der vielen fischertechnik-Riegel braucht etwas Geduld. Damit das gelingt, darf die Pappe nicht zu dick, muss aber trotzdem ausreichend formstabil sein. Weiterhin wurden zunächst alle erforderlichen Löcher für die S-Riegel angezeichnet und anschließend mit einer Lochzange ausgeschnitten. Die verwendete Lochzange ist in Abb. 8.1.3 dargestellt.

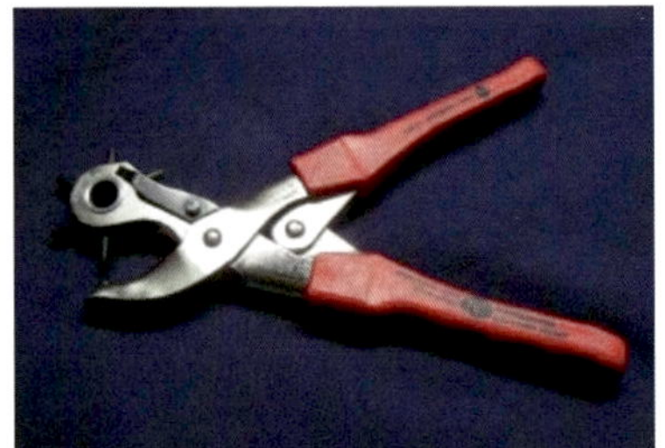

Abb. 8.1.3: Lochzange zum Ausschneiden der Schraubenlöcher

Der Innenaufbau des Staubsaugerbehälters wird in Abb. 8.1.4 gezeigt. Der tangentiale Lufteintritt ist mit dem grünen Pfeil markiert (vgl. *Detail 4: Wirkungsweise eines Zyklonabscheiders*).

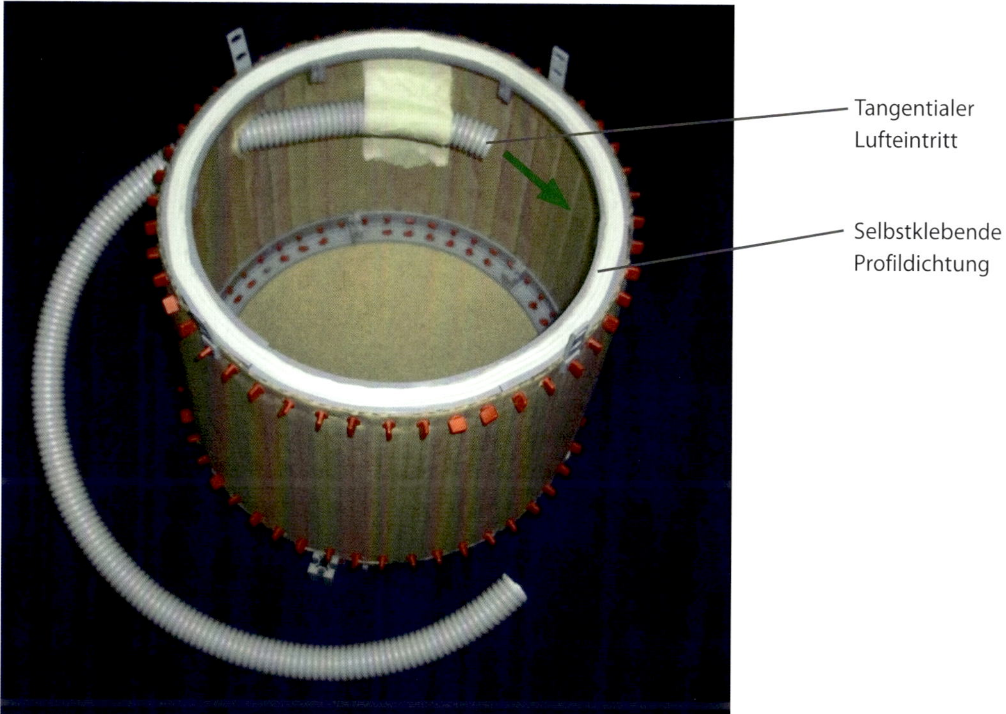

Abb. 8.1.4: Staubsaugeraufbau von innen

In Abb. 8.1.5 ist der Staubsauger von oben gezeigt. Hier ist bildlich dargestellt, wie die Randgängigkeit der Lüfterflügel im Modell umgesetzt wurde (vgl. *Detail 3*). Weiterhin erkennbar ist der Luftkanal, der die Luft aus dem Staubsaugerbehälter dem Ventilator zuführt. Der verwendete graue Minimotor ist dabei mittig im Luftstrom positioniert. Das hat gleichzeitig den Vorteil, dass die Abwärme des Motors optimal abgeführt werden kann. Das gelingt ausgerechnet an dieser Stelle gut, weil hier eine vergleichsweise schnelle gerichtete Luftströmung vorliegt. Motoren in kommerziellen Staubsaugern werden ebenso luftgekühlt.

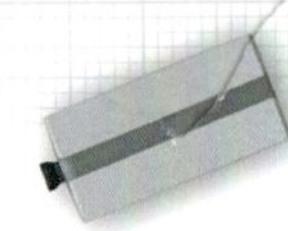

Abb. 8.1.5: Staubsauger von oben, mit Ventilator

Als letztes konstruktives Detail wird in Abb. 8.1.6 der Luftfilter gezeigt:

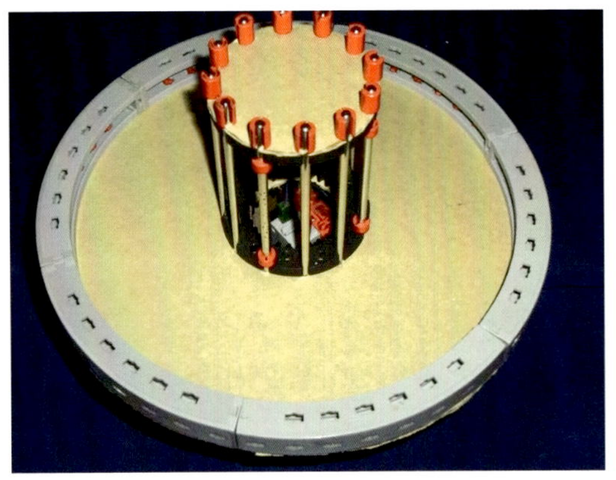

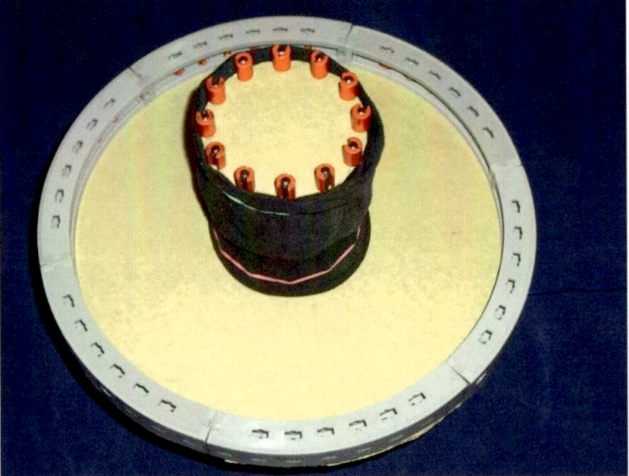

Abb. 8.1.6: Luftfilter, links ohne Filter, rechts mit Filter

8.2 Nummernblock am Robotics TX(T) Controller

An vielen Stellen wird die Eingabe von Geheimnummern verlangt, um Zugang zu Systemen oder auch Gebäuden oder Gebäudeteilen zu erlangen. Nachfolgend wird gezeigt, wie einfach Standardkomponenten von Fremdanbietern in die Welt von fischertechnik integriert werden können.

Der Nummernblock

Der nachfolgend gezeigte Nummernblock ist ein Standardbauteil, welches bis heute mechanisch seit Jahrzehnten praktisch unverändert zur Verfügung steht.
Mit seiner erhabenen Tastenfeldgröße von 46 mm × 57,5 mm lässt sich der Nummernblock akzeptabel in das fischertechnik-System integrieren. Wer es genauer eingepasst haben möchte, muss halt doch zur Feile greifen. In Abb. 8.2.2 haben wir darauf verzichtet.

Die einzelnen Tasten sind in einer Matrix von 3 × 4 angeordnet, d. h., es gibt drei Spalten und vier Zeilen, was zusammen zwölf Tasten ergibt.

Abb. 8.2.1: Nummernblock 3-x-4-Matrix
Gesamtmaß 51 mm · 64 mm

Abb. 8.2.2: Nummernblock mit mechanischer Systemintegration

Abb. 8.2.3: Nummernblock von unten mit sieben Anschlussstiften

Elektrische Anschlüsse

Betrachtet man den Nummernblock von unten, kann man sieben Anschlussstifte erkennen. Das erscheint etwas wenig, da es doch zwölf Tasten gibt. Es kann also nicht für jede Taste einen eigenen Anschlussstift geben. Hier den Zusammenhang zu verstehen, ist für die spätere Programmierung wichtig. Ein Rätsel? Hier kommt die Lösung:

Die Zahlen erscheinen in Abb. 8.2.4 spiegelverkehrt im Vergleich zu Abb. 8.2.1. In Abb. 8.2.4 wird die Ansicht von unten gezeigt. Die Tasten sind in den Spalten A, B und C angeordnet sowie in den Zeilen 1, 2, 3 und 4. Wenn also z.B. die Taste »5« (Spalte B, Zeile 2, d.h. B2) gedrückt wird, werden so die Anschlussstifte B und 2 miteinander verbunden. Die obige Darstellung erklärt auch, warum auf dem Tastenfeld nicht beliebig viele Tasten gleichzeitig gedrückt werden dürfen, wenn eine eindeutige Auswertung der gedrückten Tasten erforderlich ist.

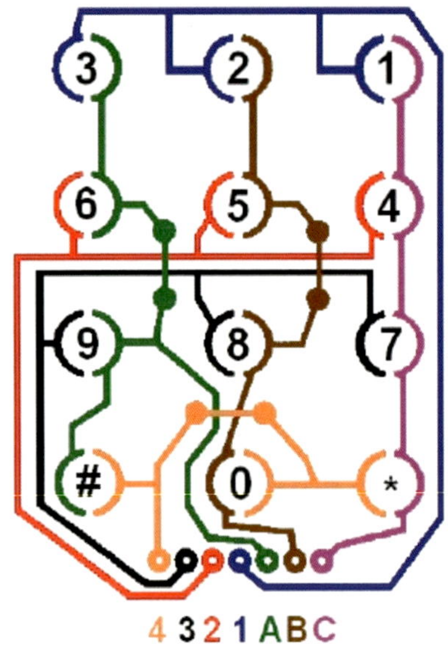

Abb. 8.2.4: Nummernblock von unten: Zusammenhang von Anschlussstiften und Tasten

Bei uneingeschränkter Nutzung aller Tasten werden auf dem Robotics TX Controller (RTXC) stets sieben Eingänge (I) bzw. Ausgänge (O) benötigt. Man kann sich jedoch auch dazu entscheiden, auf einzelne oder mehrere Zeilen oder Spalten zu verzichten, um Anschlüsse auf dem RTXC zu sparen. Werden z.B. nur die Tasten »1« bis »6« benötigt, braucht man nur die Anschlussstifte 1, 2, A, B und C. Auf dem RTXC würde man in diesem Fall also mit fünf Anschlüssen auskommen.

Unabhängig davon, wie viele Tasten des Nummernblocks verwendet werden sollen, werden stets Eingänge und Ausgänge auf dem RTXC benötigt. Dabei kann man sich dazu entscheiden, die Tastenreihen 1 … 4 mit den Eingängen (I_1 … I_4) des RTXC zu verbinden und die Tastenspalten A … C mit den Ausgängen (O_1 … O_3). Es geht jedoch auch umgekehrt, nämlich die Tastenreihen 1 … 4 mit den Ausgängen

($O_1 \dots O_4$) sowie die Tastenspalten A … C mit den Eingängen ($I_1 \dots I_3$) zu nutzen. Je nachdem, wie Sie sich entscheiden, haben Sie einen freien Eingang oder Ausgang mehr zur Verfügung. Weiterhin müssen Sie die getroffene Entscheidung in der Software des RTXC berücksichtigen.

Es gilt folgende Tabelle hinsichtlich der Anschlussstifte für das Drücken einzelner Tasten:

Taste	Anschlussstifte
1	C1
2	B1
3	A1
4	C2
5	B2
6	A2
7	C3
8	B3
9	A3
0	B4
#	A4
*	C4

Tab. 8.2.1: Zusammenhang von gedrückten Tasten und Verbindung der Anschlussstifte

Kabelverbindungen

Natürlich kann man an die Anschlussstifte einfach Kabel anlöten. Im vorliegenden Fall wurden folgende Kabeladapter hergestellt:

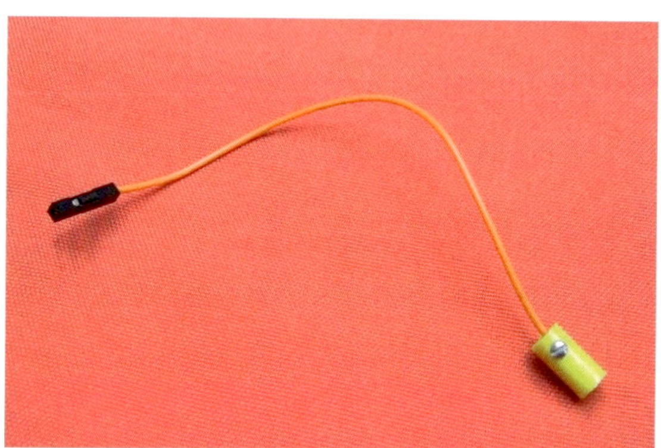

Abb. 8.2.5: Verbindungskabel zwischen Nummernblock und fischertechnik-Steckern

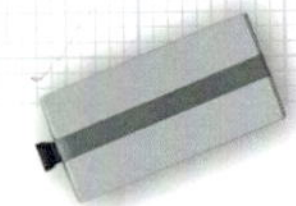

Für den Gesamtaufbau ergibt sich Folgendes:

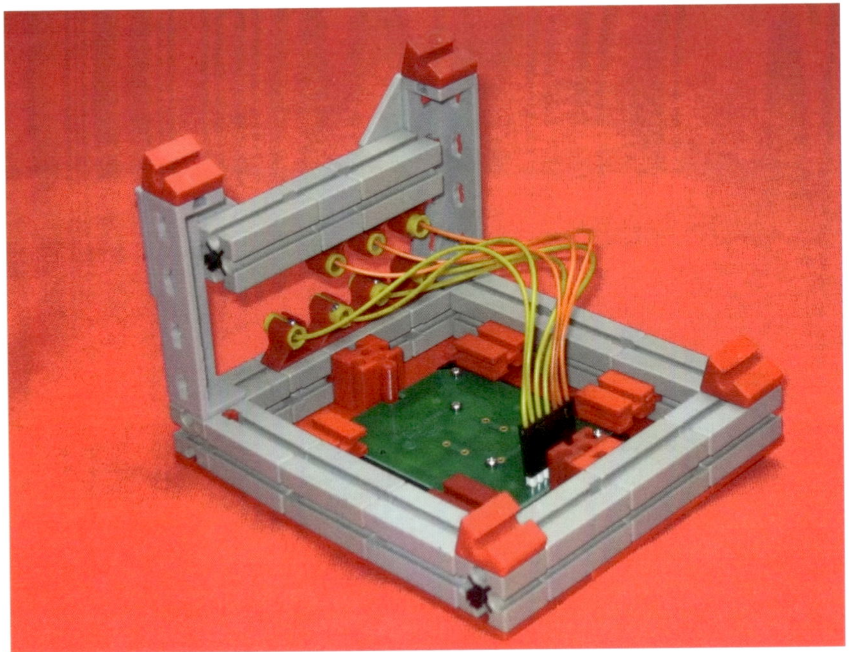

Abb. 8.2.6: Nummernblock mit Anschlüssen

Vorsichtshalber sei erwähnt, dass der Nummernblock hinsichtlich der Schaltung von Strömen recht limitiert ist. 30 mA sollen gemäß Herstellerangaben nicht überschritten werden, was bei der Nutzung mit dem RTXC kein Problem ist. Die direkte Ansteuerung von Glühlampen oder Motoren über den Nummernblock hingegen würde diesen vermutlich schnell zerstören.

Programmierung

Vorab sei erwähnt, dass der Programmablauf in gewisser Weise zeitkritisch ist, um eine verlässliche Eingabe zu ermöglichen. Gut funktioniert das Programm im Onlinemodus, d.h. mit PC-Verbindung, wenn die Verbindung über USB-Kabel besteht. Bei einer Verbindung über Bluetooth kommt es offenbar zu Zeitproblemen aufgrund der Funkverbindung – mit einem ungenügenden Gesamtergebnis. Gut klappt es auch im Offlinemodus, d.h., das Programm wird vom RTXC ausgeführt, gänzlich ohne PC.

Wie erkennt RTXC nun die Tasteneingaben? Zur Verbesserung der Übersichtlichkeit haben wir die Funktionalitäten in verschiedene Unterprogramme (UP) aufgeteilt. Wir zeigen die Variante unter Nutzung der Ausgänge $O_1 \dots O_3$ sowie der Eingänge $I_1 \dots I_4$. Gemäß Abb. 8.2.4 und 8.2.5 werden die Ausgänge mit A, B und C verbunden und die Eingänge mit 1, 2, 3 und 4.

Hauptprogramm

Das Hauptprogramm gemäß Abb. 8.2.7 besteht im Wesentlichen aus der einmaligen Definition der Variablen *DigitCount*, *TotalResult* und *DoEnter*. Es folgt die Hauptprogrammschleife, die aus einigen Unterprogrammaufrufen besteht. Diese Unterprogramme werden beim Einlesen eines einzigen Tastendrucks alle durchlaufen. Bei der Eingabe von Ziffern werden diese hintereinandergeschrieben und unter *TotalResult* gespeichert. Welche Stelle von *TotalResult* als nächste beschrieben werden soll, wird unter *DigitCount* mitgezählt. Der Beginn einer neuen Eingabe kann durch die Taste »*« angezeigt werden. Dabei werden *TotalResult* = 10000 und *DigitCount* = 0 wieder auf die Starteinstellung zurückgesetzt. Die Taste »#« ist die Bestätigung des Eingabeabschlusses (Enter).

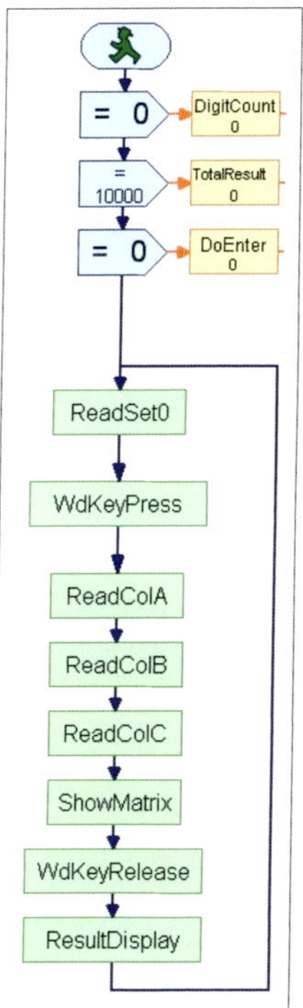

Abb. 8.2.7: Hauptprogramm zum Auslesen der Tasteneingaben über RTXC

Unterprogramm ReadSet0

Dies ist ein eher langweiliges Unterprogramm (Abb. 8.2.8): Hier werden alle zwölf Variablen zum Einlesen der Tastenbetätigung auf null zurückgesetzt, was wichtig ist, um Lesefehler nach der Betätigung einer nachfolgenden Taste zu vermeiden.

Unterprogramm WdKeyPress

Dieses Unterprogramm (Abb. 8.2.9) hat die Funktion eines Wachhunds (»*watchdog*«[1]). Das Programm wartet hier so lange, bis eine Taste gedrückt wurde. Damit das Auslesen überhaupt funktioniert, müssen alle drei verwendeten Ausgänge (Spalten A, B und C) auf Masse gelegt sein, d.h. mit 0 V beschaltet. So ist es möglich, an den Eingängen einen Tastendruck zu erkennen. Um keinen Fehler zu provozieren, muss 0,03 s = 30 ms gewartet werden, bis der RTXC die Ausgänge auch wirklich geschaltet hat.

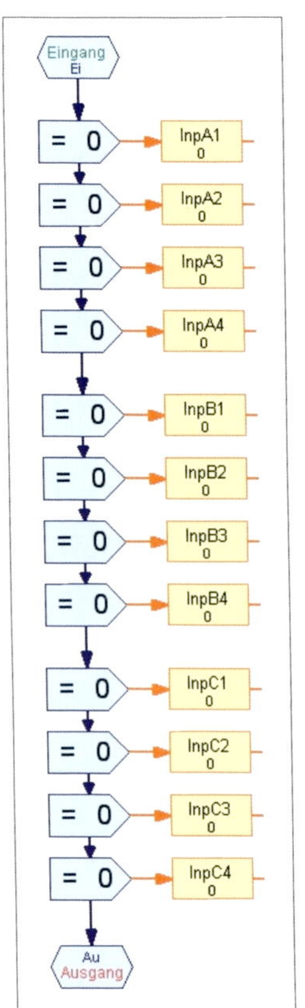

Abb. 8.2.8: Unterprogramm ReadSet0

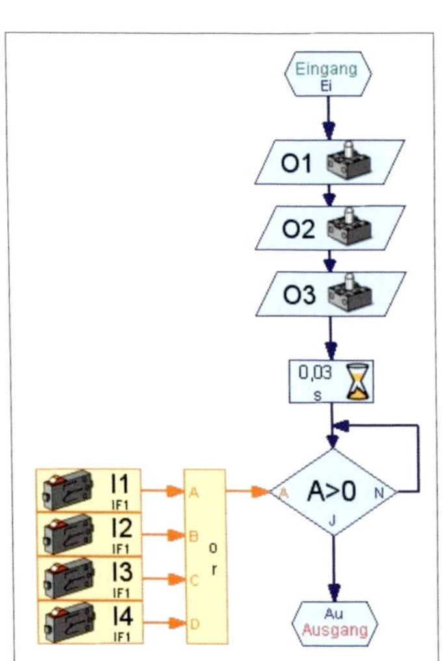

Abb. 8.2.9: Unterprogramm WdKeyPress

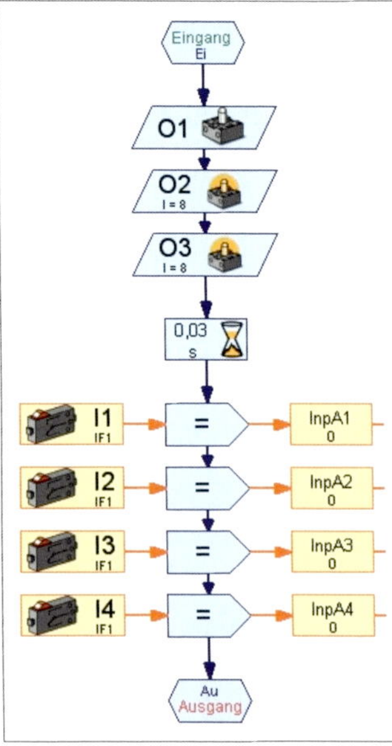

Abb. 8.2.10: Unterprogramm ReadColA

Unterprogramm ReadColA

Nun werden die gedrückten Tasten der Spalte A ausgelesen und in den Variablen *InpA1, InpA2, InpA3* und *InpA4* gespeichert (siehe Abb. 8.2.10). Im Falle einer gedrückten Taste wird unter der zugehörigen Variable eine 1 gespeichert, andernfalls ein 0. Um nur die Spalte A auszulesen, setzt das Programm den Ausgang O_1 auf 0 V und wartet auch hier wieder 30 ms, um einen Lesefehler zu vermeiden. Es folgen die Unterprogramme *ReadColB* und *ReadColC* in gleicher Weise. Dabei werden die Variablen *InpB1, InpB2, InpB3* und *InpB4* sowie *InpC1, InpC2, InpC3* und *InpC4* beschrieben. Am Ende sind dann schließlich alle Spalten ausgewertet. Es mag Ihnen vielleicht umständlich vorkommen, zwölf Variablen nur mit 1 oder 0 zu beschreiben. Der Vorteil aber ist, dass die drei Spalten mit maximaler Geschwindigkeit – nämlich innerhalb von 1 ms – hintereinander ausgewertet werden. 1 ms ist die Mindestdauer, für die eine Taste gedrückt sein muss, um eindeutig ausgelesen zu werden. Schnelleres Tippen führt also zu Lesefehlern. Diese Geschwindigkeit zu unterschreiten, muss man allerdings erst einmal hinbekommen.

Unterprogramm ShowMatrix

Dieses Unterprogramm ist nur eine Funktion zur Anzeige aller Variablen, die mit *ReadColA, ReadColB* und *ReadColC* ausgelesen wurden.

Unterprogramm WdKeyRelease

Dieses Unterprogramm ist fast identisch mit dem Unterprogramm *WdKeyPress*. Der einzige Unterschied ist, dass in der Entscheidungsraute J und N vertauscht sind. Das Programm wartet also, bis die zuletzt gedrückte Taste wieder losgelassen wird.

Unterprogramm ConvMatrix

Das Unterprogramm *ConvMatrix* ist Bestandteil eines weiteren Unterprogramms *ResultDisplay*, das wir anschließend behandeln. Es dient dazu, aus den schnell ausgelesenen Variablen *InpA1, InpA2, InpA3, InpA4, InpB1, InpB2, InpB3, InpB4, InpC1, InpC2, InpC3* und *InpC4* das Ergebnis des Tastendrucks in einer einzigen Variablen zusammenzufassen.

Bei den Ziffern wird jeweils der Ziffernwert ausgegeben. Bei der Taste »*« wird der Wert 99 zurückgegeben und bei der Taste »#« der Wert 98. Weiterhin sehen wir, dass die Einzelauswertungsergebnisse addiert werden. Sollten also zwei oder mehr Tasten gleichzeitig gedrückt worden sein, so liegt dieses Additionsergebnis nicht im Bereich 0 bis 9 und beträgt auch sicher nicht 98 oder 99. Auf diese Weise können fehlerhafte Eingaben erkannt werden. Wie auf Fehler reagiert wird, sehen wir im nachfolgenden Unterprogramm *ResultDisplay*.

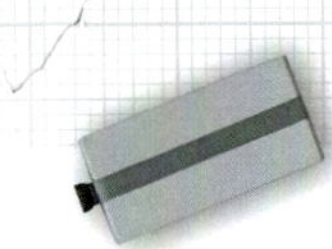

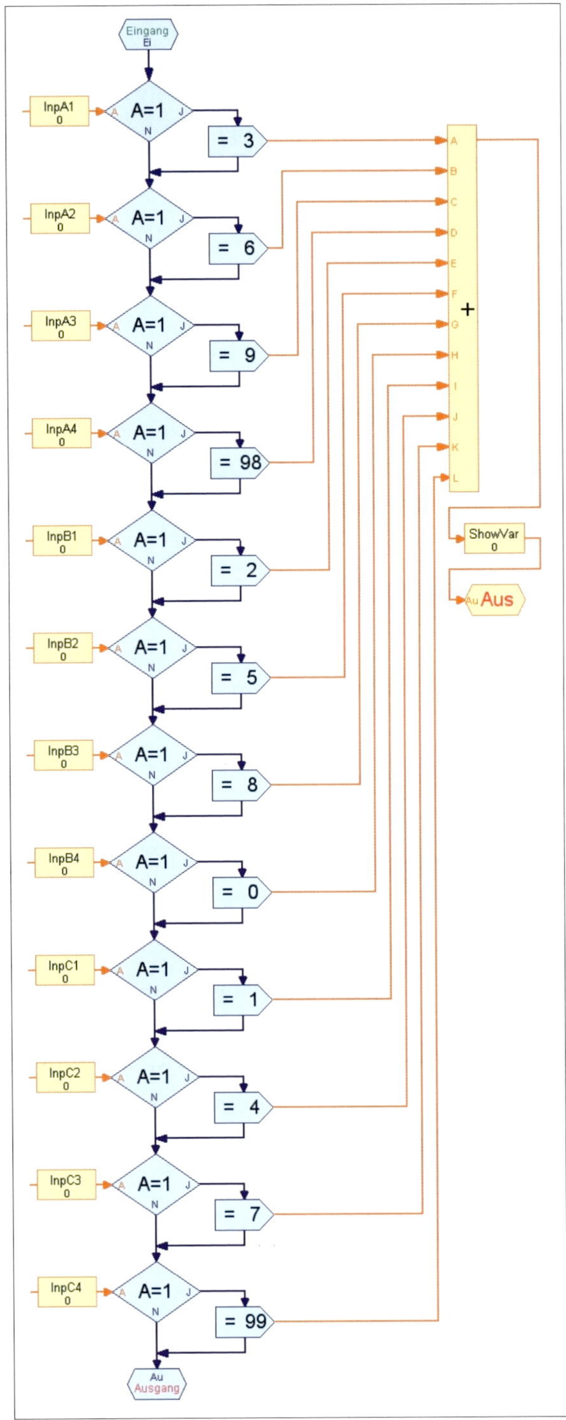

Abb. 8.2.11: Unterprogramm ConvMatrix

Unterprogramm ResultDisplay

Dieses zunächst vielleicht kompliziert erscheinende Unterprogramm gemäß Abb. 8.2.12 ist ein schönes Beispiel dafür, dass Mathematik durchaus helfen kann, Dinge einfacher zu machen. Es gelten folgende mathematische Zusammenhänge:

$10^0 = 1$
$10^1 = 10$
$10^2 = 100$
$10^3 = 1000$

Mit dem ausgewerteten Ergebnis, das unter *NextKey* gespeichert ist, und dem Zähler *DigitCount*, der mitzählt, wie viele Ziffern einer Zahl inzwischen eingegeben wurden (vier Ziffern, *DigitCount* = 0 … 3), können wir nun den bislang unter *TotalResult* eingegebenen Geheimcode schnell ergänzen. Beispielhaft ergibt sich folgende Rechnung bei einem angenommenen Zwischenstand:

$$TotalResult_{(alt)} = 10089$$
$$DigitCount = 2$$
$$NextKey = 5$$
$$NextKey \cdot 10^{DigitCount} = 500$$
$$TotalResult_{(neu)} = TotalResult_{(alt)} + 500$$
$$TotalResult_{(neu)} = 10089 + 500$$
$$TotalResult_{(neu)} = 10589$$

Diese Berechnung bildet den Kern der Eingabeergebnisberechnung. Ihre Darstellung sieht komplizierter aus, als sie ist, weil die Zahlen von Ganzzahlen zu Gleitkommazahlen und später wieder umgekehrt von Gleitkommazahlen zu Ganzzahlen umgeformt werden müssen.

Diese Berechnung wird im Übrigen nur durchgeführt, wenn die letzte Tastenauswertung eine Ziffer im Bereich 0 bis 9 ergeben hat. Außerdem wird noch die Auswertung der Werte 98 und 99 vorgenommen. Alle anderen Auswertungsergebnisse werden einfach übergangen. Das Auswertungsergebnis 98 (Taste »#«) setzt die Variable *DoEnter* = 1. Dieses kann ein anderes Programm auswerten, das parallel zum Hauptprogramm läuft. Hierbei könnte dann der eingegebene Code *TotalResult* mit einem geheimen Code verglichen werden.

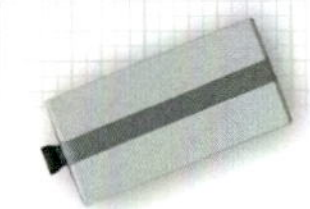

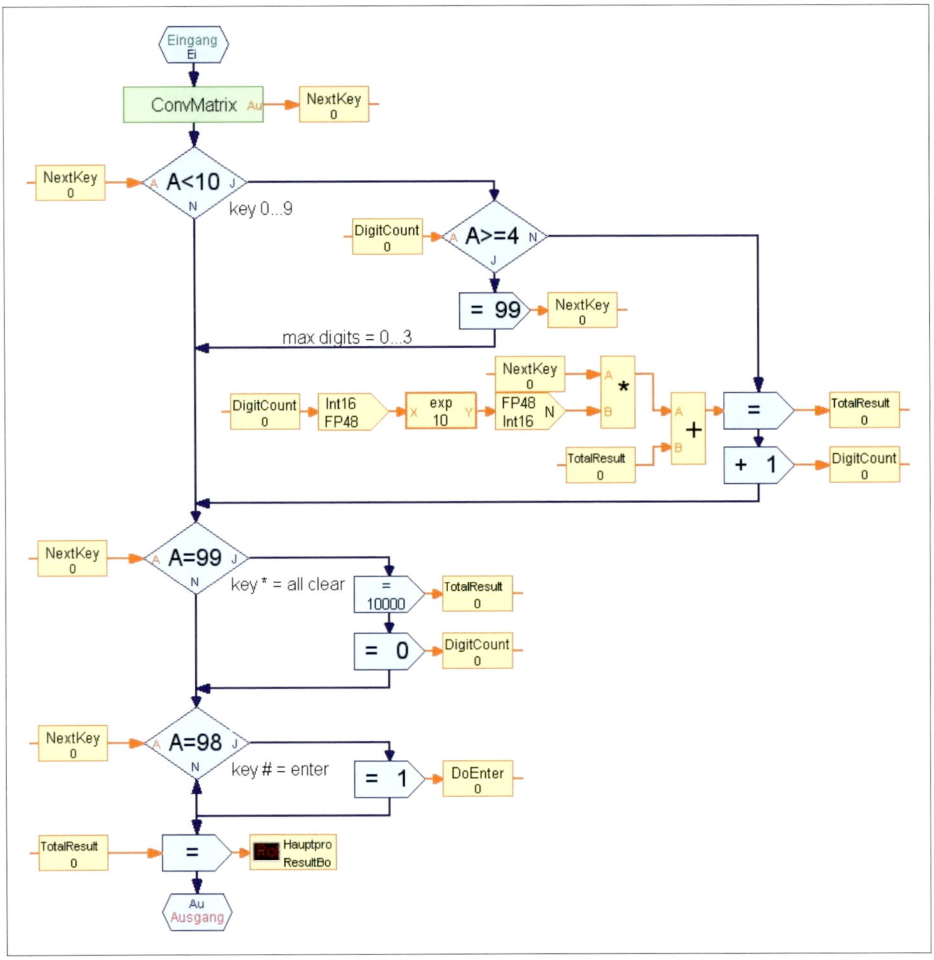

Abb. 8.2.12: Unterprogramm ResultDisplay

Anwendungsbeispiel Zugangskontrolle

Hier folgt nun ein Beispiel, wie der Nummernblock in eigene Modelle eingebaut werden kann. Nach folgender Eingabe öffnet sich das Tor, bleibt 15 Sekunden geöffnet und schließt sich wieder mit einem Warnton. In einem Video können Sie den Aufbau auf Youtube betrachten.[2] Noch mehr Inspiration entspringt weiteren anspruchsvollen Modellen, die auch Displays einsetzen.[3]

* = Eingabe Beginn

1234 = gewählter »geheimer« Zugangscode

\# = Bestätigung der Eingabe

Abb. 8.2.13 : Tür mit Codeeingabe

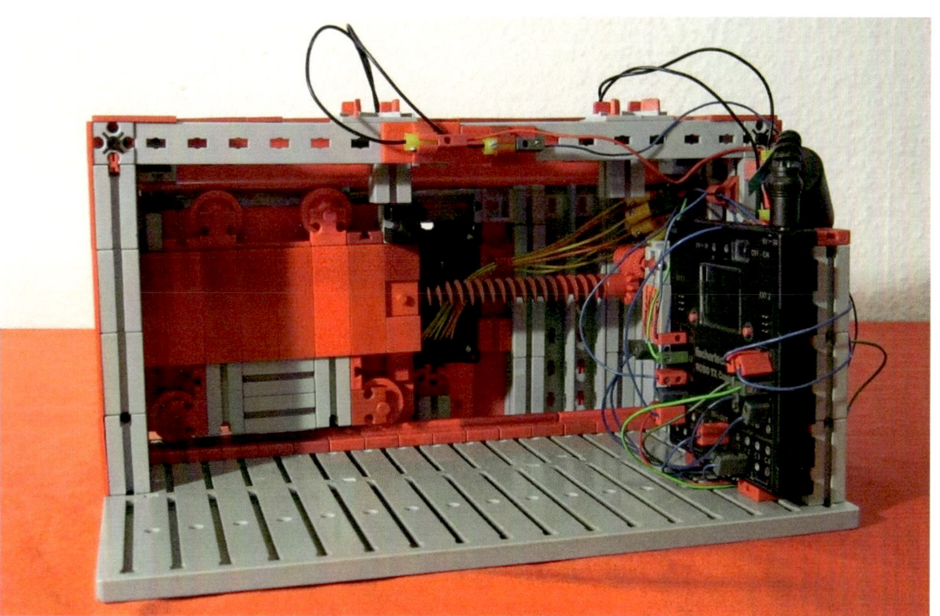

Abb. 8.2.14: Ansicht von hinten mit Robotics TX Controller

8.3 Multiplexausgänge am Robotics TX(T) Controller

Der Robotics TX Controller und auch sein Nachfolger haben nur acht Ausgänge. Bei klassischer Verschaltung können also maximal acht Lampen oder LEDs angeschlossen werden (oder alternativ natürlich auch Motoren etc.). Bei einer reinen Visualisierungsaufgabe können mit diesen acht Ausgängen unter Anwendung des Multiplexverfahrens aber bis zu 16 LEDs individuell angesteuert werden. Wer hätte das gedacht?

Das Grundprinzip

Die Anwendung des Multiplexverfahrens haben wir bereits im vorausgehenden Kapitel 8.2 (Nummernblock am Robotics TX(T) Controller) kennen gelernt. Hierbei wurde ein Tastenfeld (Nummernblock) in schneller Folge wiederkehrend abgefragt und auf diese Weise betätigte Tasten erkannt. Das Grundprinzip der ähnlich funktionierenden Multiplexausgänge zeigt Abb. 8.3.1:

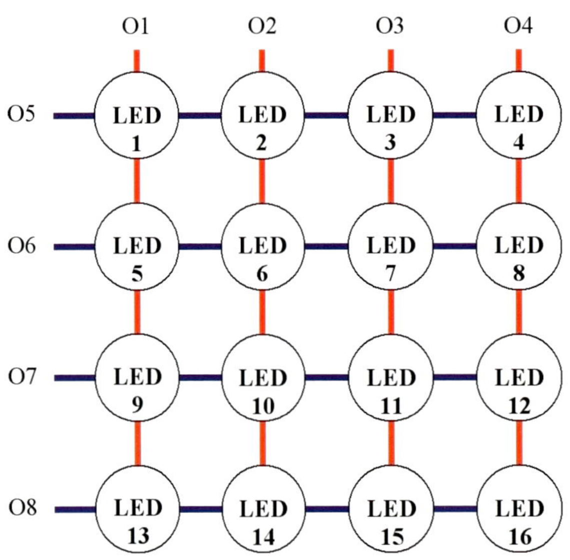

Abb. 8.3.1: Multiplexverfahren mit 16 LEDs und acht Ausgängen am Controller

Die acht zur Verfügung stehenden Ausgänge des Robo TX(T) Controllers (RTXTC) sind benannt als O1 bis O8. Damit sich einzelne LEDs gezielt ansteuern lassen, werden zunächst als Grundeinstellung die Ausgänge O1 bis O4 ausgeschaltet und die Ausgänge O5 bis O8 eingeschaltet. Die 16 LEDs müssen alle so eingebaut sein, dass bei dieser Einstellung keine leuchtet. Um z.B. LED 7 alleine einzuschalten, muss Ausgang O3 ein- und Ausgang O6 ausgeschaltet werden. Unter diesen Bedingungen leuchtet nur LED 7. Sollen LED 7 und LED 10 gleichzeitig leuchten, gibt es allerdings ein Problem: Es würde dazu kommen, dass die LEDs 6, 7, 10 und

11 gleichzeitig leuchten, wenn nach demselben Prinzip wie oben beschrieben die Ausgänge O2 und O3 ein- und die Ausgänge O6 und O7 ausgeschaltet werden.

Um zu vermeiden, dass die nicht erwünschten LEDs 6 und 11 leuchten, muss in möglichst schneller Folge zwischen den Einstellungen für LED 7 und LED 10 hin- und hergeschaltet werden. Umso schneller das passiert, desto weniger erkennt man ein Flackern oder Blinken.

Für die systematische Ansteuerung aller 16 LEDs wird zeilenweise vorgegangen: O5, O6, O7, O8 und wieder beginnend bei O5 etc. Je nach gewünschter Einstellung innerhalb einer Zeile müssen die Ausgänge O1, O2, O3, O4 eingestellt werden. Nach einer gewissen Anzeigezeit einer Zeile werden die Zeileneinstellungen wieder zurückgestellt und die Einstellungen für die nächste Zeile vorgenommen.

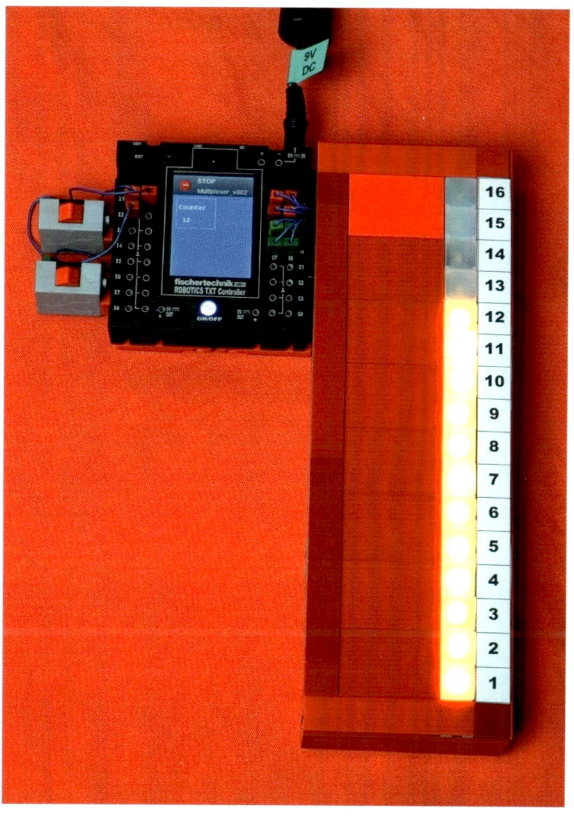

Abb. 8.3.2: Controller mit acht Ausgängen steuert per Multiplexverfahren 16 LEDs

Modellaufbau

In Abb. 8.3.2 sehen Sie den Modellaufbau. Im Grunde besteht dieser nur aus dem RTXTC und 16 LEDs mit der entsprechenden Verkabelung. Die beiden Taster ermöglichen die Einstellung, wie viele LEDs angesteuert werden sollen. Wenn z.B. über die Taster die Zahl 7 vorgewählt wird, werden die LEDs 1 bis 7 angesteuert. Auf diese Weise können wir das zeitliche Verhalten des Systems bis zur maximalen Ansteuerung beobachten (auch in einem Video auf Youtube).[4]

Ansteuerung von Glühlampen oder Motoren

Aus gutem Grund wurde bislang nur davon gesprochen, LEDs anzusteuern. Mit Glühlampen allein klappt das nämlich nicht. Wenn Sie Glühlampen statt LEDs verwenden möchten, ist eine zusätzliche Diode erforderlich (z.B. Typ 1N4007). Allerdings ist unter Verwendung der von fischertechnik bereitgestellten Lampen nur mit einer geringen Helligkeit zu rechnen. Motoren lassen sich auf diese Weise gar nicht betreiben.

Die Software in Robo-Pro

Die Software besteht aus zwei parallel laufenden Schrittketten. Die erste Schrittkette gemäß Abb. 8.3.3 dient nur dazu, um eine Zahl im Bereich 0 bis 16 einzustellen, die dann über die LEDs angezeigt werden soll:

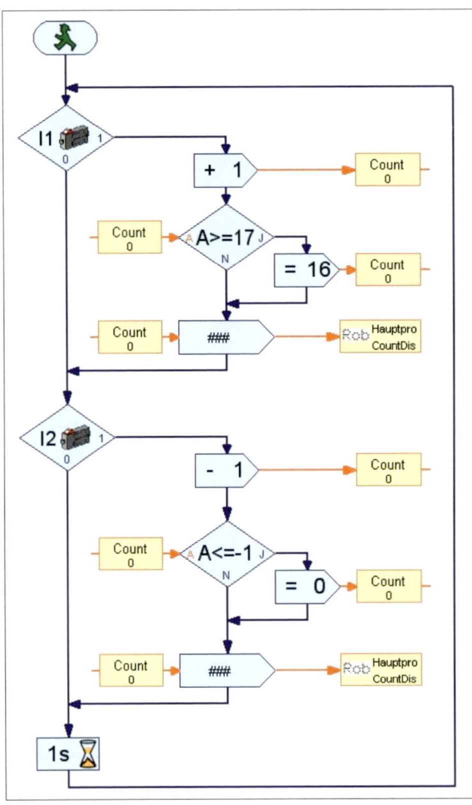

Abb. 8.3.3: Robo-Pro-Programm, Schrittkette 1 zur Einstellung eines Anzeigewerts per Taster und Anzeige des aktuellen Werts auf der Systemanzeige

Die zweite Schrittkette verwendet den eingestellten Anzeigewert *Count* und stellt diesen über die 16 LEDs dar. Abb. 8.3.4 zeigt die Schrittkette und Abb. 8.3.5 die zugehörigen Unterprogramme.

Programmablauf Schrittkette 2

Wie Abb. 8.3.4 zeigt, wird zu Beginn die Grundeinstellung aller Zeileneinstellungen gesetzt (Unterprogramm *ON_5678*). So wird sichergestellt, dass zum jetzigen Zeitpunkt keine LED angesteuert wird.

Der Wert *Count* wird über die Schrittkette 1 bereitgestellt. Da *Count* nicht über Schrittkette 2 geändert werden darf, wird eine Kopie davon erzeugt, die *CountShow* heißt. Der Wert in *CountShow* wird bis zur vollständigen Darstellung im nachfolgenden Programmablauf je nach Bedarf mehrfach geändert.

Zunächst wird die Zeileneinstellung O5 aktiviert. Wenn der Wert von *CountShow* kleiner als 4 ist, verzweigt das Programm weiter nach unten und die Fälle *CountShow* = 0 … 3 werden bearbeitet. Hierbei werden die Spalteneinstellungen über die Unterprogramme *ON_1, ON_12, ON_123* oder *OFF_1234* vorgenommen. Für eine Zeile sind nun alle Einstellungen vollständig, und eine minimale Wartezeit beginnt.

Diese Wartezeit ist mit 0,001 s (= 1 ms) deutlich schneller abgelaufen, als der Controller es bearbeiten kann. Trotzdem ist diese Wartezeit wichtig, um alle Definitionsänderungen an den Ausgängen tatsächlich einzustellen. Weitere Zeileneinstellungen sind bei einem Wert von *CountShow* = 0 … 3 nicht erforderlich. Deshalb läuft dieser Zyklus am schnellsten. Die übrigen Programmschritte werden verwendet, wenn mehr als eine Zeileneinstellung erforderlich ist. Die Grundidee dabei ist, dass geprüft wird, ob in der nächsten Zeile alle vier LEDs angesteuert werden sollen. Wenn ja, erfolgt dieses mit einer eigenen Wartezeit.

Weniger LEDs ansteuern

Prinzipiell ist es natürlich auch möglich, weniger als 16 LEDs (in einem Feld 4 × 4, vergl. Abb. 8.3.1) nach der hier beschriebenen Methode anzusteuern. Es können z.B. auch neun LEDs in einem Feld 3 × 3 eingesetzt werden, was dann sechs Ausgänge am RTXTC benötigt. Nicht sinnvoll ist z.B. die Ansteuerung von vier LEDs in einem Feld von 2 × 2 LEDs. Hierfür benötigten wir bei nur vier LEDs auch vier Ausgänge am RTXTC – die direkte Ansteuerung der LEDs wäre in diesem Fall angebrachter.

Einschränkungen

Die im Modell gezeigten LEDs sind von fischertechnik (152223) und können ohne Vorwiderstand betrieben werden, Typen aus dem Elektronikhandel benötigen üblicherweise einen Vorwiderstand zur Begrenzung des Stroms. Zum zusätzlichen Schutz der LEDs wegen der anstehenden Sperrspannungen könnte eine Diode z.B. 1N4148 in Reihen verwendet werden.

Das beschriebene Verfahren ist zeitkritisch. Deshalb funktioniert es praktisch nur, wenn das Programm in den RTXTC geladen wird und dort autark abläuft. Beim Programmablauf auf einem PC ist die Kommunikation zwischen PC und RTXTC deutlich zu langsam.

Allgemein sind die vorhandenen fischertechnik-Controller hinsichtlich ihrer Zykluszeit vergleichsweise stark limitiert. Selbst der relativ neue aktuelle TXT-Controller gemäß Abb. 8.3.2 (App-Version 4.2.3.0, Sys 4.2.3.0) schafft keine für das menschliche Auge flackerfreie Ansteuerung. Mikrocontroller können so etwas normalerweise. Es bleibt zu vermuten, dass es durch geeignete Software möglich sein könnte, einen Controllermodus einzurichten, der eine maximal

schnelle Steuerprogrammabarbeitung erlaubt, ggf. unter Verzicht auf weitere Kommunikationsaufgaben und sonstige Systemverwaltungen.

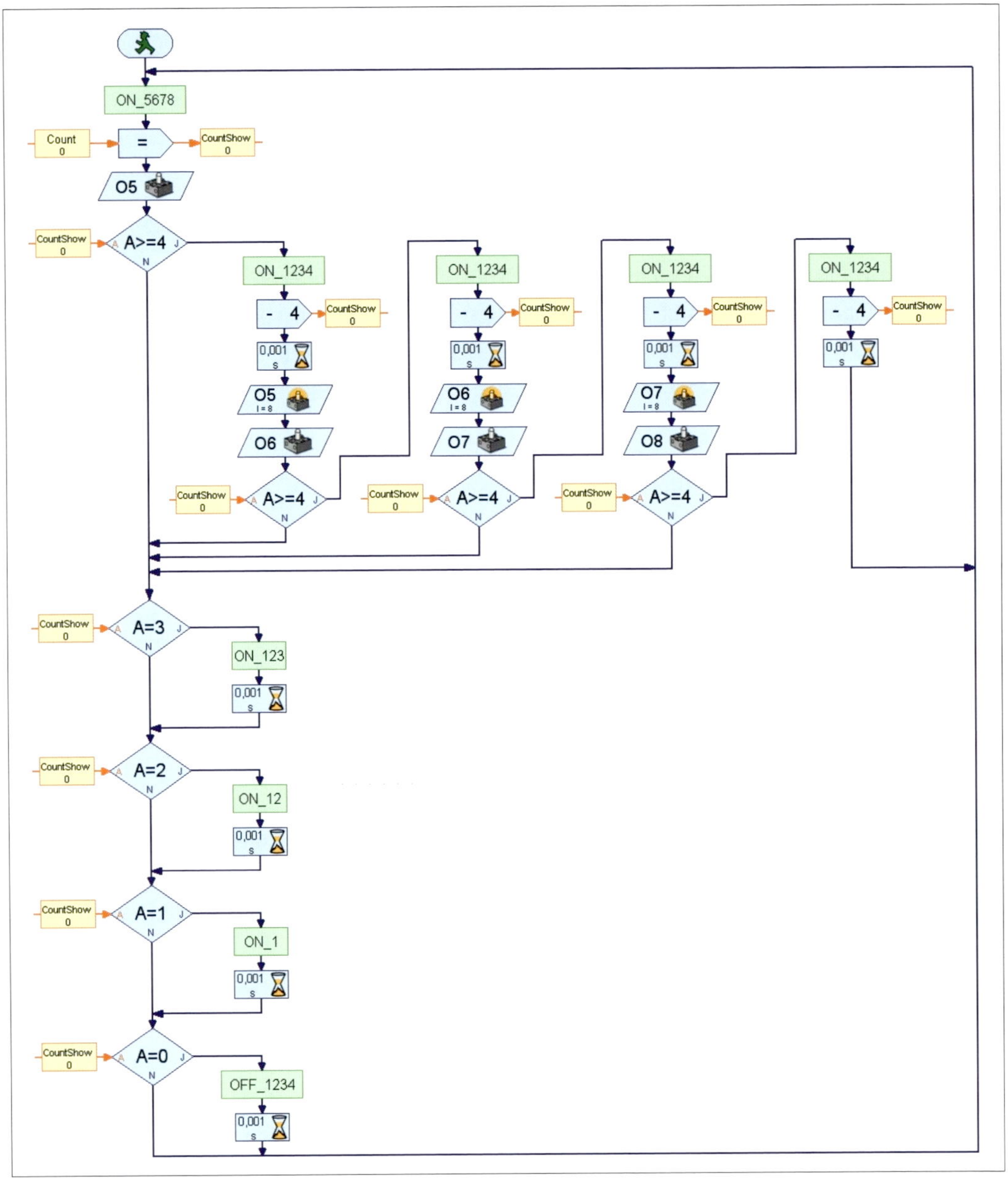

Abb. 8.3.4: Robo-Pro-Programm, Schrittkette 2, zur Anzeige per 16 LEDs, ausgehend vom Wert, der unter Schrittkette 1 eingestellt wurde

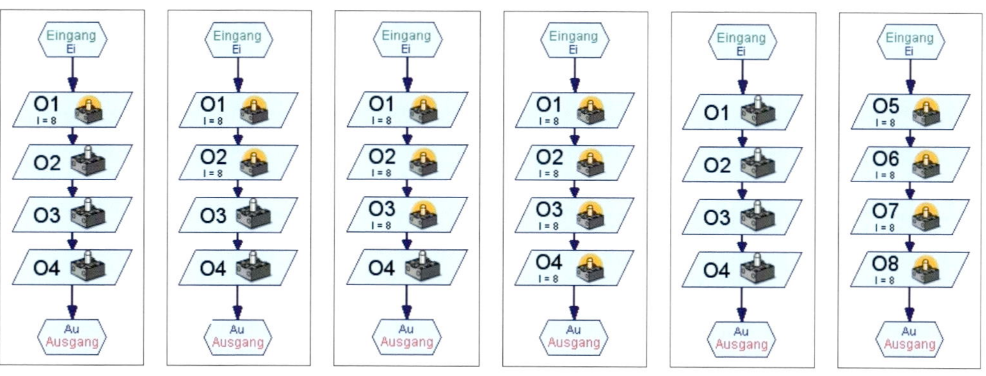

Abb. 8.3.5: Robo-Pro-Unterprogramme: ON_1, ON_12, ON_123, ON_1234, OFF_1234, ON_5678

8.4 PWM-Tongenerator für Robotics TX(T) Controller

Einfach nur Töne zu erzeugen, ist mit den guten alten »Silberlingen« kein Problem. Aber in der Welt der Microcontroller, die unendlich erscheinende Möglichkeiten bietet, haben wir mit der Erzeugung einfacher Töne Probleme. Das gilt auch für den neuen Robotics TXT Controller von fischertechnik.

Die Welt der »Silberlinge«

Die »Silberlinge«, wie in Abb. 8.4.1 gezeigt, waren – so unsere Quelle[5] – ab 1971 auf dem Markt und zuerst im Baukasten hobby 4 enthalten. Damit konnte man Töne in einem weiten Frequenzbereich erzeugen.

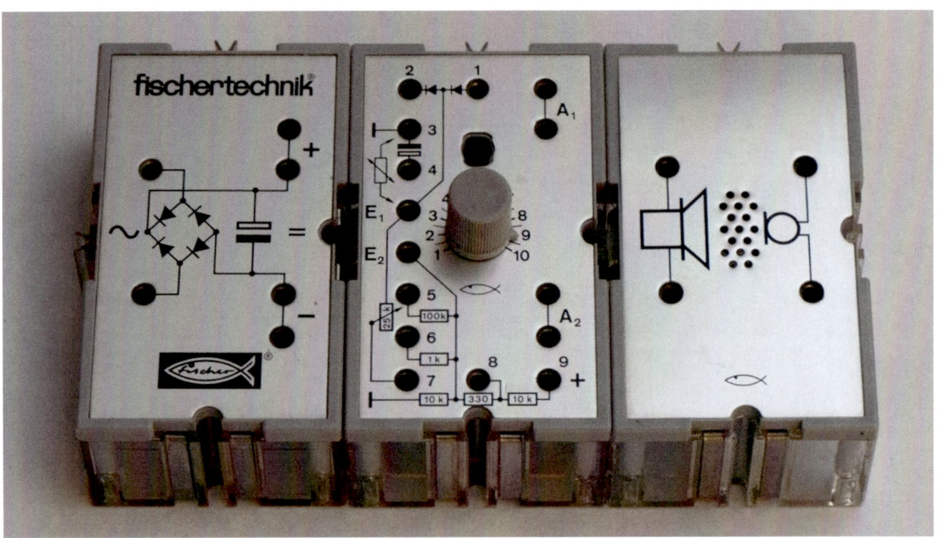

Abb. 8.4.1: »Silberlinge« zum Aufbau eines Tongenerators

Die Microcontroller

Mit Beginn der Microcontroller schien es, als hätten die Silberlinge ausgedient. Die Tonerzeugung mit dem Robotics TX Controller (RTXC) allein war aber nicht möglich: Der RTXC hatte keinen Lautsprecher. Der Nachfolger Robotics TXT Controller (RTXTC) wurde zwar mit einem Lautsprecher ausgestattet, aber die Möglichkeiten der Tonerzeugung sind stark eingeschränkt. Der RTXTC kann zwar einige WAV-Sounds abspielen, aber ohne Probleme funktioniert dies nur bei den von fischertechnik vorgegebenen. Obwohl es möglich ist, neue weitere eigene WAV-Dateien in den RTXTC einzuspielen, ist es zumindest mit der fischertechnik-Robo-Pro-Software bis zur Version 4.2.4 nicht gelungen, diese auch abzuspielen.

Anforderungskatalog

Für eine mögliche Zusatzhardware gibt es folgende allgemeine Anforderungen:

- Die Nutzung der »Silberlinge« kommt nicht in Betracht, da diese kaum noch verfügbar sind.
- Der Nachbau soll möglichst einfach und kostengünstig erfolgen.
- Die Ansteuerung soll über Robo-Pro möglich sein.
- Sounds sollen mit maximaler Geschwindigkeit begonnen oder auch abgebrochen werden können.

Anschluss an den RTX(T)C

Zum Anschluss der neuen Zusatzhardware an den RTXC oder RTXTC bieten sich der I²C-Bus und die normalen Ausgänge für Motoren, Lampen etc. an. Nach einigen Vorversuchen wurden die normalen Ausgänge O1 bis 8 zur Ansteuerung der neuen Zusatzhardware ausgewählt. Um zumindest diesen Punkt vorwegzunehmen: Zur Erzeugung von vier Oktaven werden beim nachfolgenden Aufbau nur zwei Ausgänge (z. B. O1 und O2) benötigt.

Leistungseinstellung per PWM

Gemäß Abb. 8.4.2 hat der RC acht Ausgänge (O1 bis O8). Als Beispiel können hier angeschlossene Lampen in ihrer Helligkeit mithilfe der Robo-Pro-Software gemäß Abb. 8.4.3 eingestellt werden. Die Einstellung bietet dabei maximal 512 Stufen.

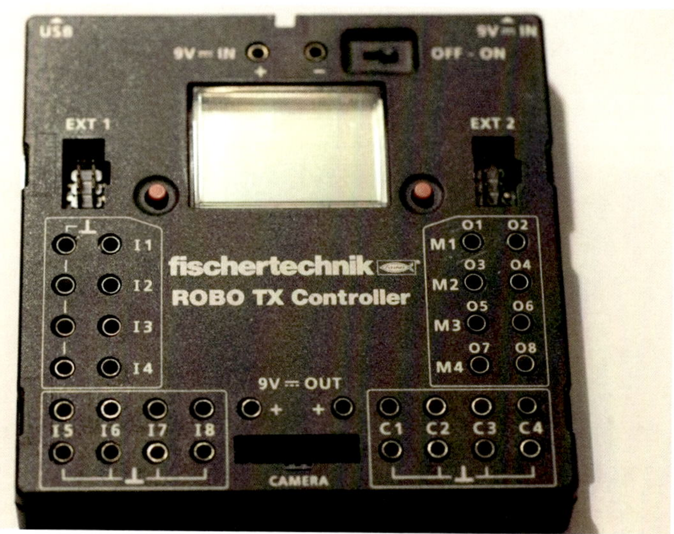

Abb. 8.4.2: fischertechnik Robotics TX Controller

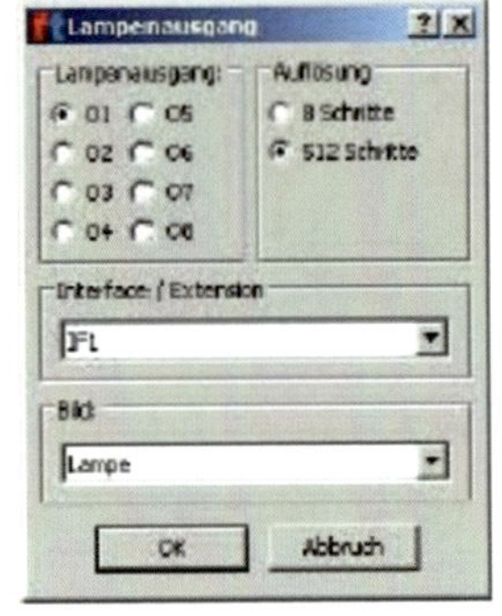

Abb. 8.4.3: Leistungseinstellung eines Ausgangs beim RTX(T)C mithilfe der Robo-Pro-Software von fischertechnik

Nun könnte man auf die Idee kommen, dass an einem solchen Ausgang eine Gleichspannung anliegt. Doch so einfach ist das leider nicht. In Wirklichkeit ist dieser Ausgang gepulst, und das stets mit der annähernd vollen Betriebsspannung des Controllers. Das Oszilloskop bringt es ans Licht (Abb. 8.4.4 und 8.4.5).

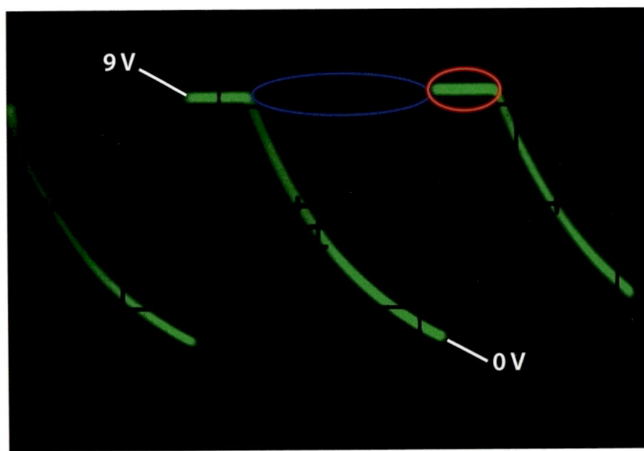

Abb. 8.4.4: Pulsweitenmoduliertes Ausgangssignal (PWM) des RTXC, Leistungseinstellung 252

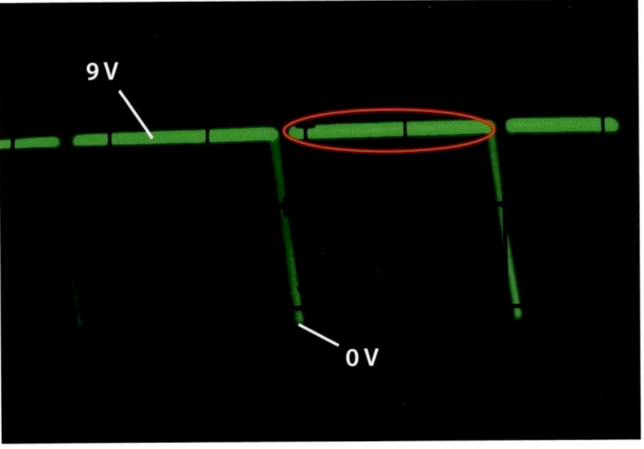

Abb. 8.4.5: Pulsweitenmoduliertes Ausgangssignal (PWM) des RTXC, Leistungseinstellung 498

Die oben genannte Abkürzung PWM steht für Pulsweitenmodulation. Die Grundidee dabei ist, dass bei gleichbleibender Frequenz am Ausgang abwechselnd 0 V oder z.B. 9 V anliegen. Mit der vorhandenen Messtechnik wurden 210 Hz gemessen. Die Leistungseinstellung erfolgt durch das Verhältnis der Dauer von anliegenden 0 V und 9 V (vgl. Kapitel 6.1: Nikon-Kamera-Ansteuerung). Gemäß Abb. 8.4.5 ist die 9-V-Dauer relativ lang (rot markiert) im Vergleich zur 0-V-Dauer. Damit ist die am Ausgang vorhandene Leistung relativ hoch, und eine angeschlossene Glühlampe würde relativ hell leuchten. Wird im Gegensatz dazu Abb. 8.4.4 betrachtet, ist die 9-V-Dauer relativ kurz (rot markiert) und die 0-V-Dauer relativ lang (blau markiert). Deshalb würde eine angeschlossene Glühlampe dunkler leuchten als bei Abb. 8.4.5.

Aus dem PWM-Signal werden Töne

Die verwendete Schaltung wird in Abb. 8.4.16 gezeigt. Die Spannungsversorgung der Schaltung erfolgt über die Anschlüsse JP1 und JP2. Der Brückengleichrichter B1 dient als Verpolungsschutz der Schaltung. Um aus dem über JP3 eingespeisten PWM-Signal Töne entstehen zu lassen, wandeln wir dieses Signal zunächst in eine variable Spannung um, dessen Spannungshöhe abhängig von der Leistungseinstellung des Controllers ist. Die Bauteile R1 bis 3, C2 bis 3 und IC2A sind für die Gleichspannungserzeugung zuständig. In Abhängigkeit von dieser Spannung wiederum wird eine variable Frequenz erzeugt. Dies erledigt IC1, als *Voltage Controlled Oscillator* (VCO) betrieben.[6] An JP4 und JP5 kann direkt ein Lautsprecher mit 8 Ω, 0,2 W angeschlossen werden.

Schaltungsaufbau

Für vergleichsweise einfache Schaltungen bietet sich die Verwendung einer Lochrasterplatine an. Diese müssen wir dann nur noch auf die passende Größe zuschneiden. Im vorliegenden Fall ist das jedoch bereits ziemlich grenzwertig. Die einzelnen Schritte werden nachfolgend gezeigt.

Zunächst werden die Bauteile zusammengestellt. Daraus ergibt sich der Montageplatzbedarf auf der Platine. Die Bauteile sind in Abb. 8.4.6 grün markiert. Die Leiterbahnen sind durch Striche gekennzeichnet, und die gelb markierten Flächen sind für Bohrlöcher reserviert. Damit wäre die Anordnung geklärt. Das ist einfach gesagt, kann jedoch durchaus eine Zeit lang dauern, bis alles mit möglichst wenigen Leiterbahnenkreuzungen auf die Platine passt. Um die Anordnung schneller hinzubekommen, ist das Programm EAGLE von CadSoft[7] als Freeware für nicht kommerzielle Anwendungen sehr zu empfehlen.

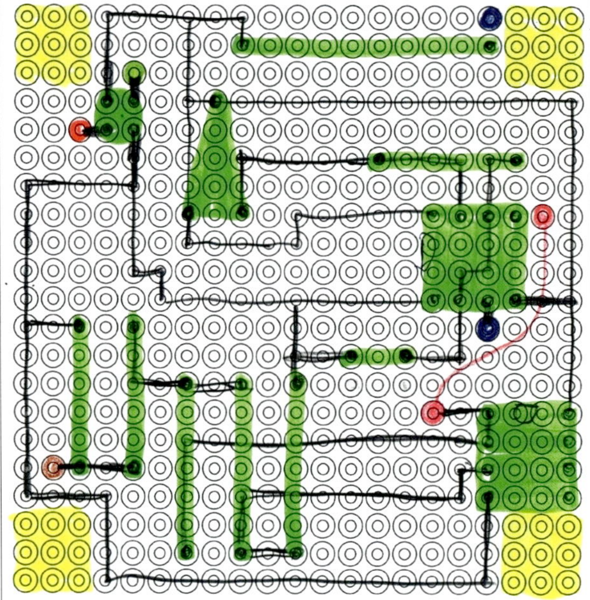

Abb. 8.4.6: Planung der Anordnung der Bauteile und Leiterbahnenführung (Ansicht von oben)

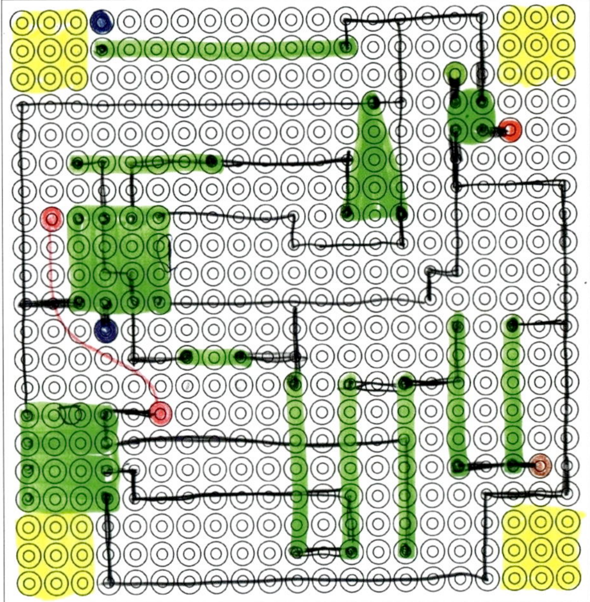

Abb. 8.4.7: Planung der Anordnung der Bauteile und Leiterbahnenführung (Ansicht von unten)

Der Unterschied zwischen Abb. 8.4.6 und Abb. 8.4.7 ist nur der spiegelverkehrte Ausdruck. Beachten Sie bitte: Die Leiterbahnen müssen unbedingt gemäß Abb. 8.4.7 hergestellt werden. Um die Leiterbahnen auf die Platine zu bekommen, wurde im vorliegenden Fall gemäß Abb. 8.4.8 ein 8-W-Lötkolben verwendet.

Abb. 8.4.8: Fertig aufgebaute Schaltung, A: JP1 DC 9 V, B: JP2 DC 9 V, C: JP3-PWM-Signaleingang, D: JP4 0 V, E: JP4 Lautsprecher, F: JP5 Lautsprecher

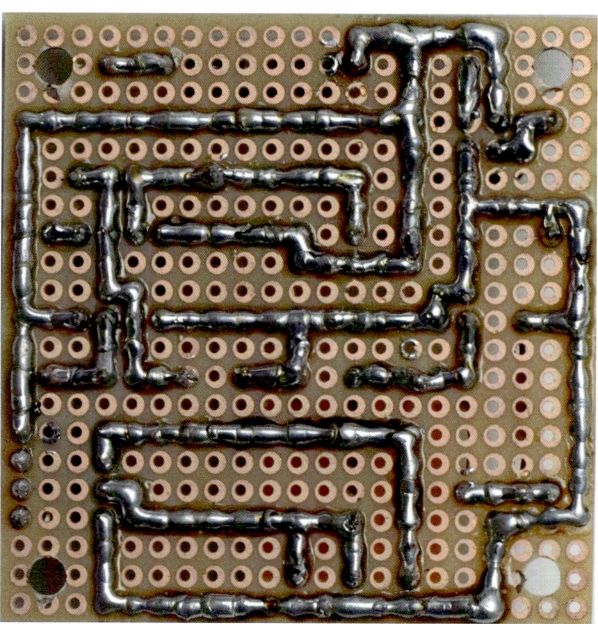

Abb. 8.4.9: Leiterbahnen auf der Lochrasterplatine

Von Robo-Pro zum gewünschten Ton

Wie können wir mit der aufgebauten Schaltung gezielt gewünschte Töne erzeugen?

Zunächst muss über das Potentiometer der Arbeitsbereich eingestellt werden, in dem die Töne erzeugt werden sollen. Hierbei hilft Abb. 8.4.18. Nachfolgend erfolgt eine Einstellung im Bereich von 65 bis 988 Hz (MIDI 36 bis 83). Hierzu muss eine minimale und maximale Leistungseinstellung am Ausgang des RTXC vorgenommen werden, bei gleichzeitiger Frequenzmessung am Lautsprecher. Danach darf der Potentiometer nicht mehr verstellt werden.

Sind diese Vorarbeiten erledigt, wird eine Wertetabelle aufgenommen. Hier stellen wir die Leistung am RTXC so ein, dass wir eine gegebene Tonfrequenz im gesuchten Bereich gemäß Abb. 8.4.15 erhalten. Der zugehörige MIDI-Code[8] und PWM-Wert werden notiert. Schließlich erhalten wir Tab. 8.4.1.

Mathematik spart Arbeit

Wer es nicht glaubt, dem sei Nachfolgendes besonders empfohlen. Die Sache selbst ist eigentlich recht schnell getan, seitdem es Computer oder das Internet gibt.

Die Aufgabe ist, eine Möglichkeit zu finden, einen gegebenen MIDI-Code in eine PWM-Einstellung umzurechnen.[9] Dazu werden die Daten aus Tab. 8.4.1 gemäß der Darstellung in Abb. 8.4.17 als rote Punkte ins Diagramm eingetragen. Die Verwendung von Microsoft Excel bietet die Möglichkeit, eine Ausgleichskurve (schwarz) automatisch zu berechnen. Alternativ kann die Berechnung auch über die Internetseite[10] durchgeführt werden. Schließlich erhält man eine Funktionsgleichung:

$$\begin{aligned} y = {} & 0{,}000010957678355 \cdot x^5 \\ & - 0{,}002954323848880 \cdot x^4 \\ & + 0{,}311229974344280 \cdot x^3 \\ & - 16{,}257777205721100 \cdot x^2 \\ & + 420{,}858828728566000 \cdot x \\ & - 3838{,}610375204770000 \end{aligned}$$

Diese Gleichung sieht kompliziert aus. Sie ist es aber nicht, solange man sie nicht mit Papier und Bleistift berechnen muss. Die vielen Kommastellen sind übrigens durchaus von Bedeutung, auch wenn die Anzahl der Stellen nicht für die Anwendung optimiert wurde. Der Vorteil dieser Gleichung ist, dass nun für jeden MIDI-Code eine PWM-Einstellung errechnet werden kann. Bei den bisherigen Messungen wurden die MIDI-Codes der Halbtonschritte weggelassen.

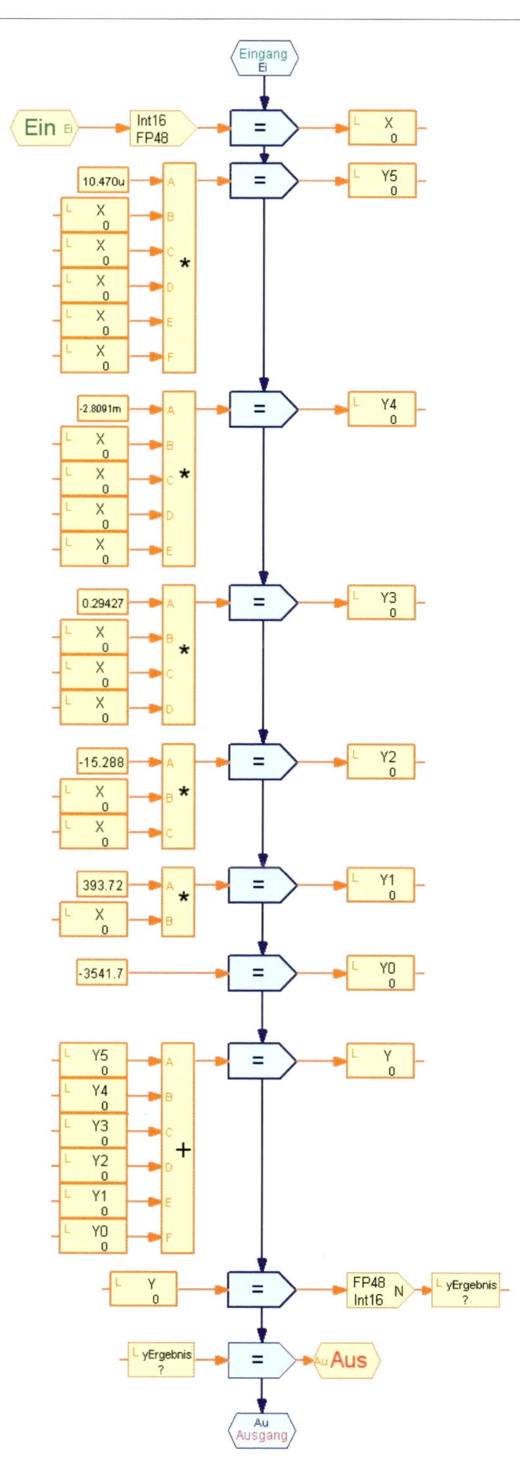

Abb. 8.4.10: Unterprogramm zur Berechnung der PWM-Einstellung aus einem gegebenen MIDI-Code

Funktionsgleichung in Robo-Pro

Robo-Pro ist eigentlich keine Programmierumgebung mit speziellem Fokus auf die Lösung mathematischer Aufgaben. Deshalb ist die Funktionsberechnung etwas aufwendig. Aber es klappt – siehe Abb. 8.4.10.

Nun ist es möglich, den RTXC frei programmierbare, einstimmige Musikstücke spielen zu lassen. Dazu können z. B. Listenfelder gemäß Abb. 8.4.11 verwendet werden. Für jeden zu spielenden Ton muss die Variable *Zaehler* um 1 erhöht werden, es müssen die Listenfelder ausgelesen werden, die PWR-Umrechnung muss gemäß Abb. 8.4.10 erfolgen und schließlich das Setzen eines Ausgangs, z. B. O1, auf den errechneten Wert.

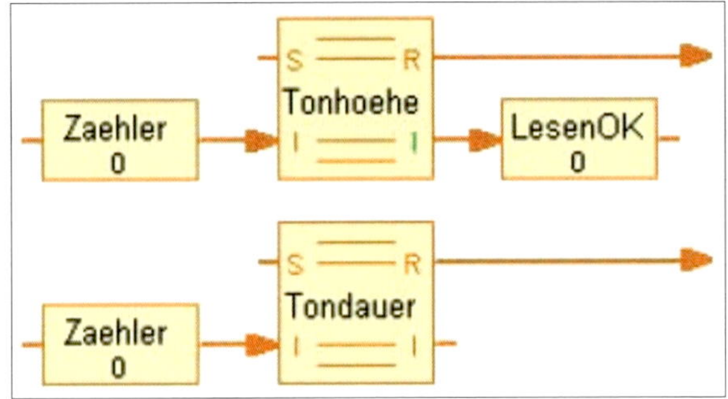

Abb. 8.4.11: Speicherung von Musikstücken innerhalb von Robo-Pro

Das fertige Modul

Die oben gezeigte Platine hat gemäß Abb. 8.4.8 eine Reihe an Steckerstiften. Über die zugehörigen Steckschuhe erfolgt für die Gehäusemontage die Verkabelung an die folgenden nach außen geführten Anschlüsse:

- 2 × Eingang Versorgungsspannung 9 V DC mit Verpolungsschutz
- 1 × Eingang PWM-Signal
- 1 × Ausgang 3,5 mm Audio-Klinke (mono)

Abb. 8.4.14 zeigt das geöffnete Gehäuse. An den Ecken ist jeweils eine von unten durchgesteckte Schraube mit einem aufgeschraubten Abstandsbolzen (Langmutter) zu sehen. Hierüber erfolgt schließlich die Montage des Deckels.

Abb. 8.4.12: PWM-Tongenerator, Gehäuse von oben

Abb. 8.4.13: PWM-Tongenerator, Gehäuse von unten

Abb. 8.4.14: PWM-Tongenerator, Gehäuse geöffnet

Anschluss und Verwendung

Der gelbe Signaleingang wird an einen Ausgang des RTXC angeschlossen. Über diesen Anschluss wird die Tonhöhe eingestellt. Ein grüner Eingang zur Spannungsversorgung wird mit einem anderen Ausgang des RTXC verbunden. Somit wird die Spannungsversorgung des PWM-Tongenerators einfach unterbrochen, wenn eine Tonpause erfolgen soll. Über den Audio-Ausgang kann ein Verstärker angesteuert werden. Einen Eindruck von der Funktionsweise vermittelt ein kleines Youtube-Video.[11]

Abb. 8.4.15: PWM-Tongenerator, Gesamtaufbau im Verbund

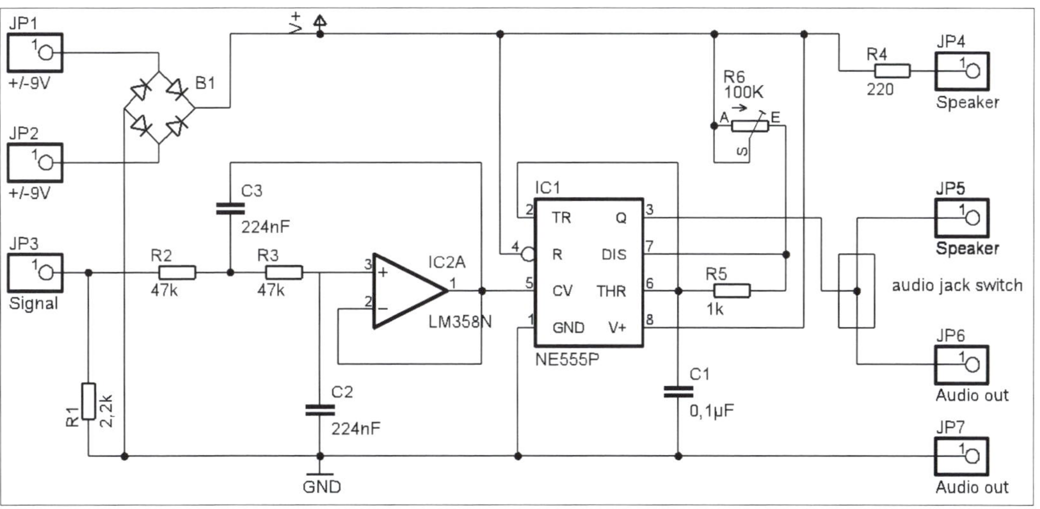

Abb. 8.4.16: Schaltplan zur Umwandlung eines veränderlichen PWM-Signals in eine zugehörige Tonfrequenz im Bereich von vier Oktaven

MIDI	Soll-Frequenz	Ist-Frequenz	PWM mittel	MIDI	Soll-Frequenz	Ist-Frequenz	PWM mittel
36	65	ohne	464	60	262	261	345
38	73	ohne	463	62	294	293	317
40	82	82	461	64	330	330	288
41	87	87	458	65	349	350	273
43	98	99	452	67	392	393	248
45	110	110	452	69	440	441	213
47	123	123	436	71	494	498	174
48	131	131	432	72	523	528	156
50	147	147	423	74	587	584	125
52	165	165	412	76	659	663	82
53	175	174	405	77	698	693	66
55	196	197	390	79	784	780	38
57	220	221	374	81	880	880	25
59	247	247	359	83	988	986	3

Tab. 8.4.1: Gemessener Zusammenhang zwischen MIDI-Code, Frequenz und PWM

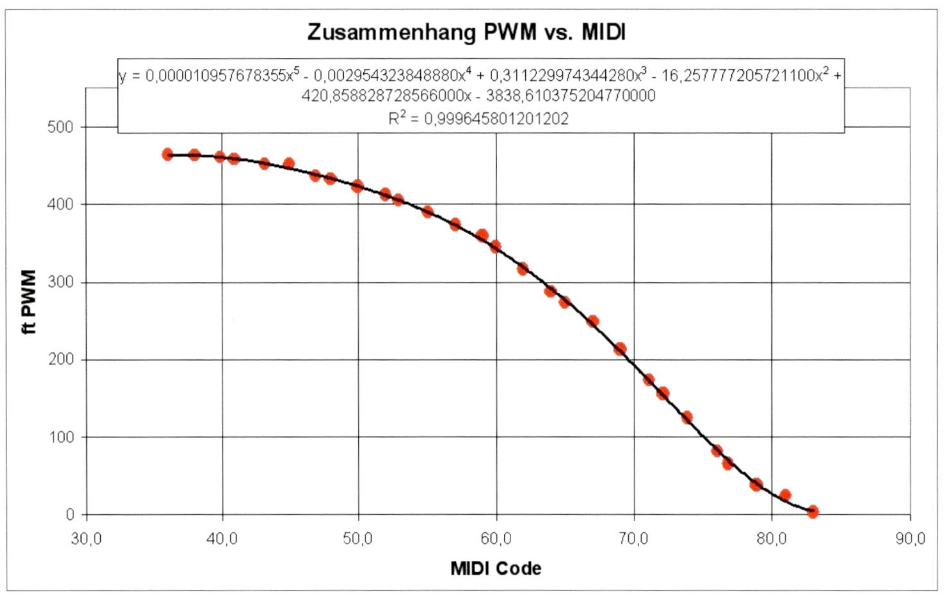

Abb. 8.4.17: Regressionsberechnung zur Umrechnung eines gegebenen MIDI-Codes in PWM

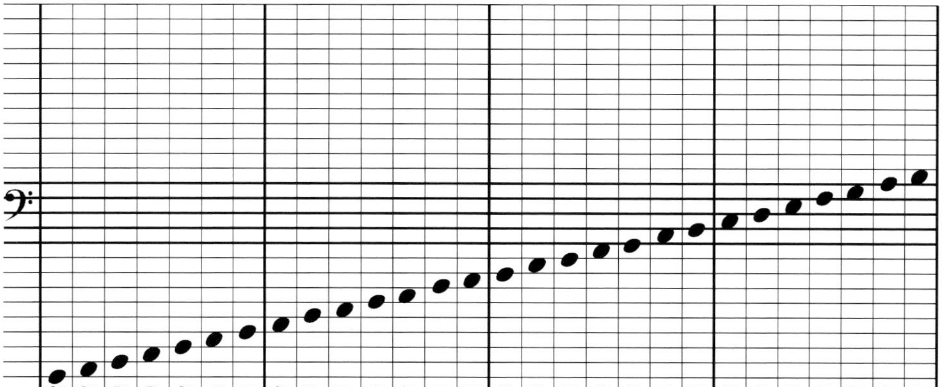

C0	D0	E0	F0	G0	A0	H0	C1	D1	E1	F1	G1	A1	H1
8	9	10	11	12	14	15	16	18	21	22	25	28	31
0	2	4	5	7	9	11	12	14	16	17	19	21	23
,,C	,,D	,,E	,,F	,,G	,,A	,,H	,C	,D	,E	,F	,G	,A	,H

C2	D2	E2	F2	G2	A2	H2	C3	D3	E3	F3	G3	A3	H3
33	37	41	44	49	55	62	65	73	82	87	98	110	123
24	26	28	29	31	33	35	36	38	40	41	43	45	47
C	D	E	F	G	A	H	c	d	e	f	g	a	h

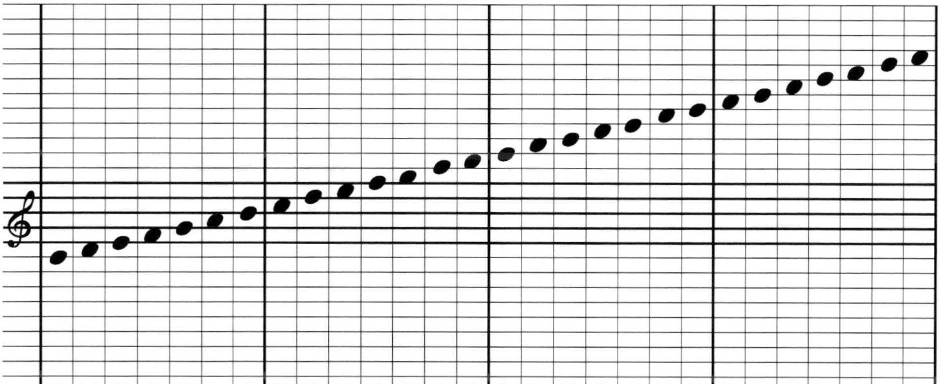

C4	D4	E4	F4	G4	A4	H4	C5	D5	E5	F5	G5	A5	H5
131	147	165	175	196	220	247	262	294	330	349	392	440	494
48	50	52	53	55	57	59	60	62	64	65	67	69	71
c'	d'	e'	f'	g'	a'	h'	c''	d''	e''	f''	g''	a''	h''

C6	D6	E6	F6	G6	A6	H6	C7	D7	E7	F7	G7	A7	H7
523	587	659	698	784	880	988	1047	1175	1319	1397	1568	1760	1976
72	74	76	77	79	81	83	84	86	88	89	91	93	95
c'''	d'''	e'''	f'''	g'''	a'''	h'''	c'' ''	d'' ''	e'' ''	f'' ''	g'' ''	a'' ''	h'' ''

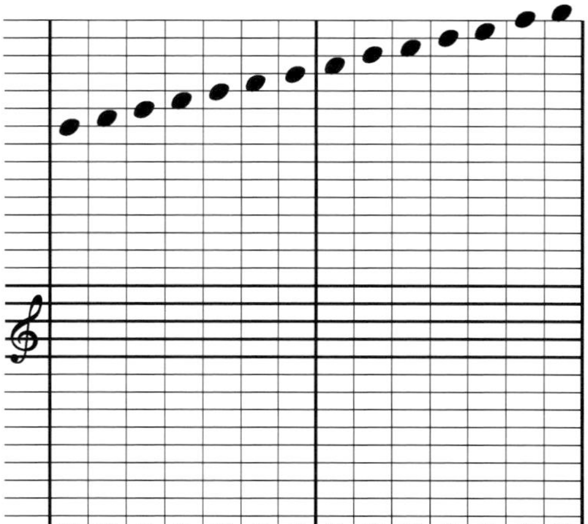

C8	D8	E8	F8	G8	A8	H8	C9	D9	E9	F9	G9	A9	H9
2093	2349	2637	2794	3136	3520	3951	4186	4699	5274	5588	6272	7040	7902
96	98	100	101	103	105	107	108	110	112	113	115	117	119
c''' ''	d''' ''	e''' ''	f''' ''	g''' ''	a''' ''	h''' ''	c''' '''	d''' '''	e''' '''	f''' '''	g''' '''	a''' '''	h''' '''

Englische Notation
Frequenz in Hz
MIDI Code
Deutsche Notation

Abb. 8.4.18: Töne und Frequenzen, ohne Halbtonschritte

8.5 Logik-Analysator

Ein Logik-Analysator ist ein Gerät, mit dem schnelle digitale Schaltvorgänge aufgezeichnet und betrachtet werden können. Kommerzielle Geräte sind im Markt verfügbar, aber auch hier ermöglicht fischertechnik einen funktionsfähigen Aufbau. Benötigt wird im vorliegenden Fall ein Robotics TX Controller sowie ein PC mit Microsoft Visual Basic Express 2010 oder höher.

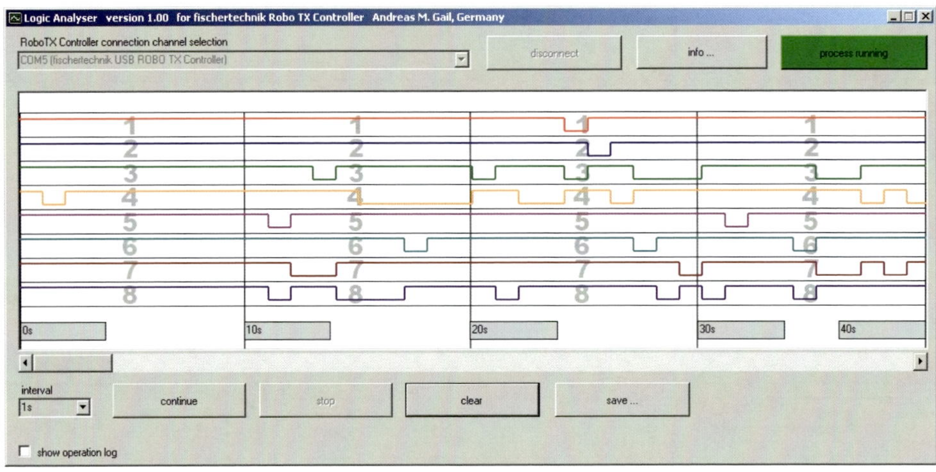

Abb. 8.5.1: Logic Analyser, Darstellung des Schaltverhaltens acht möglicher digitaler Eingänge, mit eingestellter Abfragetaktung von einer Sekunde (1 s)

Was macht ein Logik-Analysator?

Insbesondere beim Aufbau von komplexen Modellen mit vielen Tastern, Reedkontakten und Motoren kann es vorkommen, dass Fehler im Ablauf auftreten und ihre Ursache aufgrund der schnellen Abfolge schwer erkennbar ist. Besonders schwierig kann es dann werden, wenn mehrere fischertechnik-Controller über Funk kommunizieren, intern jedoch ihr Eigenleben haben. Das Laufzeitverhalten der Funkverbindung kann dabei zu unvorhersehbaren Effekten führen. Bei all diesen Fragen kann der Logik-Analysator helfen. Weiteres kann in der Wikipedia[12] nachgelesen werden.

Was wird gebraucht?

Benötigt wird ein Robotics TX Controller (RTXC), ein PC und die frei zugängliche Programmierumgebung Visual Basic Express 2010 oder höher von Microsoft. Die gesamte Projektierung erfolgte mit Windows XP (SP3) und der Robo-Pro-Version 3.2.6, damit führen wir auch den Funktionstest durch; andere

Versionen sind aber sicher auch möglich. Wir verwenden die Software-Basis eines anderen Projekts, des Strichcode-Lasers (vgl. Kapitel 3.2), und nehmen nur die speziellen Anpassungen für den Logik-Analysator vor. Die vollständigen Projektdateien liegen zum Download bereit.[13] Ein komplettes Installationspaket ist allerdings nicht dabei, weil hier die Programmbibliotheken von fischertechnik enthalten sein müssten.

Den RTXC sollten Sie mit einem USB-Kabel an den PC anschließen, weil Sie damit eine direktere Kommunikation ohne zusätzliche Laufzeitfehler ermöglichen – anders als es unter einer Funkverbindung (Bluetooth) beobachtet wurde.

Logik-Analysator-Software

Wir versuchen, die Bedienung so einfach wie möglich zu halten, indem nur die zum jeweiligen Zeitpunkt relevanten Befehlsschaltflächen (Buttons oder auch Softkeys genannt) angeklickt werden können, andernfalls sind diese deaktiviert. Die Bedienung in einzelnen Schritten:

1. Den RTXC an die Stromversorgung anschließen.
2. Den PC starten.
3. Die Verbindung von RTXC und PC über USB-Kabel herstellen.
4. Den Logic Analyser starten.
5. Über das Auswahlfeld *Robo TX Controller connection channel selection* den gewünschten RTXC auswählen. Hierdurch wird die Befehlsschaltfläche *connect* aktiviert.
6. Durch Anklicken der Befehlsschaltfläche *connect* wird eine permanente Verbindung zum Datenaustausch zwischen RTXC und PC eingerichtet; dieser Zustand kann zu einem späteren Zeitpunkt durch dieselbe Befehlsschaltfläche, die nun die Aufschrift *disconnect* trägt, wieder rückgängig gemacht werden.
7. Mit der Aktivierung des Kontrollkästchens *show operation log* können alle Zustandsänderungen des Verbindungsaufbaus betrachtet werden, auch eventuelle Fehler. Diese Funktion ist besonders bei Problemen empfehlenswert.
8. Die aktuell rote Befehlsschalfläche *process stopped* ermöglicht die Hauptaktivierung des Programms und damit die Bereitschaft der Analyse. Dieser Zustand kann zu einem späteren Zeitpunkt durch dieselbe Befehlsschaltfläche, die nun die Aufschrift *process running* trägt und grün blinkt, wieder rückgängig gemacht werden.

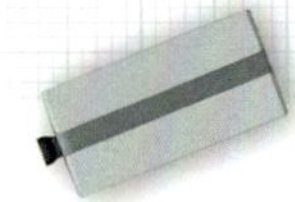

9. Über das Auswahlfeld *interval* kann die Abfragerate der Eingänge festgelegt werden.
10. Wenn nun an die Eingänge I1 bis I8 Taster etc. angeschlossen sind, kann mit der Analyse begonnen werden. Die Befehlsschaltfläche *start* ermöglicht den Beginn der Anzeige der Eingänge im zeitlichen Verlauf sowie deren Aufzeichnung.
11. Die Befehlsschaltfläche *stop* unterbricht den Anzeige- und den Aufzeichnungsvorgang. Dieser kann jedoch auf Wunsch unter Verwendung der Befehlsschaltfläche *continue* fortgesetzt werden.
12. Mit der Befehlsschaltfläche *clear* wird der Pufferspeicher gelöscht.
13. Mit der Befehlsschaltfläche *save* können die aufgezeichneten Daten exportiert werden.

Datenexport

Sie können die aufgezeichneten Daten im CSV-Format (*comma-separated values*) als Datei speichern. Microsoft Excel z.B. ermöglicht, diese Datei in ein übliches Tabellenblatt zu konvertieren. Dabei ist die Datenstruktur als Textdatei einfach lesbar, Spalten sind durch Semikolons getrennt.

Betrachtung der Messgenauigkeit

Mit Aufbau gemäß Abb. 8.5.2 soll die Messgenauigkeit, d.h. das zeitliche Darstellungsvermögen, abgeschätzt werden. Dieses Vorgehen ist bewusst einfach gehalten, damit es ohne viel Aufwand nachvollzogen werden kann.

Der Grundgedanke bei der Abschätzung ist, dass einfach vorausgesetzt wird, dass der verwendete Motor mit seiner Nenndrehzahl von 725 min^{-1} läuft (fischertechnik Power-Motor 8:1). Alternativ könnte auch eine zusätzliche Drehzahlmessung gemäß Kapitel 2.2 ergänzt werden. Hierzu müsste jedoch ein weiterer RTXC unabhängig zur Verfügung stehen.

Wenn Sie sich Abb. 8.5.2 genauer ansehen, erkennen Sie den Motor, der über zwei 1:4-Untersetzungen (bestehend aus je einem Z10 und einem Z40) eine Schaltscheibe 37727/37728[14] antreibt. Diese Schaltscheibe betätigt einen Taster, dessen Tastverhalten wir letztendlich visualisieren möchten. Durch die Kombinationen von kleinen und großen Zahnrädern kommt es insgesamt zu einer Untersetzung von 16:1. Das bedeutet, die Schaltscheibe hat nur 1/16 der Drehzahl des Motors, also 45,3 min^{-1}. Umgerechnet dauert eine volle Umdrehung der Schaltscheibe 1324 ms.

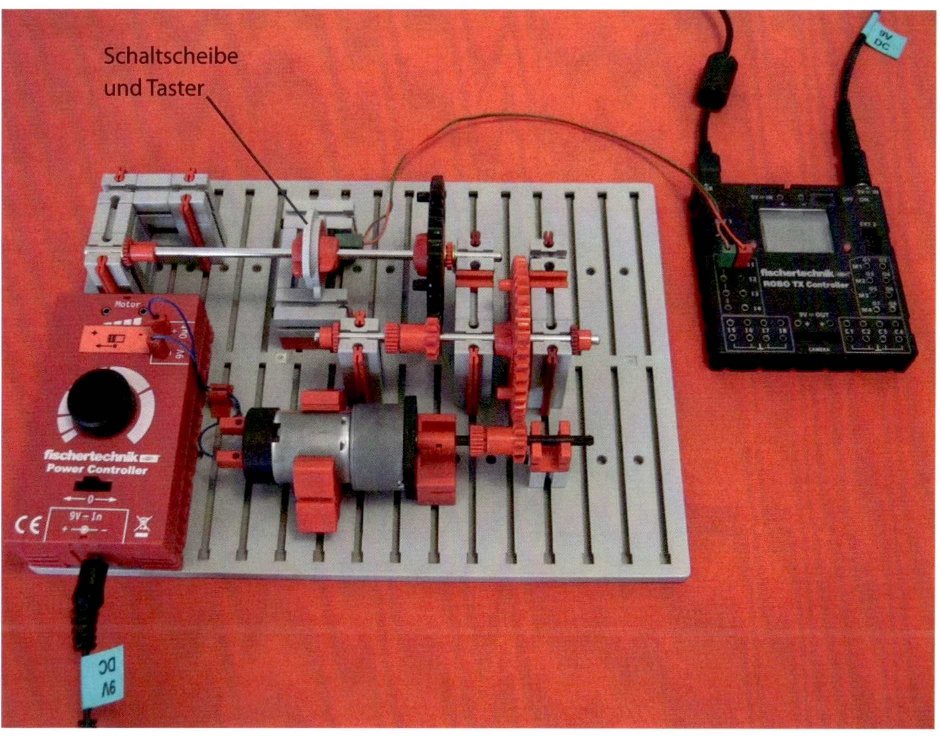

Abb. 8.5.2: Abschätzung der zeitlichen Messgenauigkeit unter Verwendung der Logic Analyser Software

Abfragerate und Interpretation der angezeigten Messergebnisse

Wenn die Abfragerate der Eingänge auf 100 ms eingestellt ist, bedeutet das, dass die Eingänge alle 100 ms für eine minimal kurze Dauer abgefragt werden. Bei eingestellter Abfragerate der Eingänge von 1 s gemäß Abb. 8.5.6 zeigt sich, dass das Signal zum Zeitpunkt 8,0 s kommt und zum Zeitpunkt 9,0 s abfällt. Ob das Signal nun genau zum Zeitpunkt 8,0 s gekommen ist, können wir nur vermuten, denn möglich ist der Zeitraum 7,1 s bis 8,0 s. Am hinteren Bereich lag das Signal zum Zeitpunkt 9,0 s an. Auch hier können wir nur mutmaßen, dass das Signal genau zu diesem Zeitpunkt abfiel, denn möglich ist ein Abfall des Signals im Zeitbereich 9,1 s bis 9,9 s.

Zusammenfassend könnte das Signal in Wahrheit im Zeitbereich 7,1 s bis 9,9 s angelegen haben. Das würde bedeuten, dass statt der angezeigten 1 s das Signal fast 3 s angelegen haben könnte. Nehmen wir für die beiden Randbereiche die jeweiligen Mittelwerte an, muss im Mittel gemäß Abb. 8.5.6 von einer wahrscheinlichen Signaldauer von 2 s ausgegangen werden. Diese Annahme wenden wir nachfolgend an.

Messungen mit der Schaltscheibe 180°

Zur ersten Messung wird die fischertechnik-Schaltscheibe wie in Abb. 8.5.3 verwendet. Wenn diese Schaltscheibe in einer Zeit von 1324 ms einmal gedreht wird, so beträgt die Dauer, in der der Taster gemäß Abb. 8.5.3 unbetätigt ist, ca. 662 ms. Die erhaltene Messaufzeichnung ist in Abb. 8.5.7 dargestellt. Hier zeigt sich, dass die Intervalle mit 500 ms bis 600 ms aufgezeichnet werden. Es lässt sich feststellen, dass die Größenordnung stimmt.

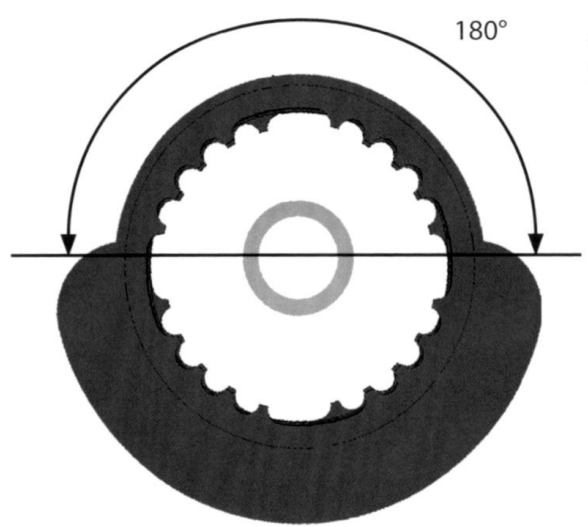

Abb. 8.5.3: Schaltscheibe in 180°-Konfiguration

Messungen mit der Schaltscheibe 48°

Für die zweite Messung wird eine Schaltscheibe gemäß Abb. 8.5.4 verwendet.

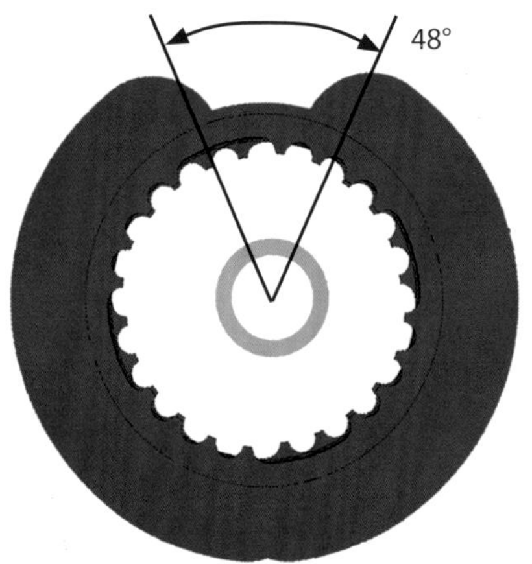

Abb. 8.5.4: Schaltscheibe in 48°-Konfiguration

Wenn die Schaltscheibe in einer Zeit von 1324 ms einmal gedreht wird, so beträgt die Dauer, während der der Taster gemäß Abb. 8.5.2 unbetätigt ist, ca. 177 ms. In Abb. 8.5.8 sind die Messaufzeichnungen dargestellt. Die Intervalle wurden durchgehend mit 100 ms aufgezeichnet.

Zusammenfassung zur Genauigkeit

Die Software lässt eine Abfragerate der Eingänge von 25 ms zu. Das hat sich als sehr ungenau erwiesen, wenn die exakten Zeitintervalle mit ausgewertet werden sollen. Bei der Einstellung 100 ms können wir mit zeitlich recht verlässlichen Ergebnissen rechnen.

Alternative Lösungsansätze

Prinzipiell scheint es möglich, auch innerhalb von Robo-Pro das Schaltverhalten aufzuzeichnen und in eine Datei zu schreiben. Hierzu steht der Baustein »Liste« gemäß Abb. 8.5.5 bereit, den wir jedoch für diese Anwendung nicht getestet haben.

Der Nachteil dabei ist, dass Robo-Pro laufen muss und diese zusätzliche Funktionalität das eigentlich zu messende Laufzeitverhalten des untersuchten Systems ändern kann. Wird für die Messaufgabe ein eigener RTXC verwendet, erscheint diese Methode möglich.

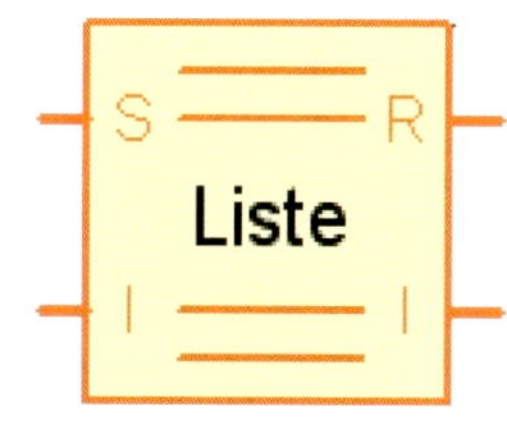

Abb. 8.5.5: Robo-Pro-Baustein »Liste« zur alternativen Aufzeichnung des Schaltverhaltens

Ausblick

Unter Verwendung der Visual-Basic-Konfigurationsdateien kann der Programmcode ohne größeren Aufwand dahin gehend modifiziert werden, dass statt der digitalen Aufzeichnung der Eingänge auch analoge Werte aufgenommen, angezeigt und gespeichert werden können.

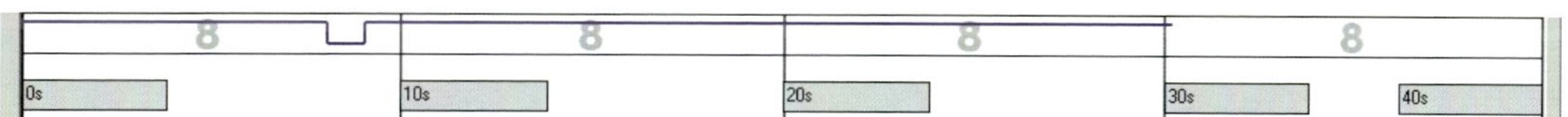

Abb. 8.5.6: Bei eingestellter Abfragerate der Eingänge von 1 s zeigt sich, dass das Signal zum Zeitpunkt 8,0 s kommt und zum Zeitpunkt 9,0 s geht.

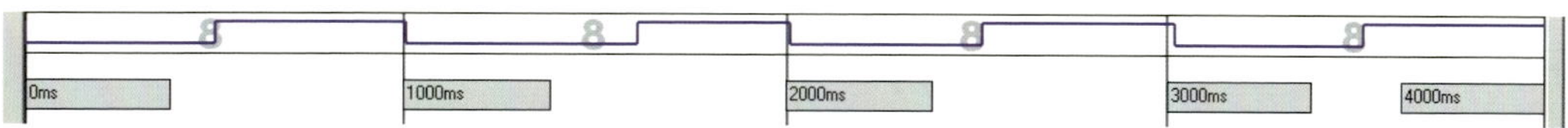

Abb. 8.5.7: Aufgezeichnetes Schaltverhalten bei Nutzung einer Schaltscheibe in 180°-Konfiguration (Tastdauer 662 ms) und einer Abfragerate der Eingänge von 100 ms. Es zeigt sich eine Schaltsequenz von etwa 500 bis 600 ms.

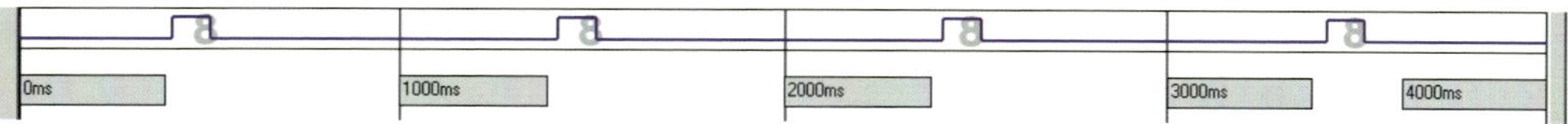

Abb. 8.5.8: Aufgezeichnetes Schaltverhalten bei Nutzung einer Schaltscheibe in 48°-Konfiguration (Tastdauer 177 ms) und einer Abfragerate der Eingänge von 100 ms. Es zeigt sich eine Schaltsequenz von etwa 100 ms.

Referenzen

1 Wikipedia: Watchdog: https://de.wikipedia.org/wiki/Watchdog.

2 Gail, Andreas: fischertechnik Nummernblock Zugangskontrolle, Youtube 2015: https://www.youtube.com/watch?v=t12ENJ1e1Ag.

3 Caseblo Cosijal: fischertechnik Kontoautomat, Youtube 2013: https://www.youtube.com/watch?v=mUeHkNY87qg; kinderundtechnik: fischertechnik ROBO TX Controller + Keypad + LC Display I²C, Youtube 2013: https://www.youtube.com/watch?v=1G919ccuNJU.

4 Gail, Andreas: fischertechnik: Multiplexausgänge mit Robo TX(T) bis zu 16 LEDs ansteuern. Youtube-Video 2017: https://youtu.be/RdSujsBcM1U.

5 fischertechnik, Baukasten hobby 4: http://ft-datenbank.de/details.php?ArticleVariantId=d49942fc-e159-41e6-b795-4ea78e5d6e04.

6 Analogsignal aus PWM: http://om.dharlos.de/doku/ Spannungsabhängiger Frequenzgenerator (vco): http://tymkrs.tumblr.com/post/4496507556/19fm-vco-555timer-i-ham-lesson-o-de-day.

7 CadSoft: EAGLE Platinenlayout: http://www.cadsoft.de/download-eagle/.

8 MIDI, Töne und Frequenzen: http://www.sengpielaudio.com/Rechner-notennamen.htm.

9 Dirk Fox: »Einmessen« eines digitalen Messgeräts. ft:pedia 1/2013, S. 39–48.

10 Regressionsberechnung im Internet: http://www.xuru.org/rt/PR.asp.

11 Andreas Gail, Youtube-Video 2015: https://youtu.be/9OGfRf87OuQ.

12 Wikipedia: Logikanalysator: http://de.wikipedia.org/wiki/Logikanalysator.

13 Gail, Andreas: Robo TX Logic Analyser Software. ft-Community-Website, 2015: http://ftcommunity.de/data/downloads/software/robotxclogikanalyserv100.zip.

14 Schaltscheibe: http://ft-datenbank.de/search.php?keyword=schaltscheibe.

9 Detail Engineering

Auch bei sehr umfänglichen Bauprojekten kommt es auf einzelne Details an, damit das Gesamtprojekt erfolgreich sein kann. Erfolgreiche Detaillösungen möchten wir nachfolgend zeigen, zur eventuellen Adaptierung für eigene Projekte.

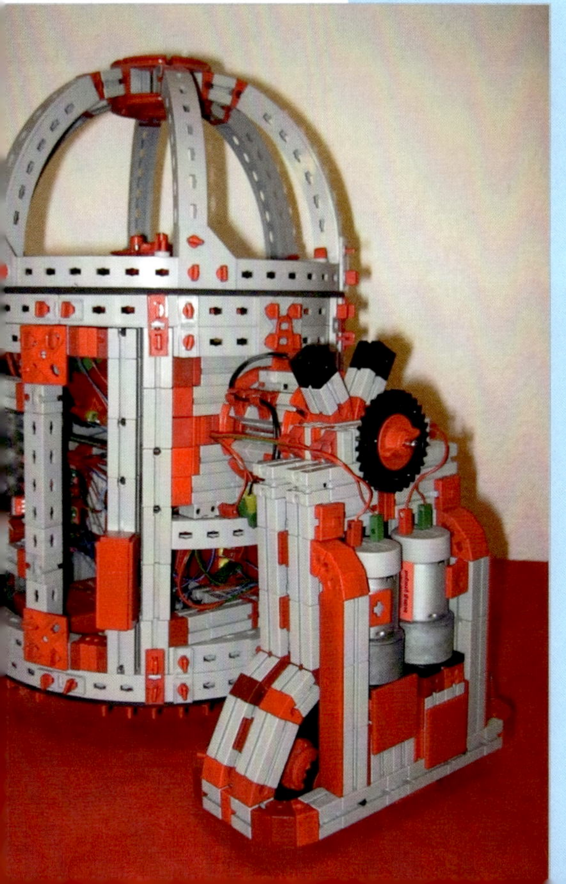

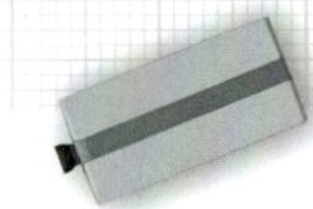

9.1 Detail Engineering R2D3

Im Rahmen des Baus des Robotermodells R2D3[1] wurde eine Reihe von ganz unterschiedlichen Detaillösungen erarbeitet, die durchaus Lösungsansätze bei diversen anderen Bauprojekten sein könnten. Exemplarisch werden hier drei Komponenten vorgestellt: ein Gleitring-Lager, den Antrieb sowie die Fernbedienung.

Gleitring-Lager

Aufgabenstellung
Wie in Abb. 9.1.4 dargestellt, sollte der violett abgebildete Teil des Roboters drehbar gelagert werden, gleichzeitig aber auf der darunter befindlichen Konstruktion aufliegen. Das sich dabei ergebende Problem bestand darin, dass durch minimale Kanten auf den Kreisringflächen die Drehbewegung immer wieder blockiert wurde. Es sollte ein Weg gefunden werden, um eine störungsfreie Drehbewegung reproduzierbar zu ermöglichen.

Lösung
Aus Kunststoffplatten (im Baumarkt erhältlich) wurde ein Kreisring mit 23,4 cm Außendurchmesser und 20,4 cm Innendurchmesser ausgefräst. Diesen Ring bezeichnen wir als *Gleitring*.

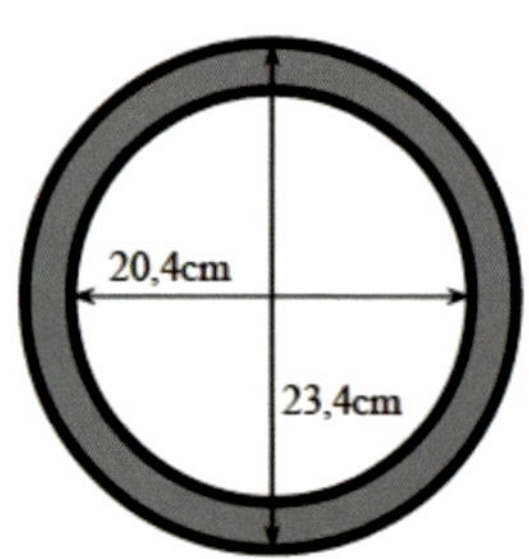

Abb. 9.1.1: Gleitring mit Bemaßung (Skizze nicht maßstäblich)

Bearbeitung
Zur Bearbeitung bietet sich z.B. eine Oberfräse mit Zirkelanschlag eines beliebigen Herstellers an (siehe Abb. 9.1.2). Bei der Einstellung des Abstands von der Zirkelnadel zum Fräser ist der Durchmesser des Fräsers selbst mit einzubeziehen. Zunächst wird der Außendurchmesser ausgefräst, dann der Innendurchmesser. So geht während der Bearbeitung der mittige Bezugspunkt nicht verloren.

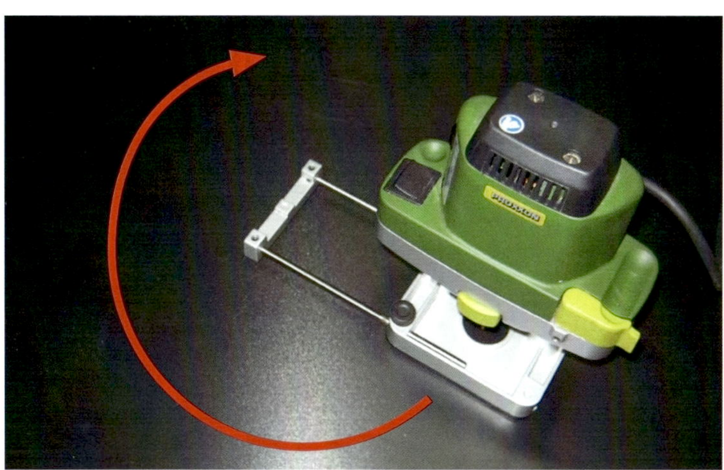

Abb. 9.1.2: Herstellung des Gleitrings per Oberfräse mit Zirkelanschlag

Auf ähnliche Weise wie zuvor der Gleitring lässt sich auch eine runde Bodenplatte herstellen. Die erforderlichen Löcher können je nach Härte des Materials ausgebohrt, per Lochzange ausgestanzt oder mithilfe eines Locheisens ausgeschlagen werden (Abb. 9.1.3).

Abb. 9.1.3: Kreisrunde Bodenplatte, Durchmesser 23,4 cm

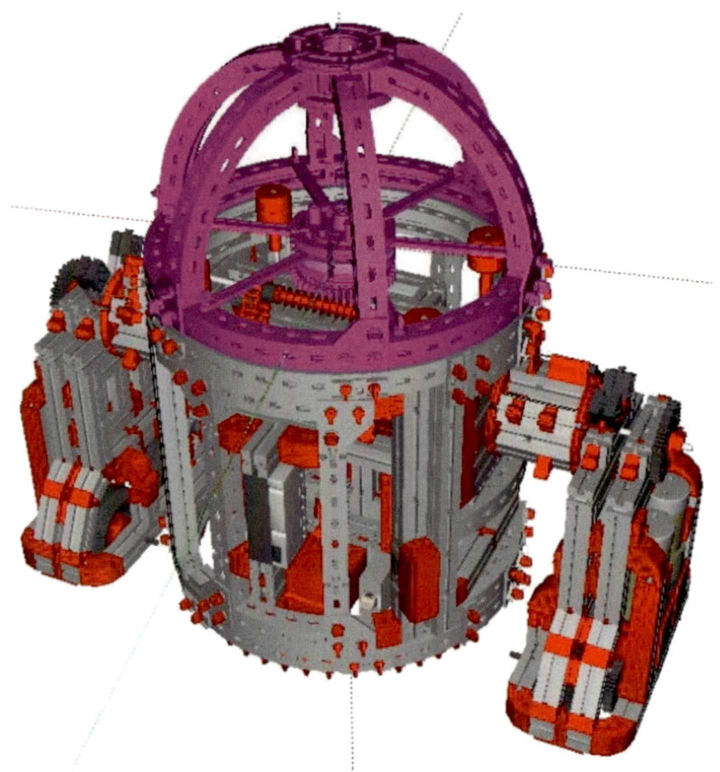

Abb. 9.1.4: Roboter mit drehbarer Halbkugel (violett dargestellt)

Ansteuerung von Leistungsmotoren

Aufgabenstellung

Der immerhin etwa 5 kg schwere Roboter gemäß Abb. 9.1.5 sollte mithilfe von vier Leistungsmotoren vom Typ Power-Motor 20:1 angetrieben und mit dem Robotics TX Controller (RTXC) automatisiert werden.

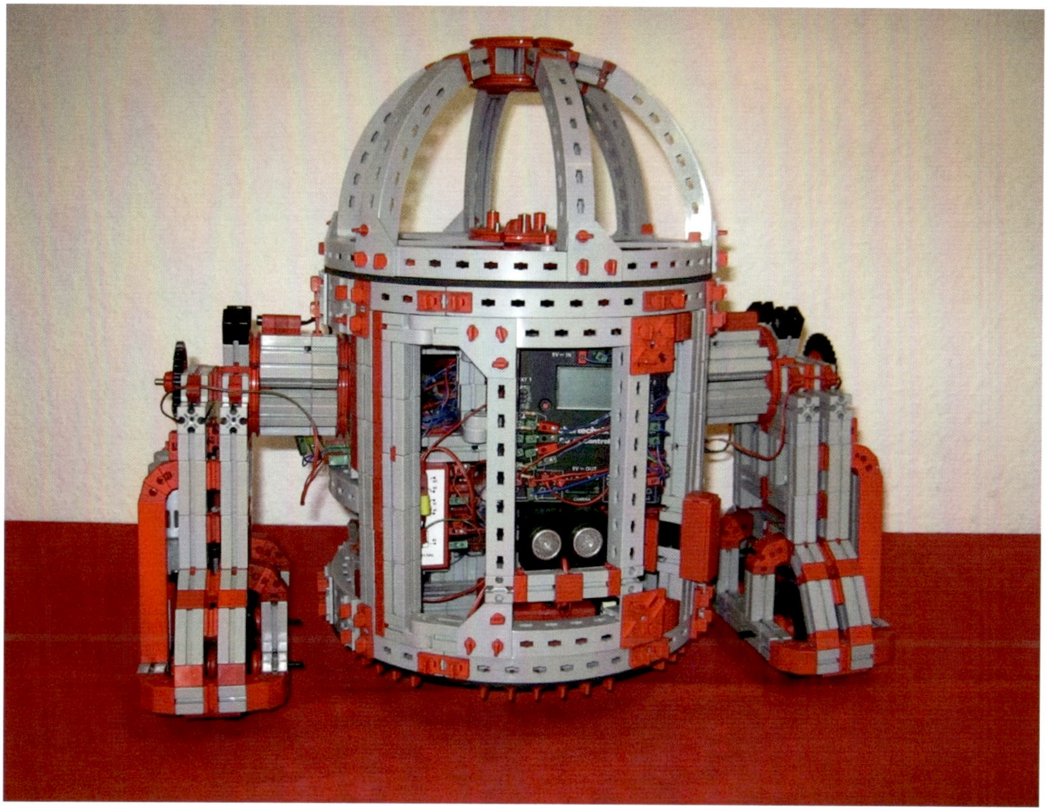

Abb. 9.1.5: Roboter, angetrieben mit vier Power-Motoren 1:20

Beim RTXC gibt es vier Motorenausgänge mit einer Belastbarkeit von jeweils 250 mA. Die früheren Power-Motoren wurden jedoch alle auf 1,1 A Stromaufnahme ausgelegt, also deutlich zu viel für den RTXC. Sicher aus diesem Grund wurde das Motorenprogramm geändert; alle aktuellen Motoren haben geringere Stromaufnahme und Leistung, was teilweise durch fest verbaute Getriebesätze kompensiert werden soll.

Volle Beweglichkeit

Jeder der vier Leistungsmotoren treibt dabei ein einzelnes Rad an. Zwei Motoren und Räder einer Seite bilden einen gemeinsamen Radsatz. Dieser Aufbau (siehe Abb. 9.1.6) erlaubt eine vielfältige Bewegungsfähigkeit des Roboters.

Abb. 9.1.6: Antriebskonzept des Roboters

Eine Rotation auf der Hochachse wird beispielsweise erreicht, indem ein Radsatz vorwärts und der andere rückwärts angetrieben wird. Ein Radsatz kann weiterhin mit zwei unterschiedlichen Geschwindigkeiten betrieben werden, indem die beiden Motoren eines Radsatzes entweder parallel oder in Reihe verschaltet werden.

Lösung

Letztendlich müssen wir die vier Motoren vom RTXC aus ansteuern. Um stets sicher zu sein, die maximale Stromaufnahme des RTXC nicht zu überschreiten, kommen Relais zum Einsatz. Leider gehören die nicht mehr zum aktuellen fischertechnik-Sortiment, sodass wir das Relais selbst bauen mussten (Abb. 9.1.7).

Abb. 9.1.7: Selbstbau-Relais

Im Gehäuse verbaut ist ein Signalrelais vom Typ Axicom, tyco Electronics, C93428, 5-14620000-7, mit einer Ansteuerspannung von 3,9 V bis 14,0 V.

Wie nachfolgend gezeigt, verwenden wir für die Ansteuerung der vier Motoren insgesamt sechs Relais, d.h. für jeden Radsatz drei Relais. Zugehörig werden auf dem RTXC auch sechs digitale Ausgänge benötigt. Die drei Relais eines Radsatzes haben die folgenden Funktionen, die in der angegebenen Reihenfolgen verschaltet werden:

- an/aus
- Richtungseinstellung
- Geschwindigkeitseinstellung

Relaisschaltung: an/aus

Der Relaiseingang E1 wird von einem einzelnen Ausgang des RTXC angesteuert. Wenn das der Fall ist, wird durch das Relais die Verbindung a1 ... a2 hergestellt, sodass der angeschlossene Motor zu laufen beginnen würde (Abb. 9.1.8).

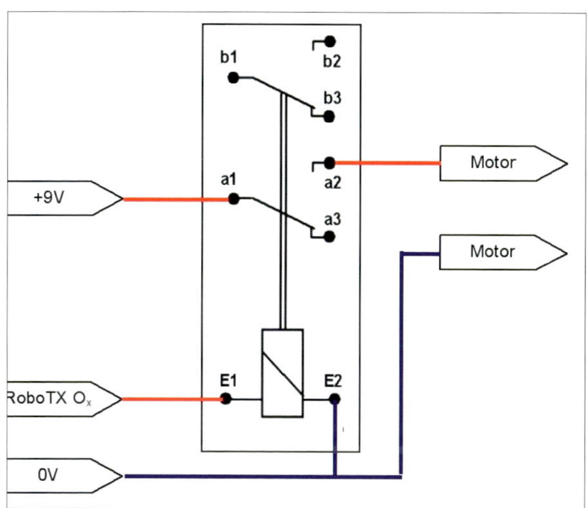

Abb. 9.1.8: Relaisschaltung an/aus

Relaisschaltung: Richtungseinstellung

Der Relaiseingang E1 wird von einem einzelnen Ausgang des RTXC angesteuert. Der Motor läuft dabei immer, bei Schaltvorgängen des Relais kommt es zur Drehrichtungsänderung des Motors (Abb. 9.1.9).

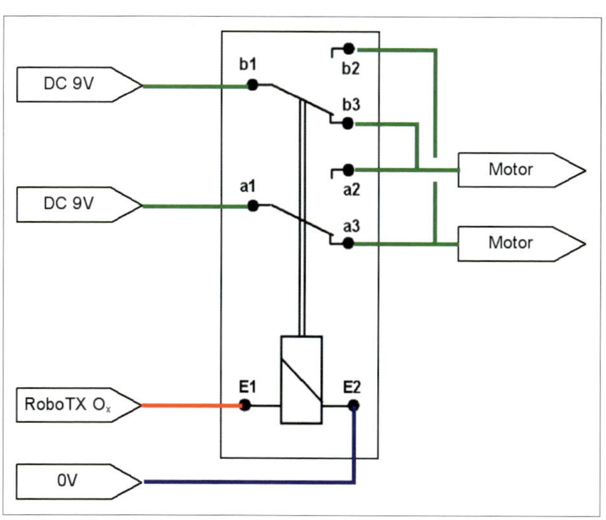

Abb. 9.1.9: Relaisschaltung Richtungseinstellung

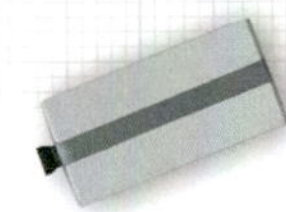

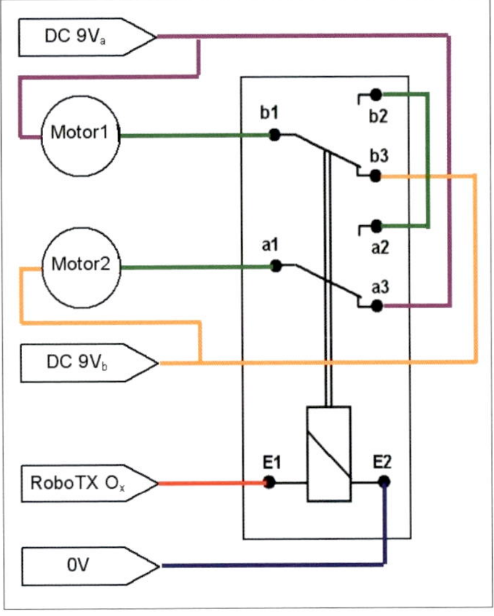

Abb. 9.1.10: Relaisschaltung Geschwindigkeitseinstellung

Relaisschaltung: Geschwindigkeitseinstellung

Der Relaiseingang E1 wird von einem einzelnen Ausgang des RTXC angesteuert. Die Motoren laufen dabei immer, bei Schaltvorgängen des Relais kommt es zur Parallelschaltung dieser Motoren oder zur Reihenschaltung (Abb. 9.1.10).

Bei Reihenschaltung laufen die Motoren langsam, bei Parallelschaltung schnell. Auf diese Weise ist es möglich, eine Geschwindigkeitsumschaltung zu erreichen. Dabei ist jedoch zu beachten, dass bei der Reihenschaltung im Fall des Blockierens eines Motors der andere Motor schneller läuft.

In der ft-Community wurde übrigens der Effekt der Reihenschaltung von Motoren bei einer anderen Anwendung (Flash) von Jürgen Landstuhl (chevyfahrer) beschrieben.[2]

Abb. 9.1.11: Einbauposition der sechs Relais

Abb. 9.1.12: Radsatz mit zwei Motoren (vorne rechts)

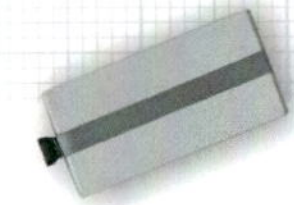

IR-Fernbedienung am Robotics TX Controller

Aufgabenstellung

Das Robotermodell R2D3 (Abb. 9.1.13) sollte neben der Bedienung über PC gleichzeitig auch über die IR-Fernbedienung von fischertechnik steuerbar sein.

Bei Anwendung des aktuellen Controllers von fischertechnik (Robotics TXT) ist nachfolgendes Vorgehen hinsichtlich der IR-Fernbedienung nicht mehr erforderlich, wohl aber kann es durchaus weiterhin ähnlich gelagerte grundsätzliche Problemstellungen geben.

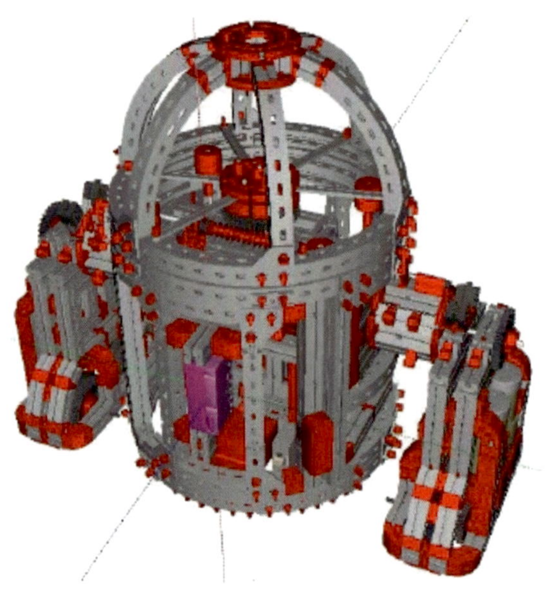

Abb. 9.1.13: Roboter mit IR-Empfängermodul (violett dargestellt)

Lösung

Beispielhaft genutzt wird der linke Bedienhebel der Fernbedienung. Betrachtet man den Fernbedienhebel genauer, sieht man, dass mit diesem einen Hebel acht verschiedene Grundstellungen möglich sind, die individuell als Eingangsgröße für den Robotics TX Controller (RTXC) genutzt werden können. Zwischenstellungen sind dabei nicht relevant, es wird jeweils nur die prinzipielle Position ausgewertet.

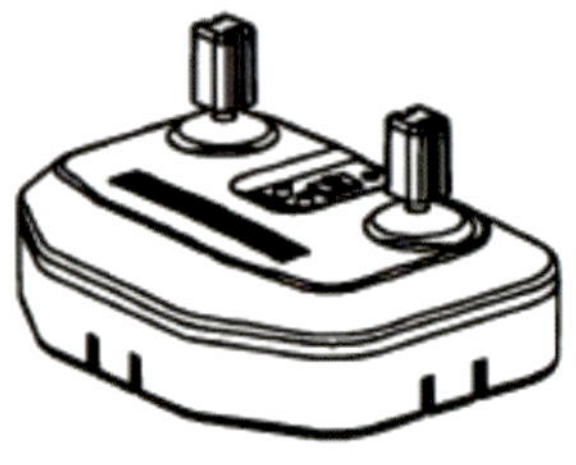

Abb. 9.1.14: IR-Sender

Entsprechend der Einstellung am linken Bedienhebel werden zugehörige Signale zum IR-Empfängermodul gesendet und über die Anschlusspaare M1 und M2 ausgegeben.

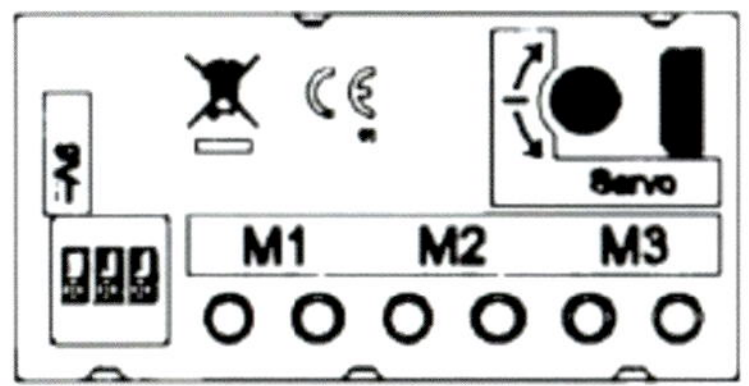

Abb. 9.1.16: IR-Empfängermodul

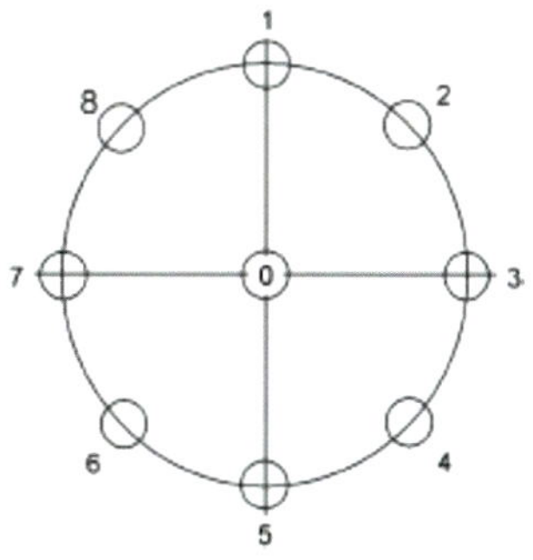

Abb. 9.1.15: Grundstellungen eines Bedienhebels der IR-Fernbedienung

Bei der Betrachtung des IR-Empfängermoduls fällt auf, dass es für den rechten Bedienhebel nur noch das Anschlusspaar M3 gibt und einen Steckanschluss für einen Servo. Somit ist der rechte Bedienhebel nur sehr begrenzt in der hier gezeigten Weise nutzbar. Die Umwandlung des Servosignals in ein Signal analog M1 ... M3 ist nur mit hohem Aufwand möglich und wird daher hier nicht weiterverfolgt.

Verschaltung

Mit diesen Bausteinen ist es möglich, bis zu sechs digitale Eingänge des RTXC kommend von der IR-Fernbedienung anzusteuern. Im nachfolgenden Fall werden vier Eingänge genutzt. Am IR-Empfänger können dabei jeweils beide Ausgänge von M1 und M2 genutzt werden.

Zur Ansteuerung werden zusätzlich Widerstände mit 330 Ω (1/4 W) benötigt. Diese Widerstände haben den Farbcode orange-orange-braun. Zur Verschaltung werden die Eingänge I1 … I4 des RTXC über die Widerstände mit Masse verbunden; dadurch werden die Eingänge permanent gesetzt. Die vier Eingänge I1 … I4 werden gleichzeitig mit dem IR-Empfänger M1a, M1b, M2a und M2b verbunden. Im Fall der Ansteuerung eines Ausgangs am IR-Empfänger wird dieser mit +9 V belegt, was zur Rücksetzung des zugehörigen Eingangs am RTXC führt.

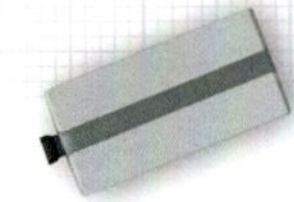

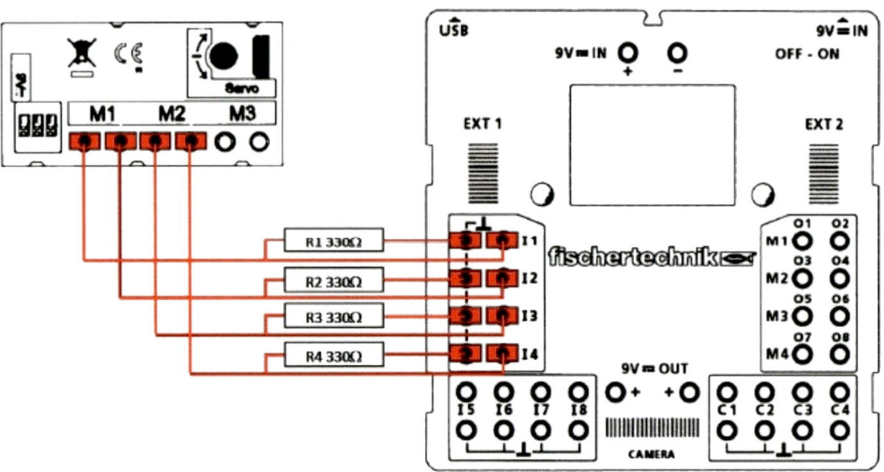

Abb. 1.17: Verschaltung der IR Fernbedienung mit dem TX

Signale an M1 und M2

Entsprechend der Hebelstellung an der IR-Fernbedienung ergeben sich am IR-Empfängermodul folgende (inverse) Signale:

M1b An2 In1	M2a An3 In2	M2b An4 In3	M1a An1 In4	Beschreibung
0	0	0	0	Pos = 0 Hebel Grundstellung mittig
1	0	0	0	Pos = 1 Hebel oben
1	1	0	0	Pos = 8 Hebel oben links
1	0	1	0	Pos = 2 Hebel oben rechts
0	1	0	0	Pos = 7 Hebel links
0	0	1	0	Pos = 3 Hebel rechts
0	0	0	1	Pos = 5 Hebel unten
0	1	0	1	Pos = 6 Hebel unten links
0	0	1	1	Pos = 4 Hebel unten rechts

Tab. 9.1.1: IR-Empfängermodul-Signale in Abhängigkeit der Hebelstellung der IR-Fernbedienung

Software

Da die vom IR-Empfänger abgegebenen Signale ungenau sind und teilweise flackern (auch wenn diese gar nicht angesteuert werden), ist eine Kompensation mithilfe der vorliegenden Software erforderlich. Hierbei werden bei 3.000 Durchläufen die Eingänge des RTXC ausgelesen.

Nur wenn bei diesen 3.000 Durchgängen 55 % (bzw. 60 %) der Durchgänge eine Ansteuerung angezeigt haben, können wir davon ausgehen, dass tatsächlich eine gewollte Bedienung vorliegt.

Der Eingang I1 (M1a-An1-In2) zeigte ein etwas abweichendes Verhalten von den anderen Eingängen, sodass in diesem Fall 60 % der Ansteuerungen vorgelegen haben müssen, um diese als ‚gewollt' zu werten. Im vorliegenden Fall läuft die Software auf einem PC und wurde nicht in den RTXC geladen. Die 3.000 Durchläufe führen dabei zu einer Ansprechverzögerung von etwa 0,5 s.

Zu Beginn der Schrittkette wird zunächst die Variable *Zaehler* = 0 gesetzt sowie anschließend *An1* ... *An4* = 0. Nachfolgend wird geprüft, ob im Hauptprogramm der Schalter *IR* aktiviert wurde; wenn nein, werden die globalen Variablen *In1* ... *In4* = 0 gesetzt und das Unterprogramm verlassen. Dann ist die Bedienung über die IR-Fernbedienung abgeschaltet.

Wenn der Schalter *IR* aktiviert wurde, beginnt ein 3.000-facher Schleifendurchlauf; Schleifenzähler ist die Variable *Zaehler*. Bei jedem Schleifendurchlauf wird geprüft, wie die Einstellung der Eingänge *I1* ... *I4* beschaltet sind, entsprechend wird die Variable *An1* ... *An4* bei jedem Durchlauf um eins erhöht bzw. nicht erhöht. Nach 3.000 Schleifendurchläufen beginnt die Auswertung und Anpassung der globalen Variablen *In1* ... *In4*. Wenn z. B. bei mehr als 1.650 von 3.000 (55 %) Schleifendurchläufen eine Signalaufschaltung erkannt wurde, so wird die zugehörige globale Variable *In1* ... *In4* = 1 gesetzt. Wenn die Einstellung *In1* ... *In4* geändert wurde, wird dies im Bedienfeld des Hauptprogramms visualisiert. Die Auswertung von *In1* ... *In4* erfolgt in anderen Programmteilen.

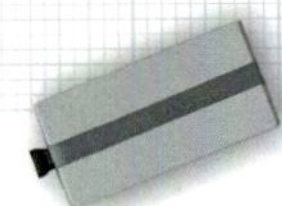

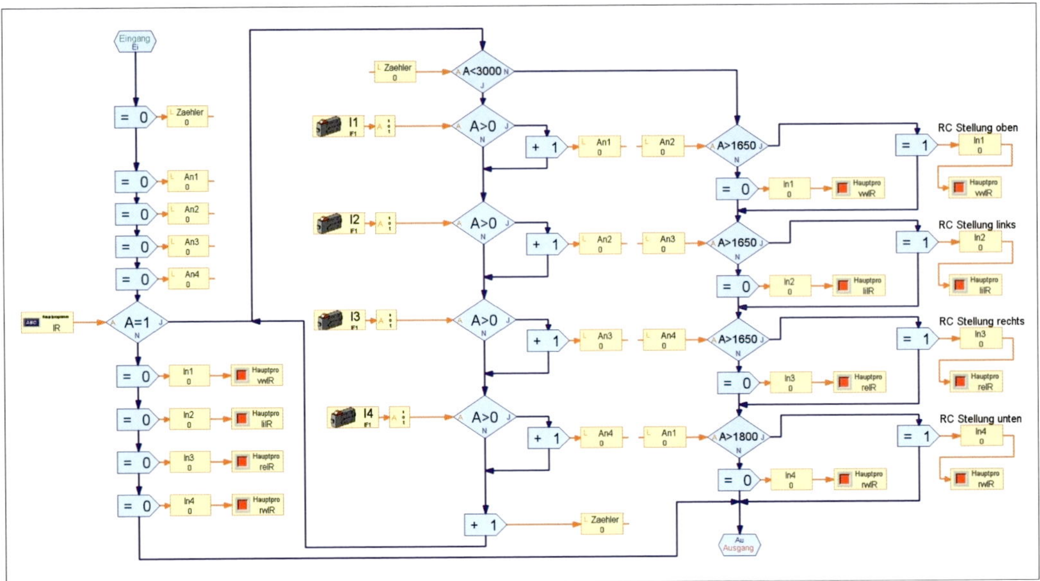

Abb. 9.1.8: RTXC-Software, Unterprogramm zur Auswertung der IR-Eingangssignale mit individualisierter Signalaufbereitung

9.2 Uhrenbau: Der schreiende Wecker

Der »Schreiende Wecker« ist aus der Reihe »Die drei ???« literaturbekannt. Ist das nun Dichtung oder Wahrheit? In diesem Fall zumindest ist aus Dichtung Wahrheit geworden: Unter Verwendung von drei Schrittmotoren und einer Echtzeituhr können wir einen solchen Wecker aufbauen. Auch dieses Bauprojekt führte zu einer Reihe von Detaillösungen, die sich als Lösungsansätze für diverse andere Bauprojekte eignen können.

Das Gesamtprojekt

Eine Uhr mit Zeigern sollte sich nach dem Einschalten auf die aktuelle Uhrzeit einstellen. Mit einem dritten Zeiger sollte die gewünschte Weckzeit eingestellt werden können, und damit ein solcher Wecker auch seinen Namen verdient, galt es, ein schreiendes Wecksignal zu realisieren.

Abb. 9.2.1: Schreiender Wecker, Gesamtansicht

Abb. 9.2.1 zeigt den Wecker mit Minutenzeiger (1), Stundenzeiger (2), Zeiger der Weckzeit (3), Taster zur manuellen Neukalibrierung der Zeiger (4) und die Kontrollleuchte, die die Kalibrierung anzeigt (5). Die Kalibrierfunktion läuft bei

jedem Einschalten des Weckers ab; sie stellt die Zeiger über einzelne Schrittmotoren auf die Zeit der Echtzeituhr ein und ermittelt, auf welche Uhrzeit die Weckfunktion eingestellt wurde. Auch dieses Modell wird in einem Video vorgestellt.[3]

Die Weckzeit kann über die beiden Taster (6) verstellt werden. Der Schalter (7) dient zum Ein- oder Ausschalten der Weckfunktion. Die gesamte Uhr wird durch einen Robotics TX Controller (RTXC) gesteuert.

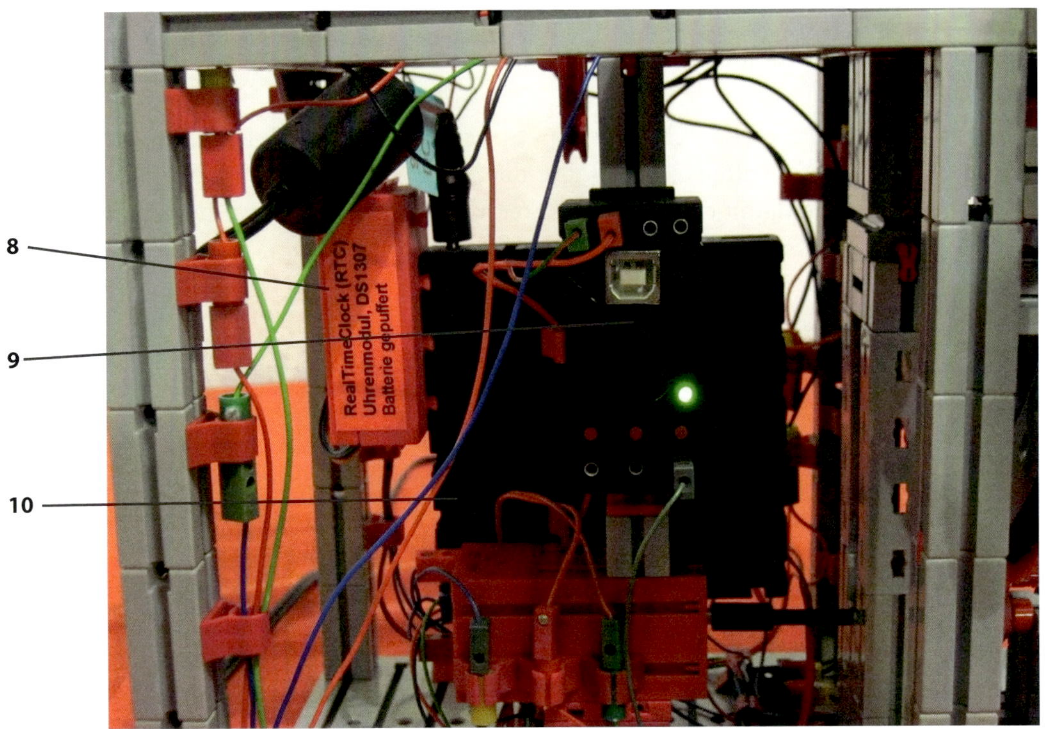

Abb. 9.2.2: Schreiender Wecker, Elektronik-Komponenten, Echtzeituhr (8), Sound+Lights-Modul (9), Rückseite Robo TX Controller (10)

Eine Anleitung zur Einbindung der Echtzeituhr finden Sie in der ft:pedia 4/2013.[4]

Im Folgenden stellen wir drei Detaillösungen vor: die Verriegelung zweier gekoppelter mechanischer Systeme, die Einstellung der Uhr auf eine vorgegebene Zeit und den Antrieb des Weckzeit-Zeigers.

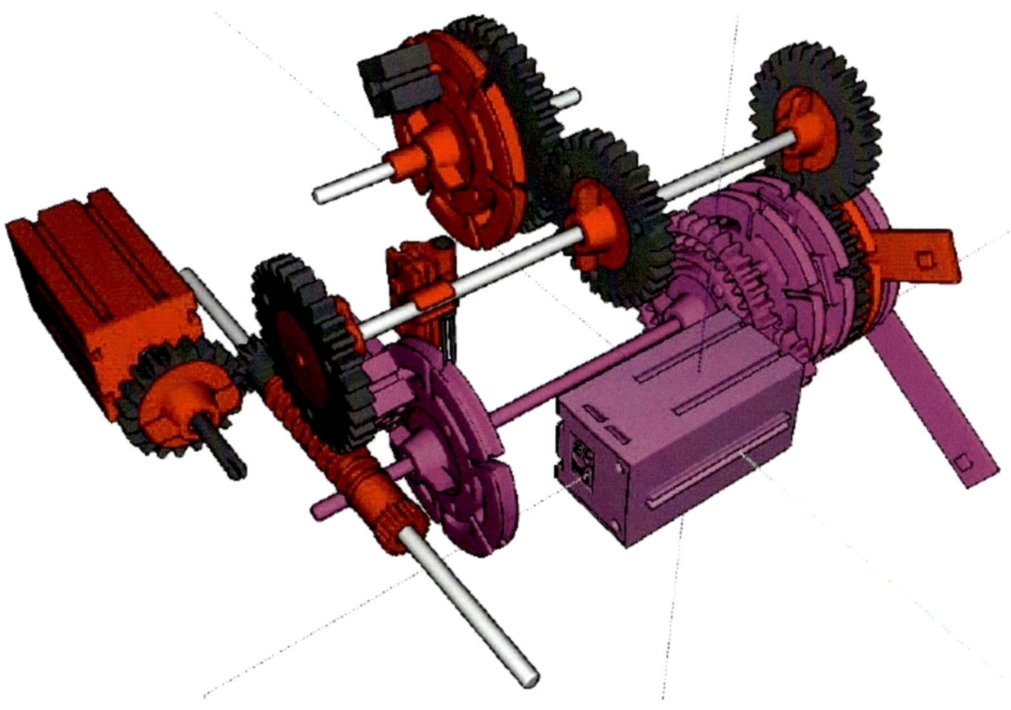

Abb. 9.2.3: Getrenntes Antriebsprinzip von Stundenzeiger (rot/schwarz) und Minutenzeiger (violett)

Verriegelung zweier gekoppelter mechanischer Systeme

Die beiden Zeiger (Minuten- und Stundenzeiger) werden getrennt über Schrittmotoren angesteuert. Auf diese Weise lässt sich die aktuelle Uhrzeit leicht einstellen.

Problem: Der schnellere Minutenzeiger hat bei der Erstkonstruktion gelegentlich den eigentlich langsameren Stundenzeiger mitgezogen. Dadurch war die Stundenanzeige stark fehlerhaft.

Lösung: Das Mitschleppen des Stundenzeigers (Abb. 9.2.3, rot/schwarz) wird durch die Nutzung eines Schneckengetriebes verriegelt. Eine Antriebsschnecke verlangsamt nicht nur die Drehbewegung,[5] sondern hat den hier genutzten Vorteil, dass die motorisch angetriebene Welle nicht in umgekehrter Richtung bewegt werden kann. Wird also der Minutenzeiger angetrieben (Abb. 9.2.3, violett), kann der Stundenzeiger nicht mitbewegt werden, weil er durch das Schneckengetriebe blockiert wird.

Kalibrierung der Zeigerposition und Einstellung der Uhrzeit

Nach dem Einschalten des Weckers sollen die Zeiger auf die aktuelle Uhrzeit eingestellt werden.

Problem: Die aktuelle Zeigerposition ist zunächst nicht bekannt. Folglich weiß die Steuerung nicht, wie weit sie die Zeiger drehen muss, um diese auf die korrekte Position zu stellen.

Lösung: Die Kalibrierung läuft in drei aufeinanderfolgenden Schritten ab.

- Schritt 1: Zunächst wird der Zeiger in einer Richtung gedreht, bis der Reedkontakt den auf der Drehscheibe befindlichen Magnetbaustein detektiert (Abb. 9.2.4, violett). Der Motor wird dabei nicht als Schrittmotor angesteuert, sondern einfach nur ein- und bei Reedkontaktmeldung abgeschaltet. Wichtig ist dabei, dass die einmal festgelegte Drehrichtung und die Geschwindigkeit später nicht mehr geändert werden.
- Schritt 2: Ausgehend von der Position des Reedkontakts wird der Zeiger auf die 12-Uhr-Position gefahren. Der Verfahrweg wird dabei mithilfe der Schrittmotorfunktionalität durchgeführt. Dazu wurde im Vorfeld die hierzu erforderliche Anzahl an Schritten ermittelt.
- Schritt 3: Entsprechend der aktuellen Uhrzeit und der zugehörigen erforderlichen Zeigerstellung berechnet die Software, um wie viele Schritte der Zeiger abschließend gedreht werden muss.

Dieses Verfahren wird nacheinander für den Stunden- und den Minutenzeiger angewendet. Abb. 9.2.5 zeigt das zugehörige Programm, die Spalten entsprechen den o. g. Vorgängen.

Abb. 9.2.4: Antrieb des Stundenzeigers, Reedkontakt zur Positionskalibrierung (violett)

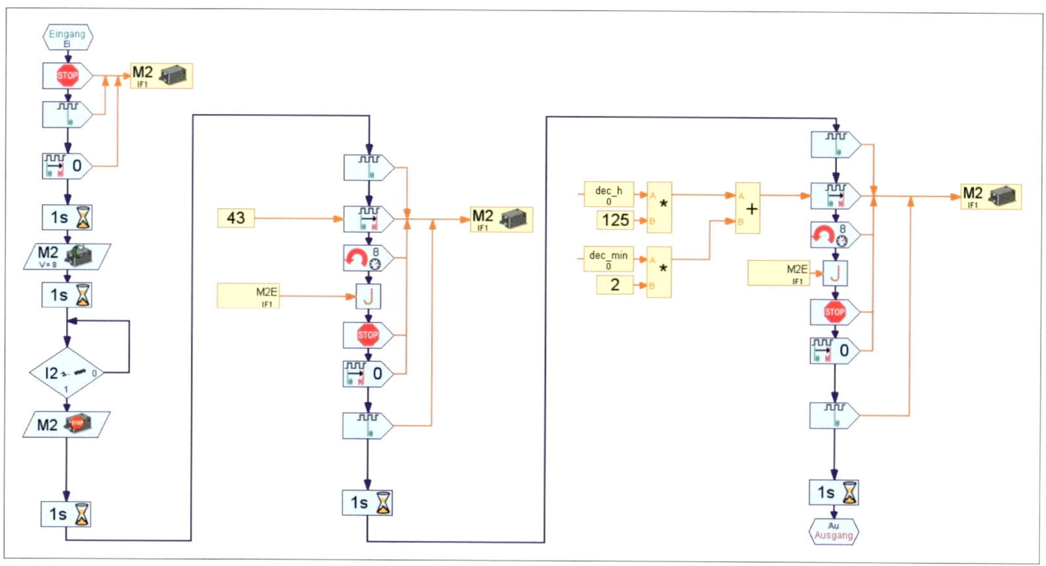

Abb. 9.2.5: Robo-Pro Unterprogramm zur Kalibrierung der Zeigerposition des Stundenzeigers und Einstellung der aktuellen Zeigerposition auf Basis der aktuellen Uhrzeit, dec_h = Uhrzeit in Stunden, dec_min = Uhrzeit in Minuten, 1.500 Schritte entsprechen 12 Stunden.

Antrieb des ringförmig gelagerten Zeigers der Weckzeit

Es gibt im Internet eine Reihe von Veröffentlichungen zum Thema Zahnräder; die folgende Variante habe ich bislang dort noch nicht gefunden. Im Aufbau sollten möglichst keine Spezialteile gefertigt werden müssen.

Problem: Wie treibt man den Ring an, und welche Lagerung ist dafür erforderlich?

Lösung: Der Aufbau eines Zahnrings unter Verwendung von fischertechnik-Standardteilen ist möglich, wie in Abb. 9.2.7 und 9.2.8 gezeigt. Der Knackpunkt hierbei liegt jedoch beim violett markierten Teil. Dieses Teil passt normalerweise nicht in die Riegellöcher der grauen Statikbauteile. Deshalb ist es erforderlich, den Zapfen dieses Bauteils an zwei Seiten mit einer Schlüsselfeile so weit zu bearbeiten, bis er hineinpasst. Wenn dann eine 90°-Drehung erfolgt, sitzt der Zapfen im grauen Riegelloch fest. Die spätere Demontage vom Statikbauteil ist beschädigungsfrei möglich.

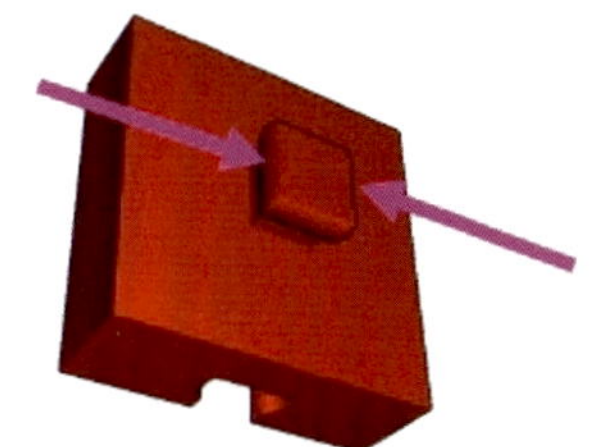

Abb. 9.2.6: Bauteilmodifikation an den markierten Zapfenkanten

Schlüsselfeilen gibt es in jedem Baumarkt. Feilen Sie gemäß Abb. 9.2.6 die Kanten leicht ab, bis der Zapfen in das gewünschte Riegelloch passt.

Abb. 9.2.7: Gesamtansicht des Zahnrings zur Lagerung des Zeigers der Weckzeit

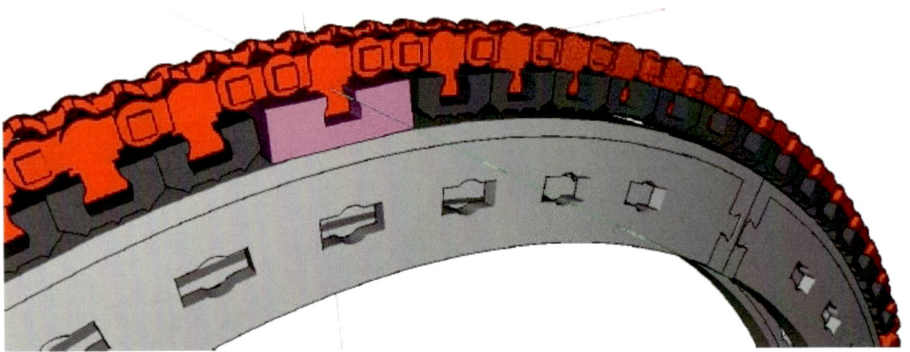

Abb. 9.2.8: Detailansicht des Zahnrings aufgebaut mit Standardteilen, das violett markierte Teil muss jedoch modifiziert werden.

9.3 RoboRISC: Visual Basic für den Robotics TXT Controller

Es soll auch für den Robotics TXT Controller eine Methode gefunden werden, um eine Programmierung über Visual Basic 2010 Express zu ermöglichen. Im folgenden Beitrag wird gezeigt, wie das mithilfe des durch fischertechnik bereitgestellten C++-Projekts möglich ist. Unter Visual Basic steht nun ein einfacher Befehlssatz bereit, RoboRISC genannt (RISC = Reduced Inststruction Set Computing). Das alles (bzw. sogar besser) war zwar auch schon mit dem alten Robotics TX Controller machbar; bei dem hier vorgestellten Projekt sind aber die Nutzung der Kamera und die Weiterverarbeitung der übertragenen Bilder von besonderem Interesse. Bei dieser Methode sind auf dem Robotics TXT Controller selbst keine Anpassungsarbeiten erforderlich.

fischertechnik liefert die Grundlage

Über die Internetseite von fischertechnik wird das *TXT C Programming Expert Kit 4.1.6* zum Download bereitgestellt.[6] Dieser Download enthält ein C++-Projekt, das sich unter Visual C++ 2010 Express öffnen lässt. Aus C++ heraus kann prinzipiell alles programmiert werden.

Ziel

C++ ist zwar verbreitet, allerdings muss man sich mit dieser Sprache gut auskennen, was nicht gerade trivial ist. Deshalb war das Ziel die Nutzbarkeit unter Visual Basic 2010 Express (oder höher) zu ermöglichen. BASIC steht für »Beginner's All-purpose Symbolic Instruction Code«. Sicherlich geht vielen BASIC deutlich leichter von der Hand als C++.

Konzeptidee

Zunächst sollten wichtige Befehle im bestehenden C++-Projekt ergänzt werden, was dann zusammen als DLL zu kompilieren wäre. Diese DLL wiederum soll dann in ein VB-Projekt eingebunden werden. Im VB-Projekt wiederum können letztendlich alle Funktionalitäten programmiert werden: die Windows-basierte Bedien- und Anzeigeoberfläche sowie die eigentliche Automatisierung des fischertechnik-Modells unter Ansteuerung des Robotics TXT Controllers (RTXTC).

Optionen und Einschränkungen von RoboRISC

Möglich ist das digitale Auslesen der Eingänge des RTXTC I1 … 8 sowie die digitale Ansteuerung der Ausgänge O1 … 8 bzw. M1 … 4. Analoge Funktionalitäten (Analogeingänge und verschieden stark angesteuerte Ausgänge) sind nicht implementiert.

Wegen der unterschiedlichen Verarbeitungsgeschwindigkeiten der beiden unabhängigen Systeme (PC und RTXTC) dürfen Befehle nicht zu schnell aufein-

anderfolgen. Dieses Problem wird systematisch kanalisiert unter Nutzung des *JobDispatchers* unter Visual Basic (siehe weiter unten). Damit werden Kommunikationsstörungen vermieden.

Gleich zu Beginn soll die begrenzte Ausführungsgeschwindigkeit von RoboRISC nicht verschwiegen werden.

Beachten Sie, dass die nutzbaren Funktionen als *native code* bereitgestellt werden, nicht als *managed code*. Das ist bei der späteren Einbindung unter Visual Basic von Bedeutung.

Implementierung in Visual Basic

Nach dem Kompilieren der DLL müssen die darin enthaltenen Funktionen für VB bereitgestellt werden. Hierzu muss man wissen, wie die Funktionen genau heißen bzw. wie sie aufzurufen sind. Das kann über den *Microsoft COFF/PE Dumper* herausgefunden werden. Hierzu müssen folgende Schritte ausgeführt werden:

- Geben Sie folgendes Kommando als Direktbefehl im Dialogfeld *Start, Ausführen* gemäß Abb. 9.3.1 ein (gezeigt am Beispiel von Windows XP mit Service Pack 3):

```
%comspec% /k ""C:\Programme\Microsoft Visual Studio 10.0\VC\
vcvarsall.bat"" x86
```

Abb. 9.3.1: Öffnen des Direktfensters

Nach der Befehlsausführung öffnet sich folgendes Eingabefenster:

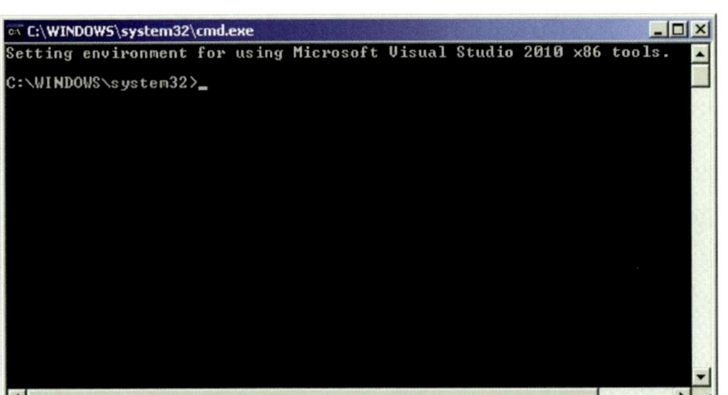

Abb. 9.3.2: Direktfenster

- Das Analyseprogramm wird ausgeführt, indem folgende Kommandozeile eingegeben wird (\...\ enthält dabei den vollständigen Pfad – Sie geben also bitte alles in einer Zeile ein):

  ```
  "C:\...\dumpbin.exe" /exports "C:\...\RoboTXT_v01.dll"
  ```

- Im Direktfenster gemäß Abb. 2 wird das Analysen-Ergebnis ausgegeben. Somit stehen folgende Funktionen bereit:

  ```
  ?GetDigitalAll@TXT@@QAEIHHHH@Z
  ?GetPicture@TXT@@QAE_NHHHH@Z
  ?SetDigitalAll@TXT@@QAEIHHHHHHHH@Z
  ```

Anschließend muss die Funktion unter Visual Basic deklariert werden (siehe Abb. 9.3.3). Was die Zeichen hinter dem Funktionsnamen bedeuten, ist dabei unerheblich.

Bereitgestellte Funktionen der Klassenbibliothek TXT und deren Nutzung

TXT.GetPicture(IPa, IPb, IPc, IPd)

- IPa = UINT16: IP Adresse 1. Zahl
- IPb = UINT16: IP Adresse 2. Zahl
- IPc = UINT16: IP Adresse 3. Zahl
- IPd = UINT16: IP Adresse 4. Zahl
- Rückgabe: Boolean: True, wenn erfolgreich

Das übertragene Bild wird im Verzeichnis der aktuellen Anwendung gespeichert. Es hat den Dateinamen *RoboTxtPic.jpg*.

Beispiel: vollständige IP-Adresse des Controllers = 192.168.7.2

- IPa = 192
- IPb = 168
- IPc = 7
- IPd = 2

TXT.GetDigitalAll(IPa, IPb, IPc; IPd)

- IPa = UINT16: IP Adresse 1. Zahl
- IPb = UINT16: IP Adresse 2. Zahl
- IPc = UINT16: IP Adresse 3. Zahl
- IPd = UINT16: IP Adresse 4. Zahl
- Rückgabe: UINT16: Der Rückgabewert enthält alle acht Eingangszustände (I1 … 8)

Beispiel: Auswertung des zurückgegebenen Funktionswerts

- I1 = 1
- I2 = 2
- I3 = 4
- I4 = 8
- I5 = 16
- I6 = 32
- I7 = 64
- I8 = 128

Wenn der Rückgabewert z. B. 5 ist, dann waren zum Abfragezeitpunkt die Eingänge I1 und I3 geschaltet.

TXT.SetDigitalAll(Output, maxTime, Input1, Input2, IPa, IPb, IPc, IPd)

- Output = UINT16: Codierung der Einschaltung der Ausgänge O1 … 8
- Input1 = UINT16: Warten auf Änderung von Eingang I1 … 8
- Input2 = UINT16: Warten auf Änderung von Eingang I1 … 8
- IPa = UINT16: IP Adresse 1. Zahl
- IPb = UINT16: IP Adresse 2. Zahl
- IPc = UINT16: IP Adresse 3. Zahl
- IPd = UINT16: IP Adresse 4. Zahl
- Rückgabe: UINT16: Laufzeit der Funktion in s

Gemäß den Output-Parametern werden die Ausgänge gleichzeitig geschaltet. Die Ausgangsleistung ist einheitlich maximal. Wenn z. B. ein Motor M1 betrieben werden soll, so dreht sich dieser, wenn O1 = 1 und O2 = 0. Bei der umgekehrten Einstellung O1 = 0 und O2 = 1 dreht sich der Motor dann in die andere Richtung.

Die Wiederabschaltung erfolgt automatisch entsprechend dem Wert des Parameters *maxTime*. Dieser Vorgang kann abgebrochen werden, wenn sich ein oder zwei digitale Eingangswerte ändern.

Beispiel: Output-Parameter

- O1 = 1
- O2 = 2
- O3 = 4
- O4 = 8
- O5 = 16

- O6 = 32
- O7 = 64
- O8 = 128

Wenn z.B. die Ausgänge O1 und O3 gleichzeitig eingeschaltet werden sollen, wäre Output = 5 festzulegen.

Der JobDispatcher

Wie bereits oben erwähnt, sind der PC und der RTXTC zwei autarke Systeme, die per USB-Kabel miteinander verbunden sind. Beide Systeme müssen gleichzeitig bereit sein, um eine Kommunikation zu ermöglichen. Aus diesem Grund wurde experimentell eine gewisse Wartezeit ermittelt, nach der der nächste Kommunikationsvorgang sicher möglich ist.

Die Einhaltung der Wartezeiten wird dabei vom *JobDispatcher* kontrolliert. Um dies zu ermöglichen, müssen alle erforderlichen Vorgänge in die *JobList* aufgenommen werden, aus der diese dann sequenziell abgearbeitet und schließlich wieder entfernt werden.

Ein diesbezüglich kritischer Vorgang ist die Übermittlung von Bildern. Diese werden erst einige Zeit nach dem Absenden der Übermittlungsanfrage vom RTXTC zum PC übertragen. Neben immer wieder auftretenden Übermittlungsfehlern, die abgefangen werden müssen, darf auf diese Bilder vom PC erst dann für eine Weiterverarbeitung zugegriffen werden, wenn die Übertragung erfolgreich abgeschlossen ist. Auch das wird über den *JobDispatcher* sichergestellt.

Verwendung des Beispielprogramms

Im bereitgestellten Beispielprojekt können drei prinzipielle Funktionalitäten demonstriert werden (siehe Abb. 4 und das hier verlinkte Programm[7]). Hierbei ist zu beachten, dass sich die Datei *RoboTXT_v01.dll* im Verzeichnis *C:\Programme\RoboTXT_LIB* befinden muss oder alternativ in der Datei *RoboTXT.vb* der passende Pfad einzustellen ist.

a) Verbindungsaufbau zwischen RoboTXT und PC aufbauen

Der Verbindungsaufbau ist denkbar einfach; im Grunde reicht die Betätigung der Befehlsschaltfläche *check*. Wenn eine Verbindung besteht, wird sie angezeigt.

b) Digitale Eingänge auslesen

Der aktuelle digitale Zustand der Eingänge kann mithilfe der Befehlsschaltfläche *I1 … 8 digital* ausgelesen werden. Fotowiderstände und Fototransistoren können dabei auch als digitale Signalgeber eingesetzt werden. Der aktuelle Zustand wird über die entsprechenden Kontrollkästchen angezeigt.

c) Digitale Ausgänge einstellen

Die Auswahl digitaler Ausgänge, die nachfolgend angesteuert werden sollen, kann über die zugehörigen Kontrollkästchen definiert werden. Für Motoren gibt es die Besonderheit, dass (wie oben bereits erwähnt) gleichzeitig zwei Ausgänge definiert werden müssen.

Weiterhin müssen Sie eine Zeit festlegen, für die die gewünschte Ansteuerung vorgenommen werden soll. Schließlich können maximal zwei Eingänge definiert werden, die zu einem Abbruch der Ausgangsansteuerung führen. Hierbei wird betrachtet, ob es zur Laufzeit zu einer Änderung der Eingangsbeschaltung kommt.

d) Kamerabild anfordern

Über die Befehlsschaltfläche *Camera* kann ein aktuelles Kamerabild angefordert werden.

Anmerkung

Auf den ersten Blick mag das hier vorgestellte Verfahren im Vergleich zu anderen Programmiermöglichkeiten des Robotics TXT Controller recht eingeschränkt wirken. Allerdings wird im Kapitel 3.3 gezeigt, dass durchaus recht komplexe Automatisierungsaufgaben unter Nutzung von RoboRISC und Windows-Funktionalitäten machbar sind.

```
<DllImport(dllpath, EntryPoint:="?GetDigitalAll@TXT@@QAEIHHHH@Z", _
CallingConvention:=CallingConvention.StdCall)> _
<DllImport(dllpath, EntryPoint:="?GetDigitalAll@TXT@@QAEIHHHH@Z", _
CallingConvention:=CallingConvention.StdCall)> _
Public Shared Function GetDigitalAll(ByVal IPa as integer, _
ByVal IPb as integer, ByVal IPc as integer, ByVal IPd as integer) As
UInteger
End Function

<DllImport(dllpath, EntryPoint:="?GetPicture@TXT@@QAE_NHHHH@Z", _
CallingConvention:=CallingConvention.StdCall)> _
Public Shared Function GetPicture(ByVal IPa as integer, _
ByVal IPb as integer, ByVal IPc as integer, ByVal IPd as integer) As Boolean
End Function

<DllImport(dllpath, EntryPoint:="?SetDigitalAll@TXT@@QAEIHHHHHHHH@Z", _
CallingConvention:=CallingConvention.StdCall)> _
Public Shared Function SetDigitalAll(ByVal Output as integer, _
ByVal maxTime as integer, ByVal Input1 as integer, ByVal Input2 as integer, _
ByVal IPa as integer, ByVal IPb as integer, ByVal IPc as integer, _
ByVal IPd as integer) As UInteger
End Function
```

Abb. 9.3.3: Deklarationen der Funktionen in »RoboTXT_v01.dll«

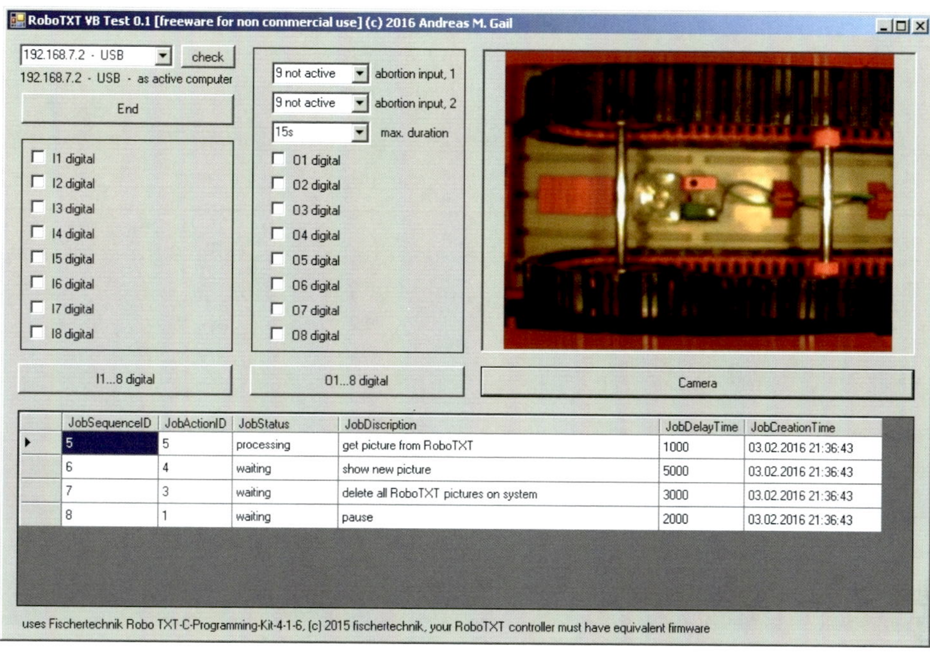

Abb. 9.3.4: Visual-Basic-2010-Beispielprogramm für die Nutzung der »RoboTXT_v01.dll«

9.4 ftRoboRemote.TXT: Fernsteuerung von Robotics TXT Controllern

Ein oder mehrere Robotics TXT Controller sollen von einem PC aus ferngesteuert werden, so wie dieses auch bereits mit dem Vorgängermodell Robotics TX Controller möglich war. Als Programmierumgebung soll MS Visual Basic 2010 oder höher eingesetzt werden. Dies gestaltete sich anfangs sehr schwierig, aber mit der Veröffentlichung des Programmsystems ftrobopy (Ansteuerung des fischertechnik-TXT-Controllers in Python) von Torsten Stuehn ist der fehlende Mosaikstein gefunden.

ftrobopy ist die Basis

Im Vergleich zu RoboRISC ist diese Ansteuerungsmöglichkeit deutlich umfassender. Allerdings ist eine Änderung der Installation auf dem Robotics TXT Controller (RTXTC) erforderlich. Bei zeitkritischen Einzelvorgängen ist RoboRISC eventuell besser. Mit der Erstellung von ftrobopy[8] steht aber auch der Ansteuerung eines oder auch mehrerer RTXTC durch einen PC nichts mehr im Wege. Damit das möglich wird, muss auf dem RTXTC der Python-Interpreter laufen, neben weiteren notwendigen Anpassungen. Die erforderlichen Schritte werden nachfolgend beschrieben.

Warnung

Alles, was nachfolgend beschrieben ist, wurde Stück für Stück probiert. Es klappte tatsächlich. Allerdings muss man sich darüber bewusst sein, dass im Fehlerfall der RTXTC durchaus unbrauchbar werden kann. Für solche Fälle lehne ich rein vorsorglich bereits jetzt alle Schadensersatzansprüche ab, alles erfolgt also auf eigene Gefahr. Wer sich unsicher ist, eventuell einen Fehler zu machen, dem sei der Raspberry Pi[9] als preiswertes Übungsgerät empfohlen, gemäß Abb. 9.4.1. Im Falle eines nicht reversiblen Fehlers kann man beim Raspberry Pi ganz einfach den letzten funktionierenden Stand der gesamten Betriebsysteminsallation erneut auf die Systemspeicherkarte kopieren und es nochmals probieren.

Abb. 9.4.1: Raspberry Pi als Übungsgerät

Vorbereitung des RTXTC

Anmerkung: Die nachfolgende Beschreibung basiert auf Robo-Pro mit der Version 4.2.4. Auch muss die zugehörige Firmware auf dem RTXTC installiert sein. Ob mit nachfolgenden Versionen auch erfolgreich gearbeitet werden kann, darüber ist derzeit keine Aussage möglich.

1) Installation von Robo-Pro 4.2.4

Auf der Internetseite von fischertechnik[10] steht ein Update Robo-Pro 4.2.4 kostenfrei bereit, allerdings nur für lizensierte Robo-Pro-Nutzer. Diese Version muss auf dem PC installiert werden.

2) Firmware-Update auf dem RTXTC

Starten Sie Robo-Pro 4.2.4, auf dem PC, verbinden Sie den RTXTC über USB-Kabel mit dem PC, versehen Sie den RTXTC mit einer sicheren Stromversorgung (Netzteil) und schalten Sie diesen ein. Nach dem Klicken auf die Befehlsschaltfläche *Test* wird die Firmware des angeschlossenen RTXTC abgefragt und im Bedarfsfall eine Aktualisierung durchgeführt, gemäß Abb. 9.4.2. Während dieses Vorgangs darf die Stromversorgung keinesfalls unterbrochen werden.

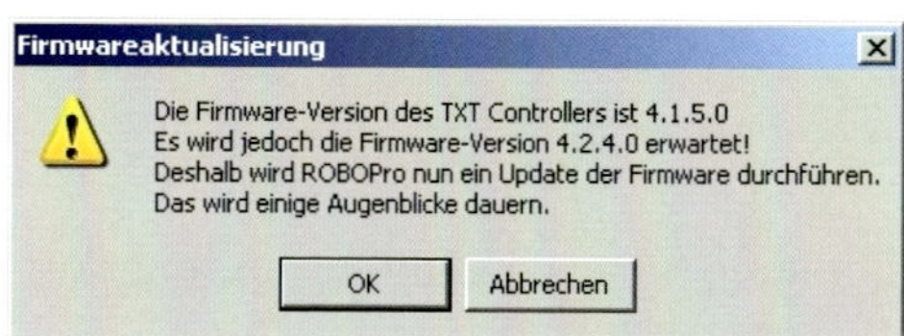

Abb. 9.4.2: Bestätigungsfenster vor Update der Firmware des RTXTC

Über das Info-Menü des RTXTC sollten folgende Firmware-Versionen aktiv sein:
App 4.2.4.0
Sys 4.2.4.0

3) Installation von Cyberduck auf dem PC

Die Software Cyberduck[11] ermöglicht es, einzelne oder mehrere Dateien zwischen RTXTC und dem PC hin und her zu kopieren. Auch hier muss zunächst die Software auf dem PC installiert werden.

Die Durchführung wurde unter Cyberduck v4.6.3 getestet, mit anderen FTP-Clients geht es sicher auch.

4) Installation von PuTTY auf dem PC

Mit Verwendung der Software PuTTY[12] kann direkt auf den RTXTC zugegriffen werden. Es können Linux-Konsolenkommandos ausgeführt und Software installiert werden. Zunächst muss jedoch erst einmal diese Software auf dem PC installiert werden.

Auch hier kann ein beliebiges Alternativprogramm verwendet werden, zum Test verwendet wurde PuTTY v0.64.

5) Installation von ftrobopy

Wie die Installation von ftrobopy funktioniert, wurde in der ftpedia bereits sehr schön beschrieben.[13] Hier werden die mindestens erforderlichen Aktivitäten auszugsweise vereinfacht dargestellt, um ein Gesamtbild zu bekommen.

a) Zunächst muss das Installationspaket geladen werden.[14] Dieses hat die Bezeichnung *ftdigicam_v0_83* und ist vor seiner Verwendung zu entpacken. Nach dem Entpacken erhält man unter anderem die entscheidende Datei *ftDigiCam.tar*.

b) Das sftp-Programm Cyberduck muss gestartet und eine Verbindung zum RTXTC aufgebaut werden. Dazu muss der RTXTC mit dem PC über den USB-Kabel verbunden und eingeschaltet sein. Folgende Verbindungsdaten sind dabei wichtig:

Protokoll: SFTP (SSH File Transfer Protocol)
IP-Adresse: 192.168.7.2
Anwender: ROBOPro
Passwort: ROBOPro
Port: 22

Die oben erhaltene Datei *ftDigiCam.tar* kopieren Sie nach dem Verbindungsaufbau in das Verzeichnis */opt/knobloch*. Wenn das erfolgreich durchgeführt wurde, ergibt sich ein Bild gemäß Abb. 9.4.3. Anschließend beenden Sie das Programm Cyberduck.

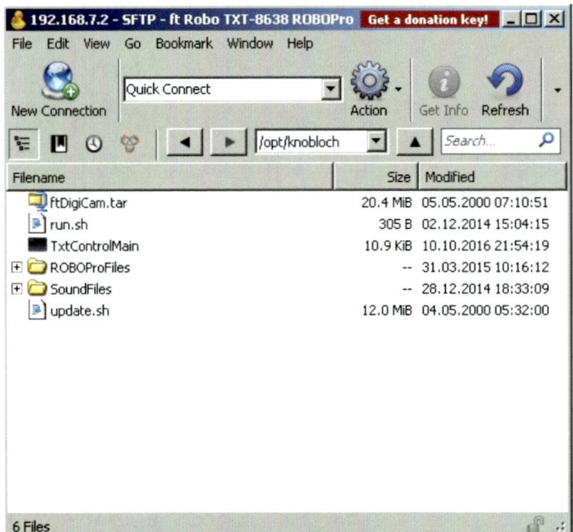

Abb. 9.4.3: Zielverzeichnis zum Kopieren der Datei ftDigiCam.tar auf dem RTXTC

c) Als nächsten Schritt wird ein Kommandozugang mit PuTTY zum RTXTC benötigt. Die Zugangsdaten sind gemäß Punkt b, mit folgendem Unterschied:

   Protokoll: SSH

Nach erfolgreicher Anmeldung ergibt sich ein Bild gemäß Abb. 9.4.4.

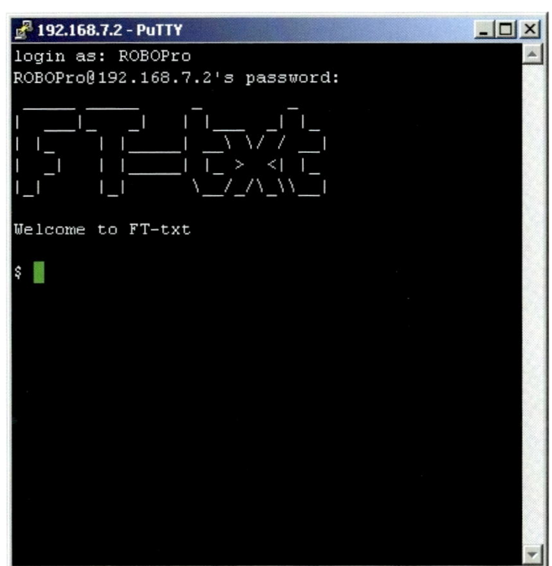

Abb. 9.4.4: Anmeldeseite auf dem RTXTC nach Zugang über PuTTY

Zur Installation der Dateien für die spätere Nutzung von Python und ftrobopy geben Sie folgendes Kommando ein:

```
tar -xf ftDigiCam.tar
```

Nach erfolgreicher Ausführung folgendes Kommando:

```
rm ftDigiCam.tar
```

Danach kann das Programm PuTTY beendet werden.

d) Rufen Sie erneut das Programm Cyberduck auf. Nun sollte das Verzeichnis */opt/knobloch* aussehen wie in Abb. 9.4.5 gezeigt. Insgesamt sind drei Verzeichnisse dazugekommen:

   ftrobopy/ (ftrobopy Software)
   lib/ (Python 2.7)
   bin/ (Python)

Im Verzeichnis *ftrobopy* befindet sich eine Datei *manual.pdf*, die vom RTXTC für spätere Verwendung auf den PC kopiert werden sollte. Unter Cyberduck reicht dazu ein Doppelklick.

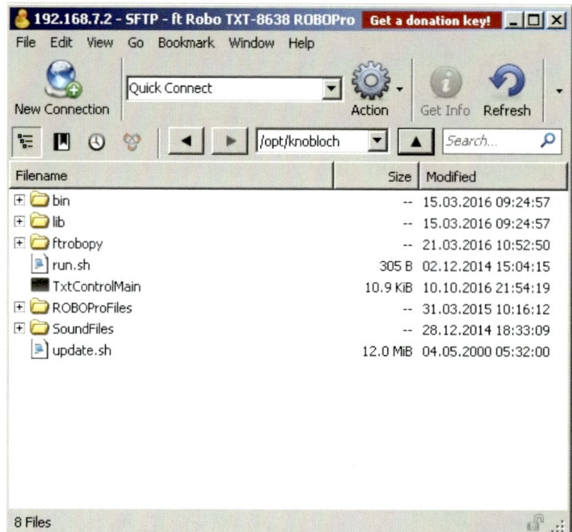

Abb. 9.4.5: Verzeichnis auf dem RTXTC nach Installation von Python und ftrobopy

e) Inzwischen wurde eine lauffähige Python-2.7-Installation auf dem RTXTC durchgeführt. Die Version von ftrobopy ist dabei Version 0.94. Benötigt wird jedoch ftrobopy Version 1.71mod. Dazu kopieren Sie die Datei *ftrobopy.py* mit Cyberduck in folgendes Verzeichnis:

/opt/knobloch/lib/python2.7/

Ist das erfolgt, kann Cyberduck beendet werden, und die Installation von ftrobopy ist abgeschlossen. Glückwunsch!

6) Einrichten des Root-Passworts

Dieser und der nachfolgende Schritt sind nur erforderlich, wenn mehrere RTXTC gleichzeitig von einem PC aus angesprochen werden sollen.

Um einen Root-Zugang (d.h. Administratorrechte) zum RTXTC zu erhalten, muss das passende Passwort auf der Anzeige des RTXTC dargestellt werden. Das ist im Auslieferungszustand nicht der Fall. Eine passende Anleitung kann von fischertechnik[15] bezogen werden (TXT Controller Root-Zugang), allerdings nur in englischer Sprache.

Warnung: Mit Administratorrechten hat man die Möglichkeit, erweiterte Eingriffe vorzunehmen, aber auch das Betriebssystem des RTXTC unbrauchbar zu machen.

Für den Root-Zugang führen Sie die nachfolgenden Schritte durch:

a) Gemäß Punkt 5c erneut mit PuTTY am RTXTC anmelden.

b) Folgende Kommandozeile auf dem RTXTC ausführen.

```
echo "showroot=1" > .TxtAccess.ini
```

c) Das Programm PuTTY schließen.

d) Den RTXTC mithilfe des blauen Tasters herunterfahren und anschließend wieder neu starten.

e) Über das Touch-Display des RTXTC die Menüpunkte *Einstellungen* und *Info* aufrufen. Nun wird das Root-Passwort in der untersten Zeile dargestellt.

7) RTXTCs neue IP-Adresse

Nachfolgend wird die IP-Adresse des RTXTC geändert. Das ist erforderlich, um mit mehreren RTXTC gleichzeitig mit einem PC kommunizieren zu können.

a) Am RTXTC erneut über PuTTY anmelden, diesmal jedoch mit folgenden Zugangsdaten:

Protokoll: SSH
IP-Adresse: 192.168.7.2
Anwender: root
Passwort: <von RTXTC Anzeige ablesen>
Port: 22

Die Anmeldeseite ähnlich Abb. 9.4.4 wird angezeigt.

b) Nun muss die Netzwerkadresse des RTXTC geändert werden. Hierzu wird der Root-Zugang benötigt. Folgende Kommandozeile eingeben:

```
sudo nano /etc/network/interfaces
```

Dieses bewirkt, dass der Linux-Texteditor (nano) geöffnet wird, mit den Rechten des Superusers (sudo = superuser do). Zur Sicherheit machen Sie einen Screenshot vor der Änderung und speichern ihn ab. Die Nutzung des Texteditors ist etwas gewöhnungsbedürftig. Mit den Pfeiltasten wird zur ändernden Stelle gegangen und dann die Änderung vorgenommen. Abb. 9.4.6 zeigt den Texteditor mit der geänderten USB-IP-Adresse. Die Bearbeitung wird beendet mit [Strg]+[X] und der Bestätigung zur Speicherung.

Es ist dringend zu beachten, dass die neu einzustellende IP-Adresse (192.168.30.2) nicht bereits im Nummernkreis des vorliegenden Netzwerks vorhanden ist oder automatisch vergeben werden könnte.

```
192.168.7.2 - PuTTY
  GNU nano 2.3.2              File: /etc/network/interfaces

# Configure Loopback
auto lo
auto usb0
auto eth0

iface lo inet loopback

iface eth0 inet dhcp

iface usb0 inet static
        address 192.168.30.2
        broadcast 192.168.30.3
        netmask 255.255.255.252

iface wlan1 inet static
        address 192.168.8.2
        broadcast 192.168.8.255
        netmask 255.255.255.0

                              [ Read 18 lines ]
^G Get Help   ^O WriteOut   ^W Where Is   ^V Next Page  ^U UnCut TextM-? Last Line
^X Exit       ^R Read File  ^Y Prev Page  ^K Cut Text   M-| First Lin^  Go To Line
```

Abb. 9.4.6: Änderung der USB-IP-Adresse des RTXTC unter Verwendung des Linux-Texteditors nano

Vor der Änderung war an der entscheidenden Stelle Folgendes eingestellt:

```
iface usb0 inet static
        address 192.168.7.2
        broadcast 192.168.7.3
        netmask 255.255.255.252
```

Nach der Änderung muss es so aussehen:

```
iface usb0 inet static
        address 192.168.30.2
        broadcast 192.168.30.3
        netmask 255.255.255.252
```

Achten Sie darauf, dass nur die genannten Stellen geändert werden. Im Zweifel speichern Sie die geänderte Datei nicht und probieren alles noch einmal. Zur Kontrolle geben Sie erneut die Kommandozeile ein:

```
sudo nano /etc/network/interfaces
```

Vergleichen Sie die nun angezeigten Einstellungen genau mit dem zuvor angefertigten Srceenshot und fahren Sie erst fort, wenn alles korrekt ist.

8) Einstellung des DHCP-Servers

Immer wenn der RTXTC mit dem PC per USB-Kabel verbunden wird, holt sich der PC vom RTXTC eine IP-Adresse für genau diese eine neue Verbindung. Der

RTXTC ist dabei stets der DHCP-Server. Für die obige Einstellung des RTXTC (dieser wurde auf die statische IP-Adresse 192.168.30.2 eingestellt) wird dem PC entsprechend die IP-Adresse 192.168.30.1 zugewiesen. Falls die DHCP-Adresszuteilung vom RTXTC zum PC nicht funktioniert, kann man dem PC die erwartete Adresse notfalls auch manuell zuweisen, um eine Verbindung aufzubauen (Subnetzmaske 255.255.255.0).

Damit dem PC eine automatische IP-Adresse zugewiesen werden kann, muss der DHCP-Server des RTXTC auf die geänderte statische IP-Adresse des RTXTC angepasst werden. Hierzu geben Sie folgende Kommandozeile ein:

```
sudo nano /etc/udhcpd.conf
```

Dieses bewirkt wieder, dass die Konfigurationsdatei bearbeitet werden kann. Vor der Änderung war an der entscheidenden Stelle Folgendes eingestellt:

```
start       192.168.7.1
end         192.168.7.1
interface   usb0
max_leases 1
option subnet 255.255.255.252
```

Nach der Änderung muss es so aussehen:

```
start       192.168.30.1
end         192.168.30.1
interface   usb0
max_leases 1
option subnet 255.255.255.252
```

Eine gleichartige Änderung muss an weiterer Stelle erfolgen, mit folgender Eingabe:

```
sudo nano /etc/dhcp/dhcpd.conf
```

Vor der Änderung war an der entscheidenden Stelle Folgendes eingestellt (nur die entscheidenden Zeilen werden nachfolgend gezeigt):

```
subnet 192.168.7.0 netmask 255.255.255.252 {
  range 192.168.7.1 192.168.7.1;
```

Nach der Änderung muss es so aussehen:

```
subnet 192.168.30.0 netmask 255.255.255.252 {
  range 192.168.30.1 192.168.30.1;
```

Nur wenn alles korrekt eingestellt ist, beenden Sie das Programm PuTTY und schalten den RTXTC ab. Nach dem Neustart des RTXTC lautet seine IP-Adresse für den Betrieb über USB-Verbindung:

192.168.30.2

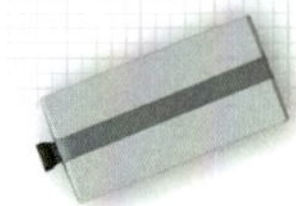

Dieses ist fortan immer so. Das ist auch zu beachten, wenn der RTXTC mit Robo-Pro betrieben werden soll. Zum Verbindungsaufbau unter Robo-Pro ist diese IP-Adresse wie folgt einzutragen:

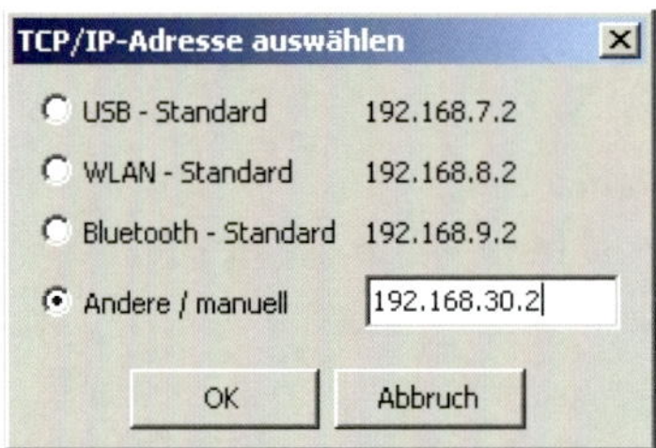

Abb. 9.4.7: Einstellung der neuen IP-Adresse unter Verwendung von Robo-Pro

Die IP-Adressen für WLAN oder Bluetooth sind weiterhin unverändert.

9) Vergabe weiterer IP-Adressen

Sollen mehr als zwei RTXTC von einem PC aus angesteuert werden, so muss für jeden RTXTC eine eigene IP-Adresse eingegeben werden. Dabei darf es keine Doppelungen geben. Weitere IP-Adressen könnten sein:

192.168.31.2
192.168.32.2
192.168.33.2
...

Dies wurde bislang nur begrenzt getestet, über die maximale Anzahl an RTXTC kann an dieser Stelle keine Aussage gemacht werden. Aber mit zumindest drei RTXTC konnte es gezeigt werden, dieses ist in einem Youtube-Video zu sehen.[16]

10) Beschriftung mit IP-Adresse

Wenn ein RTXTC nicht mehr die originale IP-Adresse hat, ist es ggf. nicht so einfach, herauszufinden, wie diese nun lautet. Deshalb empfiehlt es sich, die Adresse als Klebeschild auf dem RTXTC aufzukleben. Dann ist alles klar. Abb. 9.4.8 zeigt dies beispielhaft.

Abb. 9.4.8: Beschriftung mit der neuen IP-Adresse

Hintergrundinformation zu den USB-IP-Adressen

Grundsätzlich ist es so, dass von fischertechnik folgende IP-Adressen für die Kommunikation mit dem RTXTC festgelegt wurden:

192.168.7.2 im USB-Betrieb
192.168.8.2 im WLAN-Betrieb
192.168.9.2 im Bluetooth Betrieb

Hierzu kann man Versuche mit dem Angry-IP-Scanner[17] machen, der vor Gebrauch installiert werden muss.

Wenn kein RTXTC am PC eingesteckt ist, wird beim Durchsuchen des Nummernbereichs 192.168.7.1 ... 10 keine verwendete IP-Adresse gefunden. Wenn anschließend der RTXTC an den PC angeschlossen und eingeschaltet wird, ergibt die Suche folgende Funde:

192.168.7.1 PC
192.168.7.2 RTXTC

Immer wenn der RTXTC mit einem PC verbunden wird, beginnt der RTXTC mit seiner Funktion als DHCP-Server. Der RTXTC hat eine statische (d.h. immer gleiche) IP-Adresse (vergleiche Punkt 7b, *iface usb0 inet* static). Der PC bemerkt den Verbindungsaufbau und lässt sich vom RTXTC eine IP-Adresse zuweisen. Der RTXTC ist so parametriert, dass er genau eine weitere IP-Adresse zuweisen darf, dies ist mit *netmask 255.255.255.252* festgelegt.[18] Jetzt erkennen wir auch den Grund, warum man zwar mehrere gleichkonfigurierte RTXTC über USB an einen PC einstöpseln kann, dieses jedoch nur zu einem einzigen Verbindungsaufbau führt (kann mit Angry-IP-Scanner überprüft werden). Ein weiteres Problem ist, dass der RTXTC stets als DHCP-Server aktiv ist. In einem IP-Netzwerk-Nummernkreis darf es immer nur einen DHCP-Server geben. Prinzipiell ist es möglich, bei allen bis auf einem RTXTC die DHCP-Server-Funktion abzuschalten. Das würde jedoch dazu führen, dass zu einzelnen RTXTC mit abgeschalteten DHCP-Servern kein Verbindungsaufbau mehr zum PC möglich wäre. Deshalb wurde für jeden weiteren RTXTC ein eigener IP-Netzwerk-Nummernkreis eröffnet, wieder mit maximal zwei IP-Adressen.

Weiteres zum Verbindungs-aufbau über USB

Nachfolgende Darstellungen wurden auf einem PC mit Windows XP SP3 erstellt, grundsätzlich wird bei höheren Versionen ähnliches Verhalten in anderer Darstellung erwartet.

Gemäß Abb. 9.4.9 kann man über *Einstellungen/Netzwerkverbindungen* eine Übersicht über aktuelle Netzwerkverbindungen erhalten. Die unterste Zeile der Auflistung *LAN-Verbindung 4* zeigt die Verbindung zu einem RTXTC. Ein Klick

mit der rechten Maustaste darauf, und die Auswahl *Eigenschaften* führt zu den Fenstern gemäß Abb. 9.4.10.

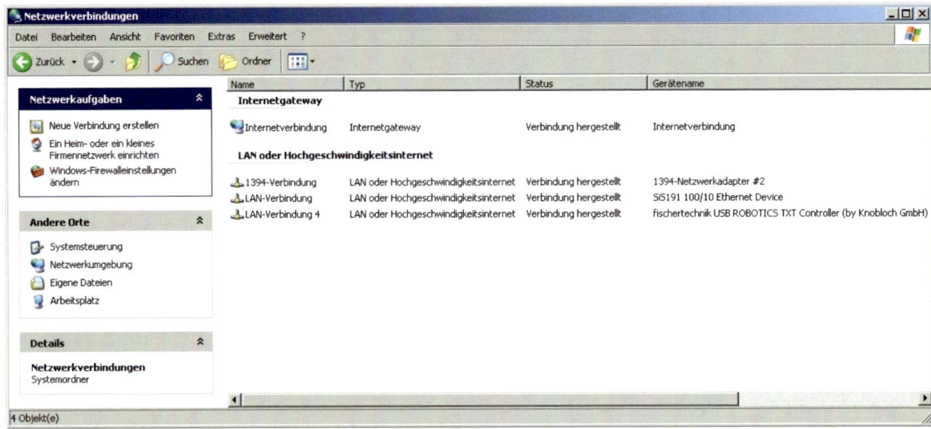

Abb. 9.4.9: Übersicht über aktuelle Netzwerkverbindungen

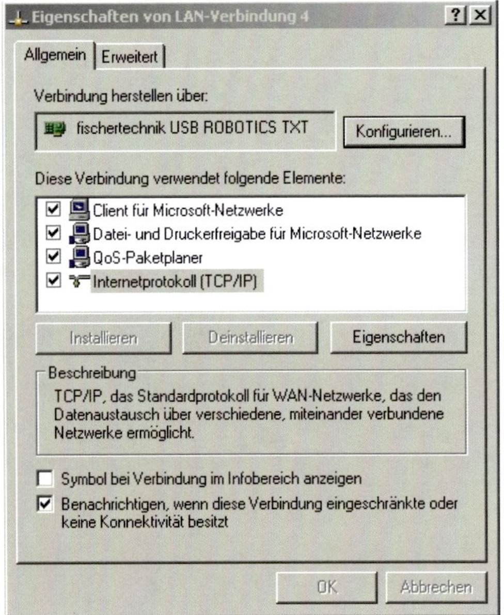

Abb. 9.4.10: Verbindungseigenschaften, Übersicht

Wird hier nun die Option *Internetprotokoll (TCP/IP)* aktiviert und anschließend *Eigenschaften* ausgewählt, kommt man zur Einstellung gemäß Abb. 9.4.11.

Abb. 9.4.11: Verbindungseigenschaften, Detail

In diesem Fenster kann nun eine IP-Adresse manuell eingestellt werden, oder der Empfang einer IP-Adresse von einem DHCP-Server. Im Idealfall sollte *IP-Adresse automatisch beziehen* eingestellt sein, wie Abb. 9.4.11 zeigt.

Ansteuerung über Visual Basic 2010

Nach so viel Vorbereitung kommen wir nun zum Kerngeschäft: der Programmierung unter Visual Basic. Als Betriebssystem wurde während der Entwicklung Windows XP SP3 verwendet.

Zunächst muss Microsoft Visual Basic 2010 Express (VB.net) oder höher installiert werden. Damit wird dann das Projekt[19] geöffnet (Doppelklick auf *ftRoboRemote.sln*). Beim Projekt handelt es sich um eine Ansammlung von Beispielen, wie einer oder mehrere RTXTC mit VB.net Code angesteuert werden können. Der Programmablauf ist für die Ausführung in der Entwicklungsumgebung gedacht, die meisten Rückmeldungen werden über das Direktfenster ausgegeben. Zweck des Programms ist die Demonstration der Möglichkeiten. Dabei ist für den Praktiker hauptsächlich der Programmcode im Hauptfenster interessant (*frmHello.vb*). Die Klassenbibliothek *ftRoboRemote.vb* enthält den Programmcode, um mit den RTXTC Verbindung aufzunehmen. Wenn nur ein RTXTC getestet werden soll, muss dieser für einen vollumfänglichen Test wie folgt beschaltet werden. Es wird zunächst davon ausgegangen, dass der verwendete RTXTC auf die Standard-IP-Adresse 192.168.7.2 eingestellt ist.

M1: Motor bzw. Encodermotor
M2: Encodermotor
I1: Taster
I3: Ultraschall-Entfernungsmesser
I5: Fotowiderstand
C3: Taster
C4: Taster
USB: Kamera

Weiterhin sollte eine IR-Fernbedienung bereitgehalten werden. Welcher nachfolgende Test vorgenommen werden soll, wird jeweils per Dialogbox angezeigt.

Wenn ein weiterer RTXTC (z.B. mit der IP-Adresse 192.168.30.2) gleichzeitig getestet werden soll, sind die entsprechenden Auskommentierungen im Programmcode *frmHello.vb* zu entfernen.

Um den Programmcode zu verstehen, sollte die Datei *manual.pdf* hinzugezogen werden (vgl. Punkt 4d). Hier werden die Befehle und Funktionen von *ftrobopy* erklärt.

Weiterhin sind im Anhang die wichtigsten Befehle und Funktionen von *ftRoboRemote* im Projekt zusammengefasst.

Anmerkungen

1. Mithilfe von *ftRoboRemote* auf Basis von *ftrobopy* gibt es fast keine offenen Punkte mehr zur Ansteuerung des RTXTC.
2. Wenn immer möglich, sollte bei Verwendung der Kamera diese direkt an den PC angeschlossen werden. Dies bringt deutlich mehr Geschwindigkeit bei einer erheblich besseren Auflösung.

Referenzen

1 Andreas Gail: fischertechnik: Roboter R2D3, Youtube-Video 2014: https://www.youtube.com/watch?v=yDWxPuqcN68.
2 Jürgen Landstuhl (chevyfahrer): Elektrisches Differential, ft-Community: http://www.ftcommunity.de/details.php?image_id=9239.
3 Andreas Gail: Schreiender Wecker, Youtube-Video 2014: http://www.youtube.com/watch?v=jK_jG7uZFCk.
4 Dirk Fox: I²C mit dem TX – Teil 7: Real Time Clock (RTC). ft:pedia 4/2013, S. 28–34: http://www.ftcommunity.de/ftpedia_ausgaben/ftpedia-2013-4.pdf.
5 Thomas Püttman: Zahnräder und Übersetzungen (Teil 2). ft:pedia 3/2011, S. 25–28: http://www.ftcommunity.de/ftpedia_ausgaben/ftpedia-2011-3.pdf.
6 fischertechnik: ROBOTICS TXT Controller C-Programming Kit Firmware Version 4.1.6. Fischerwerke, 2015.
7 Gail, Andreas: RoboTXTC link to VisualBasic2010 digital I/O camera access and bar code reader. Visual-Basic-2010-Beispielprogramm.
8 Torsten Stuehn, ftrobopy: https://github.com/ftrobopy/ftrobopy.
9 Raspberry Pi Foundation: https://www.raspberrypi.org.
10 fischertechnik-Downloads: https://www.fischertechnik.de/de-de/service/downloads.
11 Cyberduck, FTP-Client (Win/macOS): https://cyberduck.io/?l=de.
12 PuTTY, Windows-ssh.Client: http://www.putty.org.
13 Torsten Stuehn, ft-pedia 2016-1 (Abschnitt Installation der Python-Software auf dem TXT, S. 74f): https://ftcommunity.de/ftpedia_ausgaben/ftpedia-2016-1.pdf.
14 Torsten Stuehn, Installationspaket ftrobopy und Python Interpreter: https://www.ftcommunity.de/data/downloads/software/ftdigicam_v0_83.zip.
15 fischertechnik-Downloads: https://www.fischertechnik.de/de-de/service/downloads.
16 Gail, Andreas: fischertechnik: Robo TXT Controller und VB.net, Youtube-Video 2018: https://www.youtube.com/watch?v=5QQeogbXFh4.
17 Angry-IP-Scanner, Software: http://angryip.org.
18 Wikipedia, Netzmaske: https://de.wikipedia.org/wiki/Netzmaske.
19 Andreas Gail, ftRoboRemote.TXT: https://ftcommunity.de/data/downloads/software/ftroboremotev021ftc.zip.

VB.net Klassenbibliothek, ftRoboRemote, Andreas Gail, 29.03.2017, basiert auf ftrobopy von Torsten Stuehn zur Ansteuerung von fischertechnik Robotics TXT Controllern

Klasse	Funktion
ftRoboRemote.	**ConnectTXT(ComputerNo, ComputerIP)** **Beschreibung:** Verbindungsaufbau zu einem RoboTXT Controller. **Parameter:** **ComputerNo (INT16)**, z.B. 1 Nummerndefinition, über die alle nachfolgenden Funktionen mit einem bestimmten RoboTXT Controller aufgerufen werden. Wert muss im Bereich 1...10 liegen. **ComputerIP (STRING)**, z.B. "192.168.30.2" Einmalige Definition der IP-Adresse eines RoboTXT Controller. **Rückgabe:** "ConnectTXT OK" (STRING) "ConnectTXT error" (STRING)
	CloseTXT(ComputerNo) **Beschreibung:** Verbindungsabbruch mit einem RoboTXT Controller. **Parameter:** **ComputerNo (INT16)** **Rückgabe:** "CloseTXT OK" (STRING) "CloseTXT error" (STRING)
	transferPicture(ComputerNo, ComputerIP, targetPath) **Beschreibung:** Vom RoboTXT Controller wird die letzte dort gespeicherte Bilddatei von der festen Position "/opt/knobloch/ftrobopy/PICTURES/txtimg.jpg" kopiert auf eine beliebige andere Position außerhalb des RoboTXT Controllers. **Parameter:** **ComputerNo (INT16)** Nummerndefinition für einem bestimmten RoboTXT Controller. Wert muss im Bereich 1...10 liegen. **ComputerIP (STRING)** Definition der IP-Adresse eines RoboTXT Controller. **targetPath (STRING)** Zielpfad auf den die Bilddatei vom RoboTXT Controller übertragen werden soll. Der Dateiname "txtimg.jpg" bleibt unverändert. **Rückgabe:** "transferPicture OK" (STRING) "transferPicture error" (STRING)
	checkPicture(checkPath) **Beschreibung:** Prüft ob eine angegebene Bilddatei ein gültiges Bild sein könnte. Wenn Bilder über den RoboTXT Controller bereitgestellt werden, kommt es immer wieder zu Fehlern, in diesen Fällen wurde die Dateigröße mit 0bytes beobachtet. **Parameter:** **checkPath (STRING)** Pfad und Dateiname der zu prüfenden Datei. **Rückgabe:** "checkPicture OK" (STRING) "checkPicture error" (STRING)
	RemoteHostname(ComputerNo) **Beschreibung:** Gibt den Namen des RoboTXT Controller wieder. **Parameter:** **ComputerNo (INT16)** **Rückgabe:** <Name> (STRING), z.B. "ft-txt_9830" "not defined" (STRING)
ftRoboRemote. ftrobopy.	**version(ComputerNo)** **Beschreibung:** Liest die Version von ftrobopy auf dem RoboTXT Controller aus. **Parameter:** **ComputerNo (INT16)** **Rückgabe:** <Versionsnummer> (STRING) "error" (STRING)
ftRoboRemote. TXT.	**isOnline(ComputerNo)** **Beschreibung:** Liest den online-Status des RoboTXT Controller aus. **Parameter:** **ComputerNo (INT16)** **Rückgabe:** "True" (STRING) "False" (STRING) "error" (STRING)

Klasse	Funktion
ftRoboRemote. TXT.	**queryStatus(ComputerNo)** **Beschreibung:** Bereitet die Bereitstellung der Angaben für die Funktionen getDevicename, getVersionNumber und getFirmwareVersion im Hintergrund vor, liefert selbst jedoch keine diesbezügliche Aussage. **Parameter:** **ComputerNo (INT16)** **Rückgabe:** "queryStatus OK" (STRING) "queryStatus error" (STRING)
	getDevicename(ComputerNo) **Beschreibung:** Liest den Gerätetypnamen des RoboTXT Controllers aus. **Parameter:** **ComputerNo (INT16)** **Rückgabe:** "TX2013" (STRING) "getDevicename error" (STRING)
	getVersionNumber(ComputerNo) **Beschreibung:** Liest die firmware Version des RoboTXT Controllers aus (hexadezimal). **Parameter:** **ComputerNo (INT16)** **Rückgabe:** <firmware Version> (STRING), z.B. "0x40204" "getVersionNumber error" (STRING)
	getFirmwareVersion(ComputerNo) **Beschreibung:** Liest die firmware Version des RoboTXT Controllers aus (dezimal). **Parameter:** **ComputerNo (INT16)** **Rückgabe:** <firmware Version> (STRING), z.B. "4.2.4" "getFirmwareVersion error" (STRING)
	getHost(ComputerNo) **Beschreibung:** Liest die IP-Adresse des RoboTXT Controllers aus. **Parameter:** **ComputerNo (INT16)** **Rückgabe:** <IP-Adresse> (STRING), z.B. "192.168.30.2" "getHost error" (STRING)
	M(ComputerNo, Motor1, Motor2, Motor3, Motor4) **Beschreibung:** Definiert die Funktionsweise der Ausgänge, ob sie als Motorausgänge (zweipolig) oder zweimal als einzelne Ausgänge (einpolig gegen Masse) betrieben werden sollen. Diese Definition muss vor der erstmaligen Verwendung erfolgen, und kann ganz oder teilweise später wieder geändert werden. **Parameter:** **ComputerNo (INT16)** **Motor1 (INT16)** ftRoboRemote.TXT.C_MOTOR für Motor ftRoboRemote.TXT.C_OUTPUT für zwei Einzelausgänge **Motor2 (INT16)** siehe Motor1 **Motor3 (INT16)** siehe Motor1 **Motor4 (INT16)** siehe Motor1 **Rückgabe:** "DefineM error" (STRING) "DefineM OK" (STRING)

Klasse	Funktion
ftRoboRemote. TXT.	**I(ComputerNo, Input1Type, Input1Mode, Input2Type, Input2Mode, Input3Type, Input3Mode, Input4Type, Input4Mode, Input5Type, Input5Mode, Input6Type, Input6Mode, Input7Type, Input7Mode, Input8Type, Input8Mode)** **Beschreibung:** Definiert die Funktionsweise der Eingänge, ob diese als Spannungs- oder Widerstandsmessung verwendet werden sollen oder nur als Taster, in analoger oder digitaler Betriebsart. Diese Definition muss vor der erstmaligen Verwendung erfolgen, und kann ganz oder teilweise später wieder geändert werden. **Parameter:** **ComputerNo (INT16)** **Input1Type (INT16)** ftRoboRemote.TXT.C_SWITCH ftRoboRemote.TXT.C_ULTRASONIC ftRoboRemote.TXT.C_VOLTAGE ftRoboRemote.TXT.C_RESISTOR **Input1Mode (INT16)** ftRoboRemote.TXT.C_DIGITAL ftRoboRemote.TXT.C_ANALOG **Input2Type (INT16), Input2Mode (INT16)** siehe Input1Type und Input1Mode **Input3Type (INT16), Input3Mode (INT16)** siehe Input1Type und Input1Mode **Input4Type (INT16), Input4Mode (INT16)** siehe Input1Type und Input1Mode **Input5Type (INT16), Input5Mode (INT16)** **Input6Type (INT16), Input6Mode (INT16)** siehe Input1Type und Input1Mode **Input7Type (INT16), Input7Mode (INT16)** siehe Input1Type und Input1Mode **Input8Type (INT16), Input8Mode (INT16)** siehe Input1Type und Input1Mode **Rückgabe:** "DefineI OK" (STRING) "DefineI error" (STRING)
	setConfig(ComputerNo) **Beschreibung:** Schreibt die Konfiguration M(...) und I(...) entsprechend der vorherigen Definitionen (siehe oben) in einen Zwischenspeicher. Diese Definition muss vor der erstmaligen Verwendung erfolgen, und kann ganz oder teilweise später geändert werden. **Parameter:** **ComputerNo (INT16)** **Rückgabe:** "setConfig OK" (STRING) "setConfig error" (STRING)
	updateConfig(ComputerNo) **Beschreibung:** Überträgt die die Konfiguration nach **setConfig(...)** aus dem Zwischenspeicher in den Speicherbereich zur aktiven Nutzung. Diese Definition muss vor der erstmaligen Verwendung erfolgen, und kann ganz oder teilweise später wieder geändert werden. **Parameter:** **ComputerNo (INT16)** **Rückgabe:** "updateConfig OK" (STRING) "updateConfig error" (STRING)
	setPwm(ComputerNo, Out, Value) **Beschreibung:** Auswahl eines Ausgangs und Festlegung der Ausgangsleistung. **Parameter:** **ComputerNo (INT16)** **Out (INT16)** Der Parameter dient zur Festlegung, für welchen Ausgang eine Leistungseinstellung vorgenommen werden soll. Der Wert entspricht direkt dem Ausgang, z.B. 1 steht für O1. **Value (INT16)** Leistungseinstellung, Wert muß im Bereich 0...512 liegen. **Rückgabe:** "setPwm OK" (STRING) "setPwm error" (STRING)

<table>
<tr><th>Klasse</th><th>Funktion</th></tr>
<tr><td>ftRoboRemote.
TXT.</td><td>setPwmRamp(ComputerNo, Out, ValueBegin, ValueEnd, Duration)
Beschreibung: Auswahl eines Ausgangs und Festlegung der Ausgangsleistung. Hierbei wird jedoch eine lineare Leistungsrampe durchfahren, in einer festgelegten Dauer.
Parameter: ComputerNo (INT16)
Out (INT16)
Der Parameter dient zur Festlegung, für welchen Ausgang eine Leistungseinstellung vorgenommen werden soll. Der Wert entspricht direkt dem Ausgang, z.B. 1 steht für O1.
ValueBegin (INT16)
Startwert zu Beginn der Leistungseinstellung, Wert muß im Bereich 0...512 liegen.
ValueBegin (INT16)
Endwert am Ende der Leistungseinstellung, Wert muß im Bereich 0...512 liegen.
Duration (INT16)
Dauer der Rampenfahrt in Sekunden.
Rückgabe: "setPwmRamp OK" (STRING)
"setPwmRamp error" (STRING)</td></tr>
<tr><td></td><td>stopAll(ComputerNo)
Beschreibung: Alle setPwm(...) Werte werden auf 0 gesetzt. Damit werden alle Ausgänge stromlos, alle Motoren bleiben stehen, alle Lampen gehen aus.
Parameter: ComputerNo (INT16)
Rückgabe: "stopAll OK" (STRING)
"stopAll error" (STRING)</td></tr>
<tr><td></td><td>setMotorDistance(ComputerNo, motor, encoderSteps)
Beschreibung: Definiert einen Motorausgang und eine Anzahl an Schritten, die dieser laufen soll. Mit dieser Definition läuft der Motor jedoch noch nicht los. Vielmehr muß eine Leistungseinstellung mithilfe der Funktion setPwm(...) erfolgen, damit die Geschwindigkeit und Drehrichtung definiert wird. Es ist zu beachten, dass der zum Motor zugehörige Zähler Cx richtig verschaltet ist. Auch danach läuft der Motor nicht los sondern erst nach der Funktion incrMotorCmdId(...).
Parameter: ComputerNo (INT16)
motor(INT16)
Definition der Motornummer, die Werte müssen im Bereich 1...4 liegen.
encoderSteps(INT16)
Festlegung der Anzahl der Schritte. Der Wert muss im Bereich 0...32767 liegen. Bei der Festlegung 0 wird die Schritt-Funktion deaktiviert.
Rückgabe: "setMotorDistance OK" (STRING)
"setMotorDistance error" (STRING)</td></tr>
<tr><td></td><td>incrMotorCmdId(ComputerNo, motor)
Beschreibung: Beginnt mit der Ausführung, nachdem mit setMotorDistance(...) und setPwm(...) definiert wurde, welcher Motor sich mit welcher Geschwindigkeit und Richtung drehen soll. Die mehrfache Anwendung der Funktion incrMotorCmdId(...) wiederholt die letzte Festlegung.
Parameter: ComputerNo (INT16)
motor(INT16)
Rückgabe: "incrMotorCmdId OK" (STRING)
"incrMotorCmdId error" (STRING)</td></tr>
</table>

Klasse	Funktion
ftRoboRemote. TXT.	**setMotorSyncMaster(ComputerNo, slaveMotorID, masterMotorID)** **Beschreibung:** Definiert die Synchronisation von zwei Encodermotoren. Die Funktion sollte zweimal hintereinander ausgeführt werden, von gegenseitiger Definition von master und slave. Auch hier muss mithilfe der Funktion setPwm(...) die jeweilige Drehrichtung und Geschwindigkeit festgelegt werden. Auch die Anwendung von setPwmRamp(...) ist in diesem Zusammenhang möglich. **Parameter:** **ComputerNo (INT16)** **slaveMotorID (INT16)** Definition der Motornummer, die Werte müssen im Bereich 1...4 liegen. **masterMotorID (INT16)** Definition der Motornummer, die Werte müssen im Bereich 0...4 liegen. Wenn 0 festgelegt wird, ist die Synchronisation des slave Motors zu seinem bisherigen master Motor aufgehoben. **Rückgabe:** "setMotorSyncMaster OK" (STRING) "setMotorSyncMaster error" (STRING)
	getCurrentInput(ComputerNo, InputID) **Beschreibung:** Lies den benannten Eingangswert aus oder alle Eingangswerte gleichzeitig. **Parameter:** **ComputerNo (INT16)** **InputID (INT16)** Die Werte müssen im Bereich 0...8 liegen. Bei Definition 0 werden gleichzeitig alle Eingänge ausgelesen. In diesem Fall liegen die Eingangswerte bereit unter ftRoboRemote.TXT.getCurrentInputResult.In1...8. **Rückgabe:** "getCurrentInput OK, results are in getCurrentInputResult" (STRING) <Eingangswert> (STRING) "getCurrentInput error" (STRING)
	incrCounterCmdId(ComputerNo, InputID) **Beschreibung:** Rücksetzung eines Zählerwertes auf 0. **Parameter:** **ComputerNo (INT16)** **InputID (INT16)** Auswahl des Zählers der auf 0 gesetzt werden soll. Die Werte müssen im Bereich 1...4 liegen. **Rückgabe:** "incrCounterCmdId OK" (STRING) "incrCounterCmdId error" (STRING)
	getCurrentCounterValue(ComputerNo, InputID) **Beschreibung:** Lies den benannten Zählerwert aus oder alle Zählerwerte gleichzeitig. **Parameter:** **ComputerNo (INT16)** **InputID (INT16)** Die Werte müssen im Bereich 0...4 liegen. Bei Definition 0 werden gleichzeitig alle Zählerwerte ausgelesen. In diesem Fall liegen die Zählerwerte bereit unter ftRoboRemote.TXT.getCurrentCounterValueResult.Counter1...4. **Rückgabe:** "getCurrentCounterValue OK, results are in getCurrentCounterValueResult" (STRING) <Eingangswert> (STRING) "getCurrentCounterValue error" (STRING)
	getCurrentIr(ComputerNo) **Beschreibung:** Auswertung der Stellung der Bedienhebel der IR-Fernbedienung. Hierbei wird auch die Stellung der Kanäle berücksichtigt. Aufbereitete analoge Ergebnisse werden unter tRoboRemote.TXT.getCurrentIrResult.processed.Pdl_xx_yy bereitgestellt. xx gibt dabei die Kanaleinstellung der Fernbedienung an, yy steht für den linken oder rechten Hebel (L bzw. R) sowie für die horizontale oder vertikale Hebelstellung (H bzw. V). Auch die empfangenen Rohwerte werden unter ftRoboRemote.TXT.getCurrentIrResult.raw.field01...26 bereitgestellt. **Parameter:** **ComputerNo (INT16)** **Rückgabe:** "getCurrentIr OK, results are in getCurrentIrResult" (STRING) "getCurrentIr error" (STRING)

Klasse	Funktion
ftRoboRemote. TXT.	**startCameraOnline(ComputerNo)** **Beschreibung:** Start der Bereitschaft von Kameraaufnahmen. **Parameter:** **ComputerNo (INT16)** **Rückgabe:** "startCameraOnline OK" (STRING) "startCameraOnline error" (STRING)
	getCameraFrame(ComputerNo) **Beschreibung:** Durchführung der Speicherung eines Kamerabildes (in der Größe von 320x240pt). Dieses Bild wird auf dem RoboTXT Controller gespeichert unter "/opt/knobloch/ftrobopy/PICTURES/txtimg.jpg". Zur Übertragung des Bildes auf den PC die Funktion transferPicture(...) verwenden. Bei der Bilderstellung kommt es immer wieder zu Fehlern, deshalb wird auf dem RoboTXT Controller bereits max. 20x hintereinander versucht ein fehlerfreies Bild zu erhalten. Das ist meistens möglich. Auch innerhalb der Funktion getCameraFrame(...) werden max. 5 Versuche unternommen ein fehlerfreies Bild zu bekommen. **Parameter:** **ComputerNo (INT16)** **Rückgabe:** "getCameraFrame OK" (STRING) "getCameraFrame error" (STRING)
	stopCameraOnline(ComputerNo) **Beschreibung:** Ende der Bereitschaft von Kameraaufnahmen. **Parameter:** **ComputerNo (INT16)** **Rückgabe:** "stopCameraOnline OK" (STRING) "stopCameraOnline error" (STRING)
	setSoundIndex(ComputerNo, SoundNo) **Beschreibung:** Auswahl eines Standardgeräusches des RoboTXT Controllers. Mit der Ausführung dieser Funktion wird nicht mit dem Abspielen begonnen. **Parameter:** **ComputerNo (INT16)** **SoundNo (INT16)** Auswahl des Standardgeräusches. **Rückgabe:** "setSoundIndex OK" (STRING) "setSoundIndex error" (STRING)
	setSoundRepeat(ComputerNo, repeat) **Beschreibung:** Auswahl der Häufigkeit der Wiederholung eines Standardgeräusches auf dem RoboTXT Controller. Bei der Einstellung von 0 wird das Geräusch endlos wiederholt. Mit der Ausführung dieser Funktion wird nicht mit dem Abspielen begonnen. **Parameter:** **ComputerNo (INT16)** **SoundNo (INT16)** Auswahl des Standardgeräusches. **Rückgabe:** "setSoundRepeat OK" (STRING) "setSoundRepeat error" (STRING)
	incrSoundCmdId(ComputerNo) **Beschreibung:** Beginn des Abspielens des eingestellten Standardgeräusches. Die Einstellung muß zuvor erfolgt sein mit den Funktionen setSoundIndex(...) und setSoundRepeat(...). **Parameter:** **ComputerNo (INT16)** **Rückgabe:** "incrSoundCmdId OK" (STRING) "incrSoundCmdId error" (STRING)
My. Computer. Network.	**Ping(ComputerIP)** **Beschreibung:** Anfrage vor Verbindungsaufbau zu einem RoboTXT Controller. Hierbei wird nur geprüft ob die IP-Adresse im Netzwerk verfügbar ist. **Parameter:** **ComputerIP (STRING)**, z.B. "192.168.30.2" Definition der IP-Adresse eines angefragten RoboTXT Controllers. **Rückgabe:** True (BOOLEAN) False (BOOLEAN)

Index